# PID-basierte digitale Regelungstechnik

**Mit Praxisbeispielen für Raspberry Pi und Arduino Uno**

**Dogan Ibrahim**

1. Auflage 2023


Umschlaggestaltung: Elektor Media Services, Bild von Shutterstock

● **ISBN 9783895765384** Print
**ISBN 9783895765391** eBook

● Übersetzer: Dr. Gunter Spanner
Originaltitel: PID-based Practical Digital Control
Satz und Aufmachung: D-Vision, Julian van den Berg | Oss (NL)

Elektor-Verlag GmbH, Aachen
www.elektor.de

# Inhaltsverzeichnis

# Vorwort

Mikrocontroller sind äußerst beliebte integrierte Systeme, die in elektronischen Überwachungs- und Steuerungsanwendungen in Haushalt, Gewerbe und in der Industrie umfangreiche Anwendung finden. Es wird geschätzt, dass in Industrieländern in jedem Haushalt mehr als 50 Mikrocontroller vorhanden sind. Haushaltsgeräte mit integrierten Mikrocontrollern umfassen Mikrowellenherde, Drucker, Tastaturen, Computer, Tablets, Waschmaschinen, Geschirrspüler, Smart-TVs, Smartphones und vieles mehr.

Der Arduino Uno ist ein Open-Source-Mikrocontroller-Entwicklungssystem, das Hardware, eine integrierte Entwicklungsumgebung (IDE) und eine große Anzahl von Bibliotheken zur Verfügung stellt. Der Arduino Uno wird von einer großen Gemeinschaft von Programmierern, Elektronikingenieuren, Enthusiasten und Akademikern unterstützt. Es gibt viele verschiedene Varianten des einfachen Arduino Uno-Boards. Obwohl sie für verschiedene Arten von Anwendungen gedacht sind, können sie alle mit derselben IDE programmiert werden. Im Allgemeinen können Programme zwischen den verschiedenen Boards ausgetauscht werden. Dies mag einer der Gründe für die Popularität der Arduino-Familie sein, die durch unzählige Softwarebibliotheken viele Peripheriegeräte unterstützt, welche sich so problemlos in fertige Programme integrieren lassen. Diese Bibliotheken machen das Programmieren zum Kinderspiel und verkürzen die Entwicklungszeiten. Die Verwendung von Bibliotheken erleichtert auch das Testen der Programme, da die Bibliotheken meistens bereits vollständig getestet und funktionsfähig sind.

Der Raspberry Pi 4 ist ein neuer und sehr populärer Computer in Kreditkartengröße, der in vielen Anwendungen eingesetzt werden kann, z. B. als Audio- und Video-Mediathek, als Desktop-Computer, in Industriesteuerungen, Robotik, Spielen und vielen weiteren privaten und kommerziellen Anwendungen. Zusätzlich zu den zahlreichen Funktionen, die in Raspberry Pi-Computern zu finden sind, bietet der Raspberry Pi 4 auch Wi-Fi- und Bluetooth. Dadurch wird die Integration in ferngesteuerte und internetbasierte Steuerungs- und Überwachungsanwendungen sehr einfach.

In diesem Buch geht es um die Verwendung sowohl des Raspberry Pi 4 als auch des Arduino Uno in PID-basierten Regelungsanwendungen. Das Buch beginnt mit der grundlegenden Theorie der Regelsysteme und der Signalrückkopplung. Es werden funktionierende und getestete Projekte zur Steuerung realer Systeme mit PID-Reglern vorgestellt. Das Open-Loop-Sprungantwortverhalten, die Abstimmung der PID-Parameter und das Closed-Loop-Zeitverhalten der entwickelten Systeme werden zusammen mit den Blockdiagrammen, Schaltplänen, PID-Regleralgorithmen und den vollständigen Programmlistings sowohl für den Raspberry Pi als auch den Arduino Uno ausführlich besprochen. Die im Buch vorgestellten Projekte sollen Theorie und Anwendung von PID-Reglern erläutern. Sie lassen sich leicht für andere Anwendungen modifizieren. Die für den Raspberry Pi 4 entwickelten Projekte sollten auch mit allen anderen Modellen der Raspberry Pi-Familie funktionieren.

Es wird erwartet, dass die Leser einige Programmiererfahrung mit dem Arduino Uno unter Verwendung der Arduino IDE haben. Dasselbe gilt für den Raspberry Pi und die Programmiersprache Python 3. Einige grundlegende Erfahrungen mit elektronischer Hardware und

Kenntnisse in grundlegender Mathematik sind ebenfalls nützlich.

Alle im Buch behandelten Programme sind in einer Archivdatei enthalten, die Sie kostenlos von der Elektor-Webseite herunterladen können. Besuchen Sie hierfür

www.elektor.de/books

und geben Sie den Buchtitel in das Suchfeld ein.

Ich wünsche Ihnen viel Freude beim Lesen des Buches, dem Erlernen der theoretischen Grundlagen und dem praktischen Anwenden der PID-Regler.

*Dogan Ibrahim*
*London, 2022*

# Kapitel 1 • Regelungssysteme

## 1.1 Offene und geschlossene Regelkreise

Die Regelungstechnik befasst sich mit der Kontrolle dynamischer Systeme, Anlagen oder Prozesse. Dabei kann es sich um ein mechanisches, ein elektrisches, ein thermisches, oder auch ein Fluidsystem beziehungsweise eine Kombination solcher Systeme handeln.

Die Systeme können einen oder mehrere Eingänge und einen oder mehrere Ausgänge haben. Ihr dynamisches Verhalten wird durch Differentialgleichungen beschrieben. Wenn das Modell (oder die Differentialgleichungen), die Eingangswerte und die Anfangsbedingungen einer Anlage vorliegen , können die Ausgangsgrößen leicht berechnet werden. Im Allgemeinen werden zeitkontinuierliche Systeme betrachtet, deren Ein- und Ausgänge ebenfalls zeitkontinuierlich sind. Beispielsweise ist ein elektrischer Motor ein zeitkontinuierliches System, dessen Eingangsgrößen (z. B. Spannung oder Strom) und Ausgangswerte (z. B. Geschwindigkeit oder Position) ebenfalls zeitkontinuierlich sind.

Die Regelungstechnik basiert auf den Theorien der Systemmodellierung, Rückkopplung, Systemreaktion und Stabilität. Dadurch ist die Regelungstechnik nicht nur auf eine Ingenieurdisziplin beschränkt, sondern auch auf Bereiche wie Maschinenbau, Chemie, Luftfahrt, Bauwesen und Elektrotechnik anwendbar.

Normalerweise besteht eine Anlage oder ein System aus einem **offenem Regelkreis** (Abbildung 1.1), bei dem ein Stellglied verwendet wird, um das System direkt, d. h. ohne Rückwirkung zu steuern. Zum Beispiel wird erwartet, dass sich ein Motor dreht, wenn eine Spannung an seine Eingangsklemmen angelegt wird. Man weiß jedoch nicht genau, wie schnell sich der Motor dreht, wenn seine Drehzahl nicht gemessen wird. Wenn die Motorwelle belastet und der Motor deshalb langsamer wird, gibt es dazu keine genauen Informationen. Wie in Abbildung 1.1 gezeigt, kann eine Anlage auch externen Störungen unterliegen, die ihr Verhalten beeinflussen. In einem System mit offenem Regelkreis gibt es dann keine Möglichkeit, solche Störungen zu erkennen oder zu minimieren.

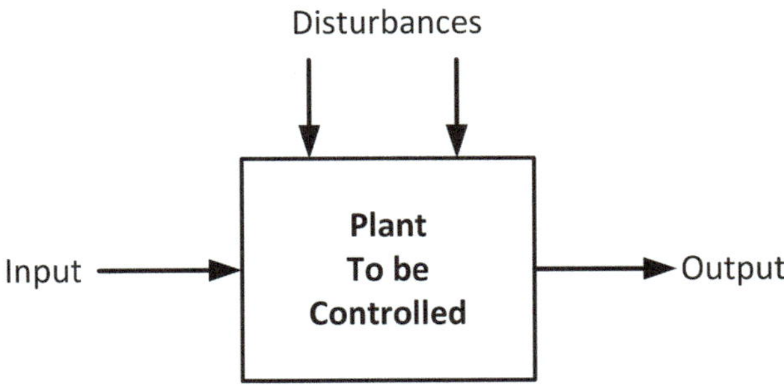


*Abbildung 1.1: Offene Regelschleife*

Im Gegensatz zum offenen Regelgreis („Open-Loop-Control") wird bei einem **geschlossenen Regelkreissystem** („Closed-Loop-Control", Abbildung 1.2) die tatsächliche Ausgangsgröße gemessen und mit dem gewünschten Wert verglichen. Der Ausgabewert wird also als Rückkopplungssignal verwendet. Die Differenz zwischen der gewünschten Ausgangsröße, dem sogenannten Sollwert und dem tatsächlichen Ausgangswert wird als **Fehlersignal (error signal)** bezeichnet. Das Fehlersignal wird verwendet, um die Systemausgabe auf einen Arbeitspunkt zu zwingen, an dem der gewünschte und der tatsächliche Ausgabewert gleich sind, und das Fehlersignal Null ist. Ein Vorteil der Closed-Loop- oder Rückkopplungssteuerung ist die Möglichkeit, Störungen zu kompensieren und selbst bei Vorhandensein von Störeinflüssen die gewünschten Ausgabewerte zu liefern. Die Systemgrößen pendeln sich auf den Sollwert ein und bleiben auf diesem gewünschten Wert. Beispielsweise bleibt bei einem Motorregler die Drehzahl des Motors gleich, auch wenn eine Last auf die Motorwelle wirkt. Üblicherweise wird ein Regler also dazu verwendet, um das Fehlersignal auszulesen und die Anlage so anzusteuern, dass der Fehler gegen Null geht.

Zur Messung von Ausgangsgrößen werden Sensoren verwendet. Ein Thermistor dient beispielsweise zur Messung von Temperaturen. Er kann daher für die Konstanthaltung einer Temperatur in einem geschlossenem Regelkreis verwendet werden. In ähnlicher Weise kann ein Tachometer oder ein Encoder verwendet werden, um die Drehzahl eines Motors zu messen und diese über einen geschlossenem Regelkreis zu stabilisieren. Dabei ist zu beachten, dass in elektrischen Systemen nach dem Digital-Analogwandler (DAC) eventuell ein Leistungsverstärker erforderlich ist, um das System zu steuern.

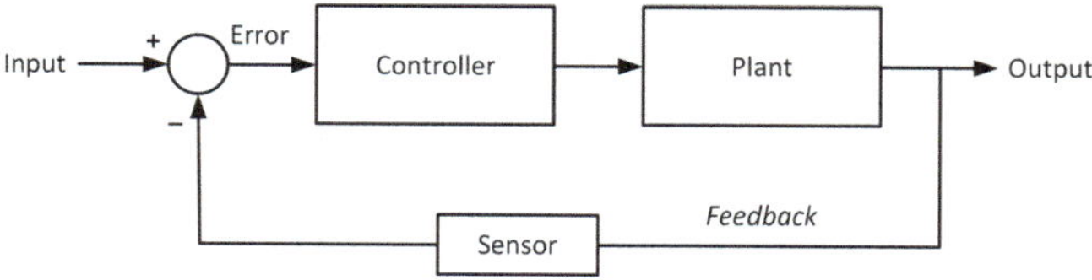


*Abbildung 1.2: Geschlossenes Regelungssystem*

Wie in einem späteren Kapitel gezeigt wird, sind die meisten Sensoren analoge Komponenten, die kontinuierliche Spannungs- oder Stromwerte liefern. Solche Sensoren können direkt in analogen Systemen verwendet werden, in welchen die Eingänge, die Steuerungsgrößen und die Ausgangswerte alle analoge Variablen sind.

## 1.2 Der Mikrocontroller im Regelkreis

Heutzutage sind praktisch alle Steuerungssysteme mikrocontrollerbasiert, wobei der Mikrocontroller als zentrales Steuergerät dient. Einige Sensoren (z. B. für Temperatur, Druck, Feuchtigkeit usw.) bieten digitale Ausgänge und können direkt an einen Mikrocontroller angeschlossen werden. Rein analoge Sensoren können nicht direkt an einen Mikrocontroller angeschlossen werden. Hier wird ein Analog-Digital-Wandler (ADC) benötigt, um das analoge Signal in eine digitale Form umzuwandeln, bevor es dem Controller zugeführt werden kann.

Abbildung 1.3 zeigt ein digitales Steuerungssystem, bei dem angenommen wird, dass der Eingang und der Ausgang des Sensors analog ist. Der ADC wird verwendet, um das Fehlersignal zu in festen Zeitabständen digitalisieren. Dieses wird dann einem digitalen Controller, üblicherweise einem Mikrocontroller zugeführt. Der Mikrocontroller enthält einen geeigneten Steueralgorithmus wie z. B. ein PID-Regelungssytem. Dessen Ausgang wird unter Verwendung eines Digital-Analog-Wandlers (DAC) in eine analoge Form umgewandelt, um die Anlage zu steuern. So kann der Systemausgang auf den gewünschten Wert gehalten werden.

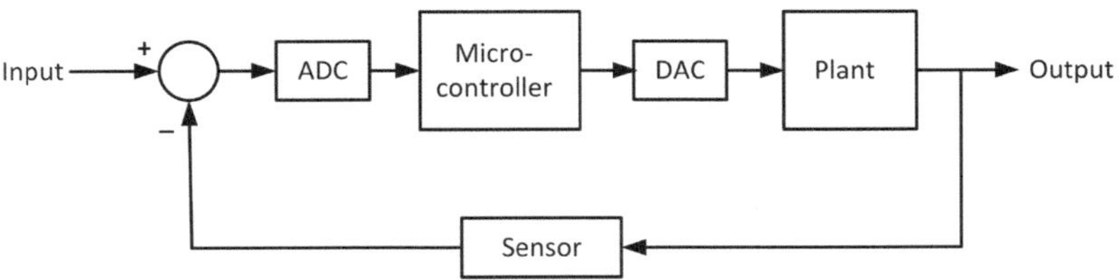


*Abbildung 1.3: Digitales Steuersystem*

Abbildung 1.4 zeigt das Blockschaltbild eines digitalen Regelsystems, mit einem ADC als Messwandler. Die meisten Mikrocontroller enthalten integrierte ADC- und DAC-Wandler, so wie in Abbildung 1.4 dargestellt.

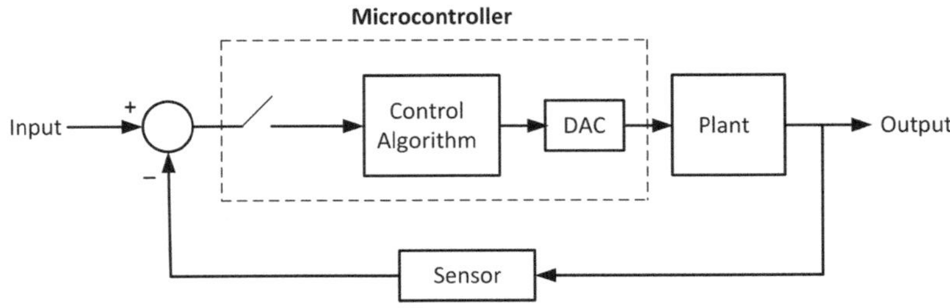


*Abbildung 1.4: Blockdiagramm eines digitalen Steuersystems*

In Abbildung 1.4 führen sowohl der Eingang als auch der Sensorausgang analoge Signale. Eine Variante dieses Systems ist in Abbildung 1.5 dargestellt. Dort erfolgt die Eingabe digital und ist in der Mikrocontroller-Software fest codiert. Alternativ können Größen unter Verwendung eines geeigneten Eingabegeräts, wie einer Tastatur, eingegeben wird. Zudem kommt ein Sensor mit digitalem Ausgang zum Einsatz, welcher direkt an den Mikrocontroller angeschlossen ist.

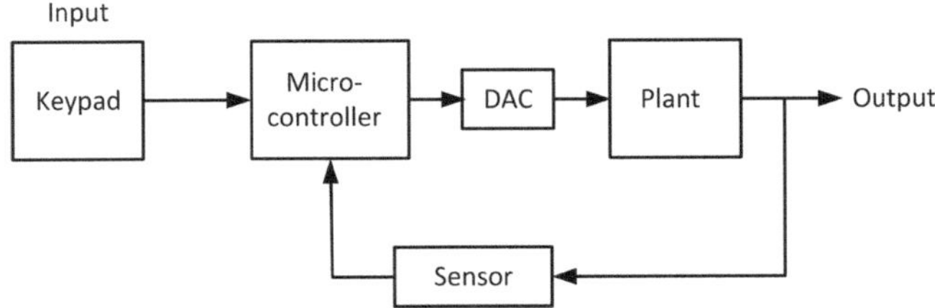


*Abbildung 1.5: Weitere Variante einer digitalen Steuerung*

Abbildung 1.6 zeigt ein typisches analoges Drehzahlregelungssystem. Hier wird die gewünschte Drehzahl über ein Potentiometer eingestellt. Die Drehzahl des Motors wird mit einem Tachometersystem gemessen und auf einen Differenzverstärker zurückgeführt. Der Ausgang dieses Verstärkers liefert das Fehlersignal, welches in einen analogen Regler eingespeist wird. Der Analogregler besteht ist in diesem Fall aus einem Operationsverstärker.

Der Ausgang des Controllers wiederum steuert über einen Leistungsverstärker den Motor um so die gewünschte Geschwindigkeit einzustellen.

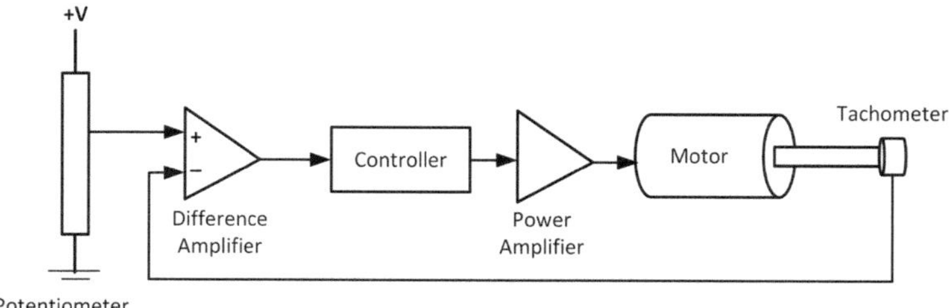


*Abbildung 1.6: Analoges Geschwindigkeitsregelsystem*

Abbildung 1.7 zeigt das digitale Äquivalent zu Abbildung 1.6. Hier misst ein digitaler Encoder die Motordrehzahl und leitet diesen Wert an den Mikrocontroller weiter. Die Soll-Drehzahl wird über eine Tastatur eingegeben. Der Mikrocontroller enthält das Steuerprogramm und sendet seine Ausgabe in Form eines pulsweitenmodulierten (PWM) Signals an den Leistungsverstärker, der wiederum den Motorstrom steuert, und so die Drehzahl auf den gewünschten Wert bringt.

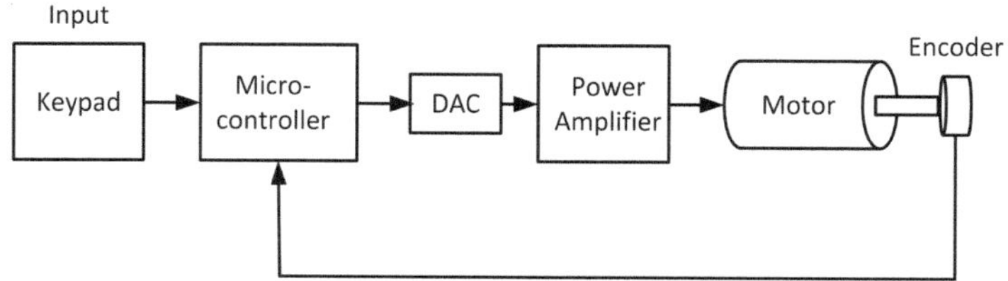


*Abbildung 1.7: Digitales Geschwindigkeitsregelungssystem*

Da Anlagen auch mit analogen Reglern gesteuert werden können, kann man sich fragen, warum digitale Regelgreise überhaupt erforderlich sind? In den 1960er Jahren waren Computer und Mikrocontroller noch sperrige und sehr teure Geräte und ihre Verwendung als digitale Steuerungen war nicht gerechtfertigt. Sie wurden nur in großen und teuren Anlagen wie komplexen chemischen Fabriken oder Ölraffinerien eingesetzt. Seit der Einführung von Mikrocontrollern in den 1970er Jahren sind die Kosten und die Größe digitaler Controller jedoch dramatisch gesunken. Infolgedessen, aber auch durch den Preisverfall anderer digitaler Komponenten wie Speichereinheiten etc. ist das Interesse an der Verwendung digitaler Steuerungen in den letzten Jahrzehnten stark gestiegen.

Digitale Regler haben gegenüber analogen Reglern mehrere Vorteile:

- Eine verbesserte Benutzeroberfläche. Digitale Controller können die Systemparameter und das Systemverhalten grafisch auf einem Monitor anzeigen.
- Digitale Regler können sehr anpassungsfähig konstruiert werden. Auch komplexe Regelalgorithmen lassen sich deshalb mit digitalen Reglern sehr einfach realisieren.

- Die Kosten für digitale Regler sind geringer als für analoge, insbesondere wenn dem System später zusätzliche Regelkreise hinzugefügt werden müssen.
- Digitale Regler sind einfach justierbar. Dazu müssen lediglich entsprechende Parameter in der Software geändert werden.
- Digitale Regler sind zuverlässiger als analoge und werden nicht von Umwelteinflüssen wie Bauteilalterung, Bauteiltoleranzen usw. beeinflusst.
- Digitale Controller sind einfach über Softwareänderungen modifizierbar. Die Anpassung eines analogen Reglers erfordert dagegen normalerweise eine Neuverdrahtung oder die Verwendung anderer bzw. zusätzlicher Komponenten.

Aus diesen Gründen wurden nahezu alle analogen Regelungen im Laufe der Zeit durch digitale ersetzt.

## 1.3 Entwurf von Regelungssystemen

Der Entwurf von Regelsystemen ist eine Ingenieursaufgabe und muss systematisch durchgeführt werden. Die wichtigsten Schritte für den Entwurf eines physikalischen Regelsystems können zu den folgenden Punkten zusammengefasst werden:

- Definieren der Eingangs- und Ausgangsgrößen
- Definieren der zu steuernden Größen
- Aufstellen eines mathematisches Modells des Systems (Differentialgleichungen)
- Entscheiden, ob eine analoge oder digitale Regelung verwendet werden soll
- Auswahl geeigneter Sensor
- Auswahl eines Mikrocontrollers (falls eine digitale Steuerung verwendet werden soll)
- Auswahl andere Komponenten wie Netzteil, Operationsverstärker, Leistungsverstärker usw.
- Anfertigen eines Blockschaltbilds zum System
- Beschreiben des zu verwendenden Reglers und Entwicklung des Regelalgorithmus
- Anpassen der Parameter des gewählten Regelungssystems
- Simulation des Gesamtsystems (falls Simulationswerkzeuge wie MATLAB verfügbar sind)
- Aufbauen des System und Überprüfung seines Verhaltens
- Arbeitet das System wie gewünscht, ist das Projekt abgeschlossen. Wenn sich der Regler dagegen nicht wie gewünscht verhält, muss man eine andere Reglerstruktur wählen oder die Kontroll-Parameter neu einstellen, neu simulieren und das System erneut testen.

# Kapitel 2 • Sensoren

## 2.1 Sensoren in computerbasierten Regelungen

Sensoren sind wichtige Bestandteile aller Regelungssysteme. Ein Sensor ist eine Einheit, welche die Erfassung einer physikalischen Größe gestattet (d. h. der Ausgabewert ist eine Funktion dieser Größe). Als Messgrößen kommen z. B. Temperatur, Feuchtigkeit, Geschwindigkeit, Kraft, Vibration, Druck, Verschiebung, Beschleunigung, Drehmoment, Strömung, Licht oder Schall in Frage. Sensordaten werden in geschlossenen Regelkreisen als Rückkopplungsgrößen verwendet. Sie liefern Informationen über die tatsächliche Ausgangsgröße des Systems, an das sie angeschlossen sind. Beispielsweise gibt ein Geschwindigkeitssensor ein Signal aus, das proportional zur Geschwindigkeit eines Motors ist. Dieses Signal wird von der gewünschten Sollgeschwindigkeit subtrahiert, um so ein Fehlersignal zu erhalten. In ähnlicher Weise gibt ein Flüssigkeitsstandsensor ein Signal aus, das proportional zum Flüssigkeitsstand in einem Behälter ist. Ein derartiger Sensor wird etwa zum Steuern des Füllstands einer Flüssigkeit in einem Behälter verwendet.

Sensoren können in zwei Gruppen eingeteilt werden: analog oder digital. Analoge Sensoren sind weit verbreitet und liefern kontinuierliche Signale (z. B. Spannungen oder Ströme), welche proportional zu physikalischen Messgröße sind. Die meisten realen Umweltvariablen sind von Natur aus analog, beispielsweise Temperatur, Feuchtigkeit, Druck usw. Ein analoger Temperatursensor gibt eine Spannung aus, die direkt proportional zur gemessenen Temperatur ist. Analoge Sensoren können nur über ADC-Wandlermodule an einen Mikrocontroller angeschlossen werden.

Digitale Sensoren sind weniger verbreitet und liefern digitale Signale, die direkt an einen Computer angeschlossen werden können. Der Vorteil digitaler Sensoren besteht darin, dass sie genauer und stabiler arbeiten als analoge Systeme und dass sie direkt an einen Computer angeschlossen werden können. Digitale Sensoren sind jedoch meist teurer als ihre analogen Äquivalente.

Die Wahl eines Sensors für eine bestimmte Anwendung hängt von mehreren Faktoren wie Verfügbarkeit, Kosten, Genauigkeit, Präzision, Auflösung, Reichweite und Linearität des Sensors ab. Nachfolgend werden einige wichtige sensorspezifische Parameter beschrieben.

**Messbereich:** Der Messbereich eines Sensors gibt die oberen und unteren Grenzen an, die vom Sensor gemessen werden können. Wenn der Messbereich eines Temperatursensors beispielsweise mit 10 – 60 °C angegeben ist, sollte der Sensor nur zum Messen von Temperaturen innerhalb dieses Bereichs verwendet werden.

**Auflösung:** Als Auflösung eines Sensors wird die größte Änderung des Messwerts angegeben, die nicht zu einer Änderung des Sensorausgangs führt. D. h. der Messwert kann sich um diesen Betrag ändern, bevor diese Änderung vom Sensor erfasst werden kann. Im Allgemeinen ist der Sensor umso besser, je kleiner seine Auflösung ist. Sensoren mit großen Messbereich haben eine geringere Auflösung. Beispielsweise ist ein Temperatursensor mit einer Auflösung von 0,01 °C besser als ein Sensor mit einer Auflösung von 0,1 °C.

**Empfindlichkeit:** Die Empfindlichkeit eines Sensors ist definiert als die Steigung seiner Ausgangskennlinie. Allgemeiner ausgedrückt ist es die minimale Änderung der physikalischen Messgröße, die eine nachweisbare Ausgabeänderung erzeugt. Beispielsweise kann ein typischer Temperatursensor eine Empfindlichkeit von 1 °C haben. Das bedeutet, dass sich die Ausgangsspannung nicht ändert, wenn die Temperaturänderung weniger als 1 °C beträgt.

**Genauigkeit:** Die Genauigkeit eines Sensors ist die maximale Differenz, zwischen dem tatsächlichen Wert und dem angezeigten Wert am Ausgang des Sensors. Die Genauigkeit kann entweder als Prozentsatz des Skalenendwerts oder absolut ausgedrückt werden.

**Wiederholbarkeit:** Die Wiederholbarkeit eines Sensors ist die Schwankung der Ausgangswerte, die zu erwarten ist, wenn der Sensor dieselbe physikalische Größe unter denselben Bedingungen misst. Wenn beispielsweise die Spannung an einem Widerstand mehrmals gemessen wird, erhält man eventuell leicht unterschiedliche Ergebnisse.

**Linearität:** Ein idealer Sensor sollte eine lineare Übertragungsfunktion aufweisen. D. h. es wird erwartet, dass die Sensorausgabe genau proportional zum gemessenen Wert ist. Beispielsweise liefert der Ausgang des LM35-Temperatursensors ein lineares Signal von 10 mV/°C. Bei 10 °C beträgt die Ausgangsspannung 100 mV, bei 20 °C 200 mV und so weiter. In der Praxis weisen jedoch alle Sensoren abhängig von Herstellungstoleranzen und Messbedingungen ein gewisses Maß an Nichtlinearität auf.

**Offsetfehler:** Der Offsetfehler eines Sensors ist derjenige Ausgangwert, der vorhanden ist, auch wenn die Eingangsgröße Null beträgt. So sollte beispielsweise die Ausgabe eines Kraftsensors Null sein, wenn keine Kraft auf den Sensor ausgeübt wird.

**Dynamik:** Die Dynamik eines Sensors gibt die Grenzen der Sensorcharakteristik an, wenn der Sensor einer sinusförmigen Frequenzänderung ausgesetzt ist. Beispielsweise kann die dynamische Reaktion eines Mikrofons in Form der 3-dB-Bandbreite ihres Frequenzgangs ausgedrückt werden.

**Reaktionszeit:** Sensoren ändern ihre Ausgangszustände nicht sofort nach Veränderung der Eingangsparameter. Beispielsweise liefert ein Temperatursensor nicht unverzüglich neue Messwerte, sobald sich die Temperatur ändert, sondern es dauert einige Zeit, bis sich die Ausgabe ändert. Die Ansprechzeit kann je nach verwendetem Sensor Mikrosekunden, Millisekunden oder Sekunden betragen. Sensoren mit kurzen Reaktionszeiten werden in den meisten Anwendungen bevorzugt, obwohl sie teurer sind.

**Eigenerwärmung:** Die Innentemperatur einiger Sensoren kann bei längerem Dauerbetrieb ansteigen, was als Selbst- oder Eigenerwärmung bezeichnet wird. Eine Selbsterwärmung ist nicht wünschenswert, da sie dazu führen kann, dass sich die Ausgabe des Sensors ändert. Beispielsweise kann ein Temperatursensor mit Selbsterwärmung falsche und schwankende Ausgänge liefern, wenn der Sensor längere Zeit verwendet wird.

**Physische Größe:** Die Größe eines Sensors kann in einigen Anwendungen wichtig sein. Der Anwender sollte die Abmessungen eines Sensors überprüfen, bevor er für die Verwendung in Betracht gezogen wird.

**Betriebsspannung:** Auch diese ist ein wichtiger Faktor, der vor dem Einsatz eines Sensors zu berücksichtigen ist. Vor dem Einsatz eines Sensors sollten die Betriebsspannung sowie die minimal und maximal an den Sensor anlegbaren Spannungen bekannt sein. Ist die Betriebsspannung beispielsweise mit +3,3 V angegeben, darf dieser Wert nicht überschritten werden.

Im weitere Verlauf dieses Kapitels wird der Betrieb und die Eigenschaften einiger gängiger Sensoren besprochen.

## 2.2 Temperatursensoren

Die Temperatur ist eine der grundlegenden physikalischen Variablen in den meisten chemischen Prozessen und Prozesssteuerungen. Eine genaue und zuverlässige Messung der Temperatur ist in allen Prozesssteuerungen wichtig. Die Wahl eines Temperatursensors hängt von der erforderlichen Genauigkeit, dem Temperaturbereich, der Reaktionszeit, den Kosten und der Umgebung ab, in der er verwendet wird (z. B. chemisch, elektrisch, mechanisch, umwelttechnisch usw.). Temperatursensoren sind sowohl in analoger als auch in digital Ausführung erhältlich. Beide Sensortypen werden in den folgenden Abschnitten kurz beschrieben.

| Sensor | Temperatur-bereich ( °C ) | Genauigkeit (± °C ) | Kosten | Robustheit |
|---|---|---|---|---|
| Thermoelement | -270 ... +2600 | 1 | niedrig | sehr hoch |
| RTD | -200 ... +600 | 0.2 | mittel | hoch |
| Thermistor | -50 ... +200 | 0.2 | niedrig | mittel |
| IC | -40 ... +125 | 1 | niedrig | niedrig |

*Tabelle 2.1: Analoge Temperatursensoren*

### Thermoelemente

Thermoelemente (Abbildung 2.1) eignen sich am besten für Messungen bei sehr niedrigen und sehr hohen Temperaturen. Sie haben den Vorteil, dass sie kostengünstig, sehr robust und in chemisch aggressiver Umgebung einsetzbar sind. Die typische Genauigkeit eines Thermoelements beträgt ±1 °C. Thermoelement-Sensoren können aus verschiedenen Leitermaterialien für unterschiedliche Temperaturbereiche und Ausgangscharakteristiken hergestellt werden. Thermoelemente werden über einzelnen Buchstaben identifiziert. Abbildung 2.1 zeigt die Temperaturbereiche verschiedener Thermoelemente. Beachten Sie, dass zur Identifizierung von Thermoelementen Farbkodierungen verwendet werden. Die zur Herstellung von Thermoelementen verwendeten Materialien sind in Abbildung 2.2 dargestellt. Eines der häufig verwendeten und kostengünstigen Thermoelemente ist beispielsweise der Typ K, der aus einem Chromel/Alumel-Legierung besteht, mit grüner Farbe gekennzeichnet ist und einen Temperaturbereich von −180 °C bis +1300 °C aufweist.

| Thermocouple Type | Temperature Range (°C) | | | | |
|---|---|---|---|---|---|
| | Short Term Use | Continuous Use | Class 1 Tolerance* | Class 2 Tolerance* | Class 3 Tolerance* |
| Type E | −40 to +900 | 0 to +800 | -40 to +800 | -40 to +900 | -200 to +40 |
| [illegible] | −180 to +800 | 0 to +750 | -40 to +750 | -40 to +750 | N/A |
| Type K | −180 to +1300 | 0 to +1100 | -40 to +1000 | -40 to +1200 | -200 to +40 |
| Type N | -270 to +1300 | 0 to +1100 | -40 to +1000 | -40 to +1200 | -200 to +40 |
| Type R | -50 to +1700 | 0 to +1600 | 0 to +1600 | 0 to +1600 | N/A |
| Type S | -50 to +1750 | 0 to +1600 | 0 to +1600 | 0 to +1600 | N/A |
| Type T | −250 to +400 | −185 to +300 | -40 to +350 | -40 to +350 | -200 to +40 |
| Type B | 0 to +1820 | +200 to +1700 | N/A | +600 to +1700 | +600 to +1700 |

Thermocouple Tolerances: IEC 60584-2:1982 / BS EN 60584-2:1993

*Thermocouples of this tolerance class can be used outside this range, but no tolerance is defined outside these limits.

*Abbildung 2.1: Thermoelementtypen*

| Thermo-couple | Material ( + / − ) |
|---|---|
| Type E | Chromel / Constantan |
| [illegible] | Iron / Constantan |
| Type K | Chromel / Alumel |
| Type N | Nicrosil / Nisil |
| Type R & Type S | Platinum–Rhodium / Platinum |
| Type T | Copper / Constantan |
| Type B | Platinum–Rhodium / Platinum–Rhodium |

*Abbildung 2.2: In verschiedenen Thermoelementen verwendete Materialien*

Um Temperaturen mit einem Thermoelement zu messen, wird im Allgemeinen ein Thermoelementverstärker verwendet. Der Ausgangswert des Verstärkers hängt von der Spannung der Referenz ab. Die Spannung an der Referenzstelle hängt von der Temperaturdifferenz zwischen der Vergleichsstelle und der Thermostelle ab. Daher muss die Temperatur an der Referenzstelle bekannt sein. Das Thermoelement-Verstärkermodul MAX6675 (Abbildung 2.3) verfügt über einen integrierten Temperatursensor zur Messung der Temperatur an der Vergleichsstelle und verstärkt auch die kleine Thermoelementspannung an der Referenzstelle, sodass sie mit einem Mikrocontroller ausgelesen werden kann.

*Abbildung 2.3: Thermoelement-Verstärkermodul MAX6675*

Thermoelemente sind in verschiedenen Formen und Varianten erhältlich. Einige Sensoren sind mit 2-Weg-Steckern ausgestattet, um den Anschluss an ein Messgerät zu erleichtern. Abbildung 2.3 zeigt einige der allgemein erhältlichen Thermoelemente.

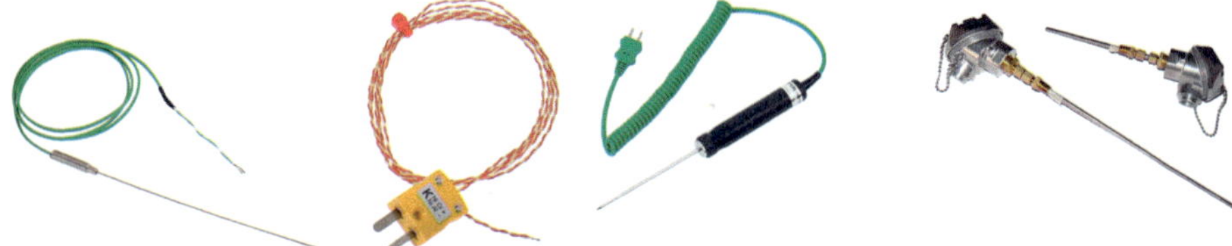

*Abbildung 2.4: Einige Thermoelemente*

**RTDs**

RTDs (Resistance Temperature Detector) sind Sensorelemente, deren Widerstand sich mit der Temperatur ändert. Der Widerstand steigt mit steigender Temperatur des Sensors an. Die Beziehung zwischen Widerstand und Temperatur ist gut bekannt und auch über längere Zeit hinweg hervorragend reproduzierbar. RTDs sind passive Komponenten und erzeugen keine eigene Ausgangspannung. Normalerweise wird der Widerstand eines RTD über einen kleinen elektrischen Strom und den resultierenden Spannungsabfall gemessen. Es sollte darauf geachtet werden, keine zu großen Ströme verwendet werden, da es sonst zu einer Eigenerwärmung des Sensors kommen kann. Typischerweise wird ein Strom maximal 1 mA verwendet. Abbildung 2.5 zeigt einige RTD-Sensoren. RTDs haben ausgezeichnete Genauigkeiten, auch über weite Temperaturbereiche hinweg. Einige RTDs erzielen Genauigkeiten von besser als 0,001 ºC. Ein weiterer Vorteil der RTDs besteht darin, dass sie eine Drift von weniger als 0,1 °C/Jahr aufweisen.

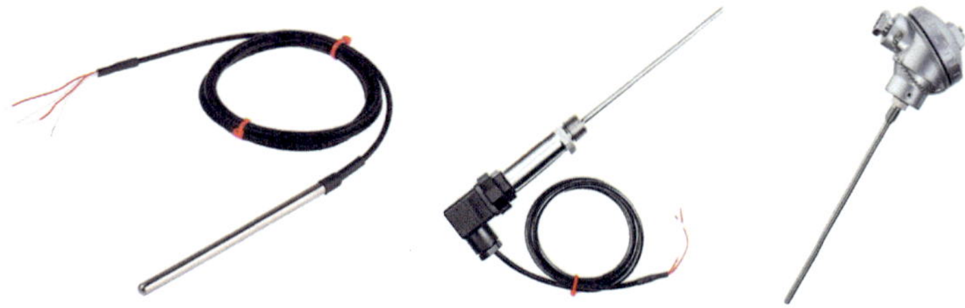

*Abbildung 2.5: Einige RTDs*

Um eine hohe Stabilität und Genauigkeit zu erreichen, müssen RTD-Sensoren frei von Kontaminationen bleiben. Unter etwa 250 °C ist die Kontamination kein großes Problem. Darüber sind spezielle Herstellungstechniken erforderlich, um Kontaminationen zu minimieren. RTD-Sensoren werden normalerweise in zwei Formen hergestellt: Drahtgewickelt oder als Dünnfilm. Drahtgewickelte RTDs werden hergestellt, indem ein sehr feiner Platindraht in Spulenform um ein nichtleitendes Material gewickelt wird, bis der erforderliche Widerstand erreicht ist. Dünnfilm-RTDs werden hergestellt, indem eine Platinschicht in einem Widerstandsmuster auf einem Keramiksubstrat abgelagert wird. Der am häufigsten verwendete RTD-Standard ist IEC 751, welcher auf Platin mit einem Widerstand von 100 Ω bei 0 °C basiert.

Für eine hohe Genauigkeit wird empfohlen, ein RTD-zu-Digital-Wandlermodul wie das MAX31865-Modul zu verwenden (Abbildung 2.6). Dieser Chip ist für Platin-RTDs optimiert. Hierfür wird ein genauer Referenzwiderstand verwendet, um die Empfindlichkeit für den RTD einzustellen. Ein On-Chip-ADC gibt das Verhältnis des RTD-Widerstands zum Referenzwiderstand als digitales Signal zurück. Wenn man den Referenzwiderstand kennt, kann der RTD-Widerstand und damit die gemessene Temperatur entweder aus Temperatur-Widerstands-Tabellen oder mithilfe einer Bibliotheksfunktion einfach berechnet werden.

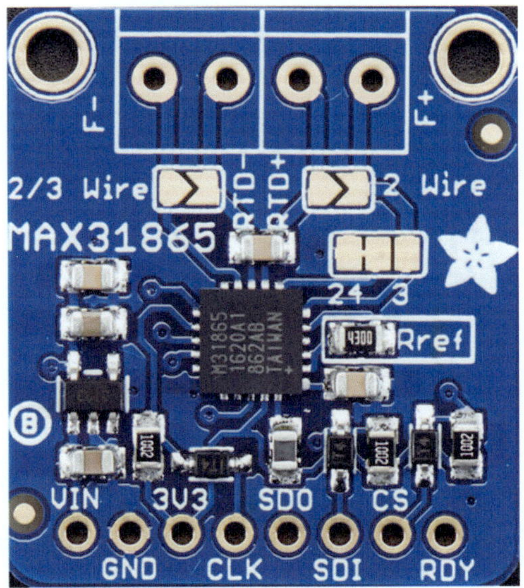


*Abbildung 2.6: RTD-Wandlermodul MAX31865*

## Thermistoren

Der Name „Thermistor" leitet sich von den Wörtern thermisch und Resistor (engl. f. „Widerstand") ab. Thermistoren sind temperaturempfindliche passive Halbleiter, die eine große Änderung des elektrischen Widerstands zeigen, wenn sie einer kleinen Temperaturänderung ausgesetzt werden. Thermistoren werden in einer Vielzahl von Größen und Formen hergestellt (Abbildung 2.7). Kügelchen, Scheiben, beilagscheibenförmige Komponenten, Wafer und Chips sind die am häufigsten verwendeten Thermistortypen.

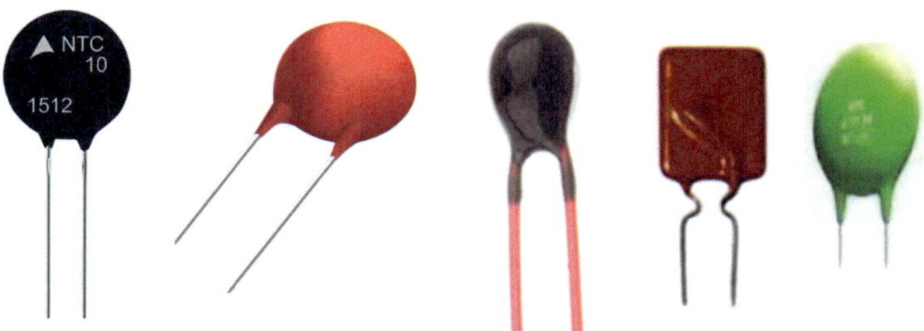


*Abbildung 2.7: Verschiedene Formen von Thermistoren*

Thermistoren sind in zwei Varianten erhältlich: mit negativem (NTC) oder mit positivem Temperaturkoeffizienten (PTC). PTC-Thermistoren werden im Allgemeinen als Einschaltstromschutz in der Leistungselektronik verwendet. NTC-Thermistoren weisen viele erwünschte Eigenschaften für die Temperaturmessung auf. Ihr elektrischer Widerstand nimmt mit steigender Temperatur ab (Bild 2.8), die Widerstands-Temperatur-Beziehung ist jedoch sehr nichtlinear. Der Nennwiderstand eines Thermistors wird auf 25 °C bezogen. Für die meisten Typen liegt der Widerstand bei diesem Temperaturwert zwischen 100 Ω und 100 kΩ.

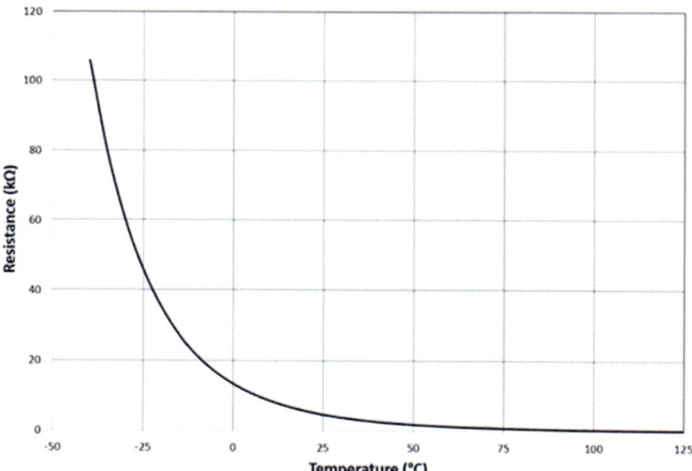


*Abbildung 2.8: Typische Thermistor-R/T-Charakteristik*

Die Vorteile von NTC-Thermistoren sind:

**Empfindlichkeit:** Einer der Vorteile von Thermistoren im Vergleich zu Thermoelementen und RTDs ist ihre große Widerstandsänderung mit der Temperatur, typischerweise –5 % pro °C.

**Kleine Größe:** Thermistoren sind sehr klein. Dies erlaubt sehr schnelle Reaktionen auf Temperaturänderungen. Dieses Merkmal ist sehr in Temperaturregelungssystemen, bei welchen eine schnelle Reaktion erforderlich sein kann.

**Robustheit:** Die meisten Thermistoren sind robust und können mechanischen und thermischen Stößen und Vibrationen besser standhalten als andere Arten von Temperatursensoren.

**Fernmessung:** Thermistoren können verwendet werden, um die Temperatur an entfernten Orten über lange Kabel zu messen, da der Widerstand eines langen Kabels im Vergleich zum relativ hohen Widerstand eines Thermistors unbedeutend ist.

**Kostengünstig:** Thermistoren kosten weniger als die meisten anderen Arten von Temperatursensoren.

**Austauschbarkeit:** Thermistoren können mit sehr engen Toleranzen hergestellt werden. Dadurch ist es möglich, Thermistoren auszutauschen, ohne das Messsystem neu kalibrieren zu müssen.

Thermistoren können aufgrund des durch sie fließenden Stroms unter Selbsterhitzungsproblemen leiden. Wenn sich ein Thermistor selbst erwärmt, fällt der Widerstandswert relativ zu seinem wahren Wert ab, was zu Fehlern in der gemessenen Temperatur führt. Es ist daher wichtig, den elektrischen Strom durch einen Thermistor zu minimieren.

Thermistoren können in Schaltungen in Reihe mit einem bekannten genauen Festwiderstand verwendet werden. Wird die Spannung über dem Thermistor gemessen, kann sein Widerstand berechnet werden. Alternativ können Konstantstrom-, Brücken- oder Operationsverstärkerschaltungen entwickelt werden, um den Widerstand eines Thermistors zu messen. Nachdem der Widerstand eines Thermistors ermittelt wurde, kann die Temperatur mithilfe von Tabellen (falls verfügbar) oder einer Bibliotheksfunktion (falls verfügbar) berechnet werden oder es kann die hier angegebene Standard-Steinhart-Hart-Gleichung verwenden:

$$\frac{1}{T} = \frac{1}{T_0} + \frac{1}{B} \ln\left(\frac{R}{R0}\right)$$

oder

$$T = \frac{1}{1/B\,Ln\left(R/R_0\right) + 1/T_0}$$

Dabei ist $T_0$ die Raumtemperatur in K (298,15), B die Temperaturkonstante des Thermistors, R0 der Thermistorwiderstand bei Raumtemperatur und R der gemessene Widerstand des Thermistors. Hier ein Beispiel dazu:

**Beispiel**

Die Temperaturkonstante eines Thermistors ist B = 2910. Außerdem beträgt sein Widerstand bei Raumtemperatur (25 °C) 1 kΩ. Dieser Thermistor wird in einem elektrischen Schaltkreis verwendet, um die Temperatur zu messen, und es wurde festgestellt, dass der

Widerstand des Thermistors 800 Ω beträgt. Berechnen Sie die gemessene Temperatur.

**Lösung**
Hier wissen Sie, dass $B = 2910$, $T_0 = 298.15$, $R = 800\ \Omega$, und $R_0 = 1000\ \Omega$ gilt.

$$T = \frac{1}{1/2910\, Ln(800/1000) + 1/298.15} = 310.24 \text{ Kelvin}$$

oder $T = 310.24 - 273.15 = 37.09$ °C

**Integrierte Schaltkreise**
Analogsensoren mit Form von integrierten Schaltungen sind Halbleiterbauelemente. Sie unterscheiden sich von anderen Sensoren in einigen grundlegenden Punkten:

- Sie weisen relativ kleine physische Größen auf
- Ihre Ausgänge sind linear
- Der Temperaturbereich ist relativ begrenzt
- Die Kosten sind relativ gering
- Ihnen fehlt es oft an gutem thermischen Kontakt zur Außenwelt, und daher ist es normalerweise schwieriger, sie für andere Anwendungen als zur Messung der Lufttemperatur zu verwenden
- Für den Betrieb dieser Sensoren ist eine Stromversorgung erforderlich

Analoge Temperatursensoren in Form von mit integrierten Schaltungen können einen Spannungs- oder ein Stromausgang aufweisen. In diesem Abschnitt sehen wir und die Eigenschaften einiger häufig verwendeter Sensoren an.

**LM35DZ**
Dieser Baustein ist ein beliebter 3-Pin-Temperatursensor-Chip (Abbildung 2.9), mit linearer Ausgangsspannung. Der Konversionsfaktor beträgt 10 mV/°C. Beispielsweise beträgt die Ausgangsspannung bei 10 °C 100 mV, bei 20 °C 200 mV und so weiter. Dieser Sensor hat einen Messbereich von 0 °C bis +100 °C (die CZ-Version dieses Sensors hat einen größeren Temperaturbereich von –20 °C bis +120 °C). Die Genauigkeit dieses Sensors beträgt ±1,5 °C und die Betriebsspannung liegt bei 4 bis 30 V.

*Abbildung 2.9: Der Temperatursensor LM35DZ*

Der LM34 ähnelt dem LM35DZ, misst die Temperatur jedoch in Fahrenheit. Die LM134, AD590 und AD592 sind Temperatursensoren mit Stromausgang, bei welchen der Ausgangsstrom direkt proportional zur gemessenen Temperatur ist. Beispielsweise wird die Klaibrationskonstante des AD590 (Abbildung 2.10) mit 1 µA/K angegeben.

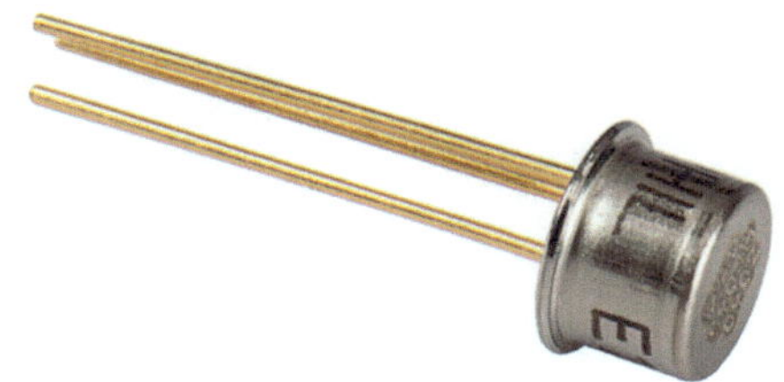

*Abbildung 2.10: Temperatursensor AD590*

**TMP36**

Dies Sensor ist ein weiterer beliebter Temperatursensorchip in Form einer analogen integrierten Schaltung. Größe und Konfiguration des Sensors sind dieselben wie in Abbildung 2.9. Die Ausgangsspannung des TMP36 ist proportional zur gemessenen Temperatur und kann durch: $V_o$ – 500 /10 berechnet werden, wobei $V_o$ die Sensorausgangsspannung in Millivolt ist.

### 2.2.2 Digitale Temperatursensoren

Diese Sensoren erzeugen digitale Ausgangssignale und können daher direkt an Mikrocontroller angeschlossen werden. Die Signale sind nicht standardisiert und die gemessene Temperatur kann über die Software, unter Verwendung eines geeigneten Algorithmus extrahiert werden. Tabelle 2.2 zeigt eine Liste von beliebten Temperatursensoren mit digitalem Ausgang.

| Sensor | Ausgangs-signal | Maximaler Fehler | Temperatur-bereich |
|---|---|---|---|
| LM75 | $I^2C$ | ±3 °C | -55 °C ... +125 °C |
| TMP03 | PWM | ±4 °C | -25 °C ... +100 °C |
| DS18B20 | 1-Wire | ±0.5 °C | -55 °C ... +125 °C |
| AD7814 | SPI | ±2 °C | -55 °C ... +125 °C |
| MAX6575 | 1-Wire | ±0.8 °C | -40 °C ... +125 °C |
| DHT11 | Serial 1-wire | ±2 °C | 0 °C ... +50 °C |
| DHT22 | Serial 1-wire | ±0.5 °C | -40 °C ... +80 °C |

*Tabelle 2.2: Einige Temperatursensoren mit digitalem Ausgang*

Der DHT11 und der DHT22 (Abbildung 2.11) sind sehr beliebte Sensoren mit 3-poligem Anschluss und Digitalausgang. Beide Sensoren können sowohl die Temperatur als auch die relative Luftfeuchtigkeit messen. Für beide Sensoren sind Arduino- und Raspberry Pi-Bibliotheken verfügbar, um die Temperatur- und Feuchtigkeitsdaten einfach auszulesen.

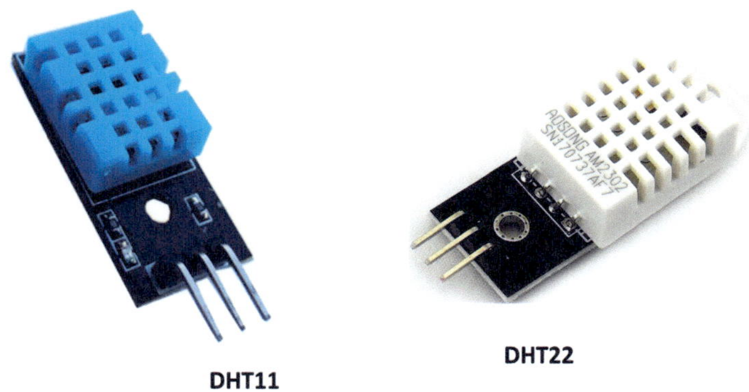


*Abbildung 2.11: DHT11 und DHT22 Sensor*

## 2.3 Positionssensoren

Positionssensoren werden verwendet, um die Lage von sich bewegenden Objekten zu messen. Von diesen Sensoren gibt es grundsätzlich zwei Varianten: Sensoren zum Messen einer linearen Bewegung und zur Erfassung von Winkelbewegungen.

Der einfachste Positionssensor ist ein Potentiometer. Potentiometer sind in linearer Form und als Drehpotentiometer erhältlich. In einer typischen Anwendung wird eine feste Spannung am Potentiometer angelegt und die Spannung über dem Potentiometer-Schleifer gemessen. Diese Spannung ist proportional zur Position des Schleifers, und daher kann durch Messen der Spannung die Position des Schleifers erfasst werden. Abbildung 2.12 zeigt ein lineares Potentiometer. Wenn eine Spannung $V_i$ angelegt wird, ist die Spannung am Schleifer gegeben durch:

$$V_a = k\,V_i\,y$$

wobei y die Position des Schleifers gemessen vom Anschlag des Potentiometers und k eine Konstante ist.

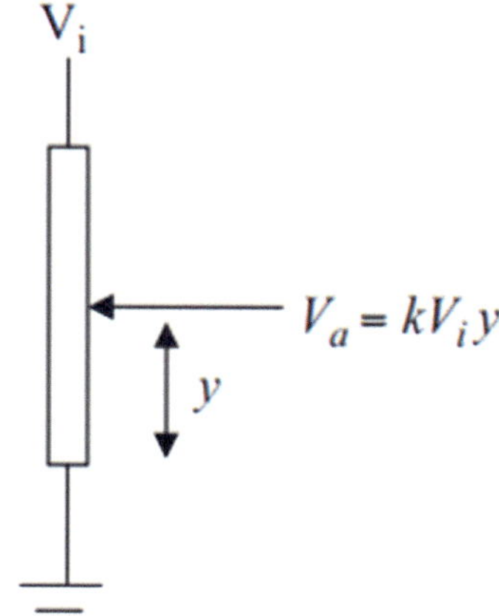


*Abbildung 2.12: Lineares Potentiometer*

Abbildung 2.13 zeigt ein Drehpotentiometer, das zur Messung von Winkelpositionen verwendet werden kann. Wenn $V_i$ wieder die angelegte Spannung ist, ist die Spannung am Schleifer gegeben durch:

$$V_a = k\, V_i\, \theta$$

wobei θ der Stellwinkel und k eine Konstante ist.

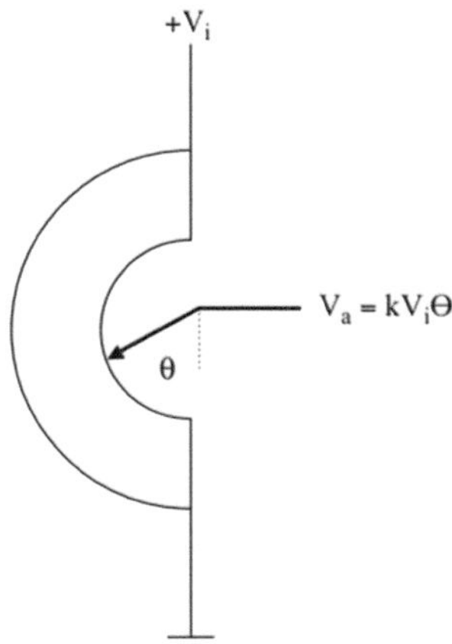


*Abbildung 2.13: Drehpotentiometer*

Daneben existieren weitere Positionssensoren in Form von kapazitiven und induktiven Sensoren, linearen variablen Differentialtransformatoren (LVDTs), magnetischen linearen Encodern, optischen Encodern, Ultraschallsensoren usw. Kapazitive Positionssensoren beruhen auf dem Prinzip der Kapazitätsänderung eines Plattenkondensators mit dem Plattenabstand. Diese Sensoren werden in Mikrometer- und Millimeteranwendungen verwendet, wo ihre Auflösung im Nanometerbereich liegen kann (z. B. das MicroSense-Modell 4810).

LVDT-Sensoren (Bild 2.14) bestehen aus einer Primär- und zwei Sekundärwicklungen auf einem Hohlzylinder. Innerhalb des Zylinders bewegt sich ein magnetischer Kern. Die Bewegung dieses Kerns verändert das Magnetfeld, das die Primärwicklung mit den Sekundärwicklungen verbindet. Die Bewegung des Kerns in eine bestimmte Position erhöht z. B. die induzierte Spannung in einer Sekundärspule und verringert diese in der anderen Sekundärspule. Die Nettospannungsdifferenz ist proportional zur Position des Kerns innerhalb des Zylinders. Durch Messen der induzierten Spannung kann also die Position des Kerns bestimmt werden.

Die Vorteile von LVDT sind:

- kostengünstig
- robustes Design
- kein Hystereseeffekt
- schnelle Reaktionszeit

- kein Reibungswiderstand
- lange Lebensdauer

Fairerweise muss gesagt werden, dass der Hauptnachteil des LVDT darin besteht, dass der Kern direkten Kontakt mit der zu erfassenden Oberfläche haben muss, was unter Umständen nicht immer gewährleistet werden kann.

*Abbildung 2.14: LVDT-Positionssensor*

Ein magnetisches Linearkodiersystem verwendet einen magnetischen Sensorkopf und eine magnetisches Messfeld, um analoge oder digitale Ausgabe zu erzeugen. Wenn der magnetische Sensorkopf am Feld entlang läuft, erfasst der Sensor die Änderung der Magnetfeldstärke und gibt ein Signal aus, welches die Position des Messkopfes repräsentiert.

Optische Encoder sind Sensoren, die üblicherweise zum Messen der Position oder Geschwindigkeit eines rotierenden Körpers verwendet werden. Es gibt verschiedene Arten von optischen Encodern. In seiner einfachsten Anwendung besteht das Gerät aus einer Welle, die mit einer kreisförmigen Loch- oder Schlitzscheibe verbunden ist (Abbildung 2.15). Von einer Seite trifft ein Lichtstrahl auf die Scheibe, auf der anderen Seite wird ein Lichtdetektor positioniert. Wenn die vor dem Lichtsensor vorbeilaufenden Löcher gezählt werden, kann Sie die Position oder die Geschwindigkeit der rotierenden Welle bestimmen werden. Andere Arten von optischen Encodern verwenden das Hall-Effekt-Prinzip, bei dem ein oder mehrere kleine Magnete am Rotor angebracht. Wenn sich der Rotor dreht, kann das sich ändernde Magnetfeld erfasst werden. Werden indestens zwei Magneten verwendet, kann man auch die Drehrichtung des Rotors bestimmen.

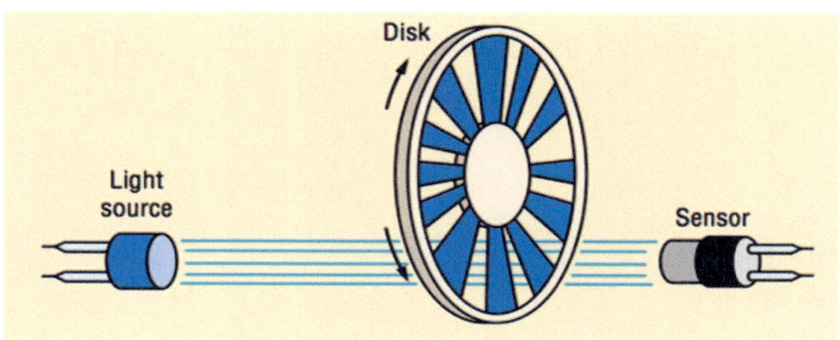


*Abbildung 2.15: Optischer Encoder*

## 2.4 Geschwindigkeits- und Beschleunigungssensoren

Einer der am weitesten verbreiteten Rotationssensoren ist der Tachogenerator. Ein Tachometer (Abbildung 2.16) ist mit der Welle eines rotierenden Geräts (z. B. eines Motors) verbunden und erzeugt eine analoge Gleichspannung, die proportional zur Drehzahl der Welle ist. Wenn ω die Winkelgeschwindigkeit der Welle ist, ist die Ausgangsspannung des Tachometers gegeben durch:

$$V_o = k\,\omega$$

wobei k die Verstärkungskonstante des Tachometers ist. Ein weiterer beliebter Geschwindigkeitssensor ist der optische Encoder, wie in Abbildung 2.15 gezeigt und oben beschrieben.

*Abbildung 2.16: Handelsüblicher Tachogenerator*

Beschleunigung ist die Ableitung der Geschwindigkeit oder die zweite Ableitung der Position. Somit können im Allgemeinen Positions- oder Geschwindigkeitssensoren auch verwendet werden, um Beschleunigungen zu messen. Die Ableitung kann entweder durch Verwendung von Operationsverstärkern oder durch ein Computerprogramm erfolgen. Zur genauen Messung der Beschleunigung können Halbleiter-Beschleunigungssensoren verwendet werden. Der ADXL203 ist beispielsweise ein solcher von Analog Devices Inc. hergestellter Beschleunigungssensor-Chip. Der Chip ist winzig (5 × 5 × 2 mm) und als Modul auf einer kleinen Platine erhältlich (siehe Abbildung 2.17). Er ist als kostengünstiger 8-Pin-Chip mit zwei Ausgängen verfügbar, und gestattet es, die Beschleunigung in zwei Dimensionen zu messen. Die Ausgänge liefern digitale Signale, deren Taktverhältnis proportional zur Beschleunigung in jeder der beiden Achsen ist. Diese Ausgänge können direkt an einen Mikrocontroller angeschlossen werden und die Beschleunigung kann sehr einfach gemessen werden, ohne dass ein A/D-Wandler erforderlich ist. Der Messbereich des ADXL203 beträgt ±1,7 *g* bis ±18 *g*, wobei *g* die Erdbeschleunigung ist. Der Sensor kann sowohl dynamische Beschleunigung (z. B. Vibration) als auch statische Beschleunigung (z. B. Schwerkraft) messen.

*Abbildung 2.17: Beschleunigungssensormodul ADXL203*

## 2.5 Kraftsensoren

In Kraftsensoren werden verschiedene Technologien eingesetzt. So gibt es u. A. hydraulische, pneumatische, induktive, kapazitive oder piezoelektrische Kraftsensoren. Auch sogenannte Dehnungsmessstreifen können verwendet werden, um Kräfte genau zu erfassen. Es gibt viele verschiedene Arten von Dehnungsmessstreifen. Für Dehnungsmessstreifen können auf kapazitiven oder induktiven Messprinzipien beruhen. Die am weitesten verbreiteten Typen werden jedoch aus speziellen Widerständen hergestellt. Ein Dehnungsmessstreifen besteht in diesem Fall aus einem Widerstand in Form einer Metallfolie. Das Funktionsprinzip besteht darin, dass der Widerstand eines Drahtes mit zunehmender Belastung zunimmt und mit abnehmender Belastung abnimmt. Um die Dehnung mit einem Dehnungsmessstreifen zu messen, wird dieser üblicherweise in eine Wheatstone-Brücke integriert. So können die kleinen Änderungen im Widerstand des Dehnungsmessstreifens am zuverlässigsten erfasst werden. Mit Dehnungsmessstreifen sind Kräfte, Lasten, Gewichtsdruck, Drehmomente oder Wegstrecken messbar.

Kraft kann auch mit dem Prinzip der Piezoelektrizität gemessen werden. Ein piezoelektrischer Sensor erzeugt eine Spannung, wenn eine Kraft auf seine Oberfläche ausgeübt wird. Der Nachteil dieses Verfahrens besteht darin, dass die Spannung nach dem Anlegen der Kraft abklingt und piezoelektrische somit Sensoren nur für die Messung dynamischer Kräfte geeignet sind.

Einige der beliebten Kraftsensoren, die in Mikrocontroller-Anwendungen verwendet werden, sind die FlexiForce-Sensoren. Beispielsweise ist der A201 ein flexibler Kraftsensor mit variablem Widerstand (Abbildung 2.18), der zur Messung von Kräften von 4,4 N bis zu 440 N verwendet werden kann. Es handelt sich dabei um ein 191 mm langes und 14 mm breites flexibles Sensorelement. Der Sensor wird normalerweise zusammen mit einem Operationsverstärker verwendet, der eine zur gemessenen Kraft proportionale Spannung ausgibt.

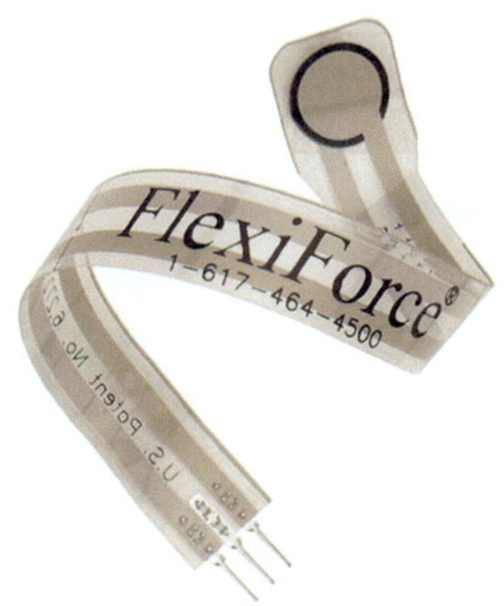


*Abbildung 2.18: Kraftsensor A201*

## 2.6 Drucksensoren

Drucksensoren werden verwendet, um den Luftdruck oder den Druck von Flüssigkeiten oder Gasen zu messen. Grundsätzlich gibt es drei Arten von Drucksensoren: Relativdrucksensoren (oder Manometer), Absolutdrucksensoren und Differenzdrucksensoren.

Relativdrucksensoren messen den Druck relativ zum atmosphärischen Umgebungsdruck. Er ist positiv für Drckwerte, die höher als der Atmosphärendruck sind, oder negativ für niedrigere Druckwerte. Diese Sensoren haben zwei Anschlüsse, um den Referenzdruck und den zu messenden Druck zu erfassen.

Absolutdrucksensoren liefern das Ergebnis relativ zum absoluten Vakuum (d. h. Druck gleich Null). Diese Sensoren haben nur einen Anschluss für den zu messenden Druck. Diese Sensoren können zur Messung des atmosphärischen Drucks (z. B. zur Bestimmung der Höhe) verwendet werden.

Differenzdrucksensoren messen den Druckunterschied zwischen zwei Punkten, ähnlich wie Relativsensoren, aber hier muss der Referenzdruck nicht unbedingt der Atmosphärendruck sein.

Es sind viele Drucksensoren verfügbar, die zusammen mit Mikrocontrollern eingesetzt werden können. Beispielsweise verwendet das Adafruit MPRLS 3965-Modul (Abbildung 2.19) den $I^2C$-Bus als Schnittstelle. Es enthält einen 24-Bit-ADC, der mit 3-5 V arbeitet. Dieser Sensor kann den absoluten Druck von 0 bis 25 PSI messen. Es handelt sich dabei um ein kleines Modul mit einer Länge von nur 3,7 mm und einem Durchmesser von 2,5 mm. Für dieses Modul sind Arduino- und Raspberry Pi-Bibliotheken verfügbar.

*Abbildung 2.19: MPRLS 3965 Drucksensor*

Das SparkFun MPL3115A2 Modul ist ein weiterer beliebter Drucksensor (Abbildung 2.20) für Mikrocontroller. Dieses Sensormodul liefert auch Höhendaten mit einer Genauigkeit von 30 cm. Als Schnittstelle zum Modul wird der I²C-Bus verwendet. Das Gerät enthält auch einen 12-Bit-Temperatursensor. Bei Betrieb mit 1,95 bis +3,6 V wird der Druck in Pascal und die Höhe in Metern angegeben. Der Sensor kann Drücke von 20 bis 110 kPa messen. Der Temperatursensorbereich beträgt –40 °C bis +85 °C mit einer Genauigkeit von ±3 °C über den gesamten Temperaturbereich.

*Abbildung 2.20: Drucksensor MPL3115A2*

Der BMP280 ist ein weiterer beliebter Drucksensor, der häufig in Mikrocontroller-Anwendungen verwendet wird. Hierbei handelt es sich um ist einen absoluten barometrischer Drucksensor. Dieser auf piezoresistiver Technologie basierende Sensor wurde von Bosch entwickelt und zeichnet sich durch hohe Genauigkeit und Linearität sowie Langzeitstabilität aus. Der Sensor ist als Modul erhältlich, so wie in Abbildung 2.21 gezeigt. Der Druckbereich dieses Sensors beträgt 300 bis 1100 hPa mit einer Genauigkeit von ±1 hPa. Das Modul arbeitet mit der I²C-Schnittstelle und liefert auch Temperaturmessungen im Bereich von –40 °C bis +85 °C mit einer Genauigkeit von ±1 °C.

*Abbildung 2.21: Drucksensormodul BMP280*

## 2.7 Flüssigkeitssensoren

Es gibt viele verschiedene Arten von Flüssigkeitssensoren. Diese Sensoren werden verwendet, um:

- das Vorhandensein von Flüssigkeit erkennen;
- den Flüssigkeitspegel zu erfassen;
- die Durchflussmenge einer Flüssigkeit, z. B. durch ein Rohr zu messen

Das Vorhandensein einer Flüssigkeit kann durch optische Prinzipien, durch Ultraschall, Widerstands- oder Kapazitätsänderung oder ähnliche Techniken erfasst werden. Beispielsweise basiert optische Techniken auf der Verwendung einer LED und eines Fototransistor. Beide befinden sich in einer Kunststoffhalbkugel am Ende des Sensors. Wenn keine Flüssigkeit vorhanden ist, wird das Licht der LED reflektiert. Der Fototransistor ist so ausgelegt, dass er in diesem Falle ausgeschaltet ist. Wenn Flüssigkeit vorhanden ist, ändert sich der Brechungsindex an der Kugeloberfläche und das Licht der LED wird schwächer reflektiert. Infolgedessen nimmt die empfangene Lichtmenge ab und der Fototransistor schaltet um.

Der Flüssigkeitsstand in einem Tank kann mit Hilfe von Tauchsensoren oder über berührungslose Ultraschalltechniken gemessen werden. Die einfachste Technik besteht darin, einen Stab in die Flüssigkeit einzutauchen, wobei sich ein Potentiometer im Inneren des Stabs befindet. Der Potentiometerarm ist so konstruiert, dass er sich bewegt, wenn sich der Flüssigkeitsstand ändert. Die Änderung des Widerstands kann gemessen werden und somit wird der Füllstand der Flüssigkeit erfasst.

Auch Ultraschall-Sender-Empfänger-Paare werden häufig verwendet, um den Füllstand von Flüssigkeiten in einem Behälter zu messen. Vom Sendemodul wird ein Ultraschallsignal ausgesendet. Dieses Signal wird von der Flüssigkeitsoberfläche reflektiert und vom Empfängermodul erfasst. Aus der Zeitdifferenz zwischen Senden und Empfangen des Signals wird der Abstand zur Flüssigkeitsoberfläche ermittelt. Wenn die Höhe des Behälters bekannt ist, kann die Höhe der Flüssigkeit im Behälter leicht berechnet werden.

Auch Drucksensoren werden verwendet, um den Flüssigkeitsstand in einem Tank zu messen. Typischerweise wird der Drucksensor am Boden des Tanks montiert. Dort ist die Druckänderung proportional zur Höhe des Flüssigkeitspegels. Diese Sensoren geben normalerweise eine analoge Ausgangsspannung aus, die proportional zur Höhe der Flüssigkeit im Tank ist.

Die berührungslose Ultraschall-Füllstandsmessung ist sehr genau, aber teurer als die anderen Techniken. Grundsätzlich wird ein Ultraschallstrahl auf die Wasseroberfläche gesendet und das Echo des Strahls erfasst. Die Zeitdifferenz zwischen dem Senden des Strahls und dem Echo ist proportional zum Flüssigkeitsstand im Tank.

Durchflussraten können mit mehreren Techniken gemessen werden:

- Schaufelradsensoren;
- Verdrängungsdurchflussmesser;
- magnetische Durchflussmesser.

Schaufelradsensoren sind kostengünstig und sehr beliebt für die Messung der Durchflussrate von Flüssigkeiten. Im Inneren des Sensors ist ein Rad montiert, dessen Rotationsgeschwindigkeit proportional zur Durchflussmenge ist. Wenn sich das Rad dreht, wird eine Spannung erzeugt, die die Durchflussrate anzeigt.

Verdränger-Durchflussmesser messen die Durchflussrate einer Flüssigkeit, indem sie den Durchfluss in bekannte Volumina aufteilen und diese über die Zeit zählen. Diese Messgeräte bieten eine hohe Genauigkeit. Es gibt verschiedene Arten von Verdrängungs-Durchflussmessern, z. B. Flügelradzähler, Drehkolbenzähler, Helix-Durchflussmesser und so weiter.

Magnetische Durchflussmesser basieren auf dem Faradayschen Gesetz der magnetischen Induktion. Hier wirkt die Flüssigkeit beim Durchströmen eines Rohres als Leiter. Dadurch wird eine Spannung induziert, die proportional zur Durchflussmenge ist. Je höher die Durchflussrate, desto höher ist die Spannung. Diese Spannung wird von den im Messrohr montierten Sensoren erfasst. Anhand der Rohrquerschnittsfläche wird der Durchfluss elektronisch berechnet. Die magnetische Durchflussratenmessung hat folgende Vorteile:

- Sie kann für ätzende Flüssigkeiten verwendet werden
- Die Messung verändert den Durchfluss nicht

Der e-Tape-Füllstandssensor (Abbildung 2.22) ist ein kostengünstiger Festkörpersensor mit einem Widerstandsausgang, der sich mit dem Füllstand der Flüssigkeit ändert. Er wird in Füllstandskontrollanwendungen verwendet. Der Widerstand des Sensors ist umgekehrt proportional zur Höhe des Flüssigkeitspegels: je niedriger der Flüssigkeitsstand, desto höher der Ausgangswiderstand, je höher der Flüssigkeitsstand, desto geringer der Ausgangswiderstand. Die Länge und Breite des Sensors beträgt 257 mm bzw. 25,4 mm. Der Sensorausgang liefert 1500 Ω im leeren und 300 Ω im gefüllten Zustand. Die Auflösung des Sensors beträgt 0,25 mm.

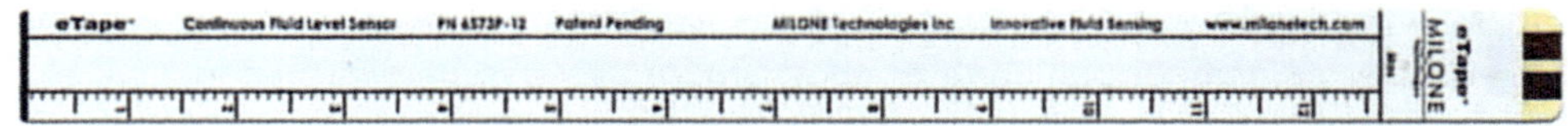


*Abbildung 2.22: E-Tape-Füllstandssensor*

Der LV170 von Omega ist ein Flüssigkeitsschalter (Abbildung 2.23), der auf optischer Technologie basiert. Dieser elektrooptische Sensor enthält eine Infrarot-LED und einen Lichtempfänger. Kontinuierliches Licht der LED wird in ein Prisma gelenkt, das die Spitze des Sensors bildet. Wenn keine Flüssigkeit vorhanden ist, wird Licht von der LED innerhalb des Prismas zum Empfänger reflektiert. Wenn das Prisma in eine aufsteigende Flüssigkeit eintaucht, wird das Licht in die Flüssigkeit abgelenkt, sodass wenig oder kein Licht den Empfänger erreicht. Nach dem Erfassen dieser Änderung aktiviert der Empfänger eine elektronische Schaltungen innerhalb der Einheit, um einen externen Alarm- oder Steuerkreis zu steuern.

*Abbildung 2.23: Der Flüssigkeitssensorschalter LV170*

Der kostengünstige Schwimmerschalter (Abbildung 2.24) kann am Rand eines Tanks montiert und zur Erfassung des Flüssigkeitsstands in einem Tank verwendet werden. Der Schalter enthält einen Schließer/Öffner, sodass externe Geräte je nach Flüssigkeitsstand ein- oder ausgeschaltet werden können.

*Abbildung 2.24: Flüssigkeitsschwimmerschalter*

Der Mini-Füllstandssensor (Abbildung 2.25) von Parallax kann verwendet werden, um den Wasserstand in einem kleinen Tank zu erkennen, indem er senkrecht in den Tank eingeführt wird. Der Sensor kann Flüssigkeitsstände von 0 bis 48 mm erfassen und hat einen Analogausgang von 2 bis 5 V. Daher wird ein ADC benötigt, um ihn an einen Mikrocontroller anzuschließen. Mit einer Betriebsspannung von 2 bis 5 V kann der Sensor in ungiftigen, nicht korrosiven Flüssigkeiten wie Wasser eingesetzt werden.

*Abbildung 2.25: Mini-Füllstandsensor*

## 2.8 Durchflusssensoren

Durchflusssensoren werden verwendet, um die Durchflussrate von Flüssigkeiten, Gasen oder Luft zu messen. Zum Beispiel misst ein Flüssigkeits- oder Gasdurchflusssensor die Geschwindigkeit einer Flüssigkeit oder eines Gases, die durch ein Rohr strömt.

Zur Messung des Flüssigkeitsdurchflusses kann das kostengünstige YF-S201 Modul verwendet werden (Abbildung 2.26). Dieser Sensor arbeitet mit 5 bis 18 V und liefert einen TTL-Ausgang mit 450 Impulsen pro Liter. Der Messbereich des Sensors beträgt 1 bis 30 Liter/Minute bei einer Genauigkeit von ±10 %. Dieser Sensor kann direkt mit dem Arduino verbunden werden. Für den Anschluss an Raspberry Pi muss die Ausgangsspannung auf 3,3 V gesenkt werden, z. B. mithilfe einer Spannungsteilerschaltung.

*Abbildung 2.26: Flüssigkeitsdurchflusssensor YF-S201*

Auch die FT-210-Serie bietet beliebte Flüssigkeitsdurchflusssensoren, wenn diese auch teurer sind als der YF-S201. Dieser Sensor arbeitet mit 5 bis 24 V und liefert einen Open-Collector-Ausgang mit 22.000 Impulsen/Liter bei einer Messgenauigkeit von ±3 %.

*Abbildung 2.27: Der Flüssigkeitsdurchflusssensor FT-210*

Der Renesas-Sensor vom Typ FS2012 kann zur Messung der Durchflussrate sowohl von Flüssigkeiten als auch von Gasen verwendet werden (Abbildung 2.28). Bei Betrieb mit 5 V liefert der Sensor 0 bis 5 V am Analogausgang. Alternativ steht eine I²C Digital-Schnittstelle zur Verfügung. Der Sensor ist vibrations- und stoßfest. Der Gasdurchflussbereich beträgt 0,015 bis 2 SLPM (Standardliter pro Minute) mit einer Messgenauigkeit von ±2 %. Der Flüssigkeitsdurchflussbereich beträgt 0,025 bis 0,5 SLPM mit einer Messgenauigkeit von ±2 %.

*Abbildung 2.28: Der Gas-/Flüssigkeits-Durchflusssensor FS2012*

# Kapitel 3 • Übertragungsfunktionen und Zeitverhalten

## 3.1 Übersicht

Im letzten vorherigen Kapitel wurden einige der Sensoren betrachtet, die in mikrocontroller-basierten digitalen Steuerungsanwendungen verwendet werden können. In diesem Kapitel wird die Theorie und das Zeitverhalten von Systemen erster und zweiter Ordnung vorgestellt. Dies ist wichtig, weil wie die meisten Kontrollstrukturen auf einfache Systeme erster oder zweiter Ordnung reduziert werden können. **Das Ziel dieser Buches ist es, die Theorie und mathematische Herleitung so weit wie möglich zu minimieren.** Dennoch sollen die grundlegenden Eigenschaften und der Aufbau von Mikrocontroller-basierten Steuerungen ausführlicher behandelt werden.

In diesem Kapitel werden nur zeitkontinuierliche Systeme betrachtet, da die grundlegenden Aspekte dieser Systeme die Voraussetzung für das Verständnis digitaler Systemen bilden. Digitale Systeme werden dann in einem späteren Kapitel behandelt.

## 3.2 Systeme erster Ordnung

**Beispiel 1**

Betrachten wir ein einfaches elektrisches System bestehend aus einem Widerstand (R) und einer Induktivität (L) wie in Abbildung 3.1 gezeigt. Dabei soll v(t) die angelegte Spannung und i(t) der Strom in dieser Schaltung sein.

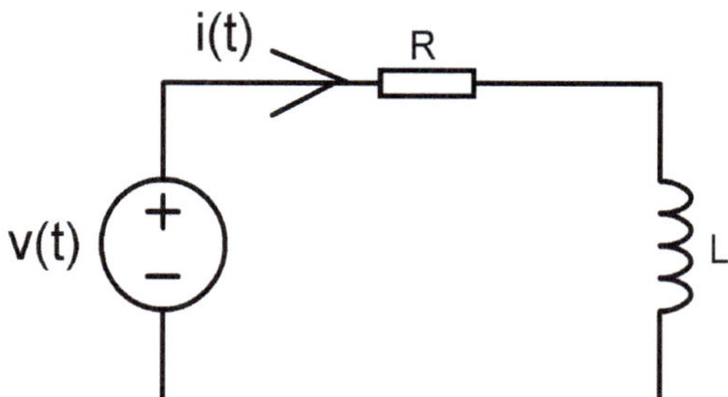


*Abbildung 3.1: Elektrischer Schaltkreis mit R und L*

Man kann die Maschengleichung als Differentialgleichung schreiben:

$$L\frac{di}{dt}+Ri=v(t) \qquad (3.1)$$

Nimmt man die Laplace-Transformation mit geeigneten Anfangsbedingungen, ergibt sich

$$L\left[sI(s)-i(0)\right]+RI(s)=V(s) \qquad (3.2)$$

Bei Nullwert-Anfangsbedingungen ergibt sich die Übertragungsfunktion für den Strom und die angelegte Spannung zu:

$$\frac{I(s)}{V(s)}=\frac{1}{R+Ls} \tag{3.3}$$

oder

$$\frac{I(s)}{V(s)}=\frac{1/L}{s+R/L} \tag{3.4}$$

Abbildung 3.2 zeigt das Open-Loop-Blockdiagramm des Systems mit V(s) als Eingang und I(s) als Ausgang.

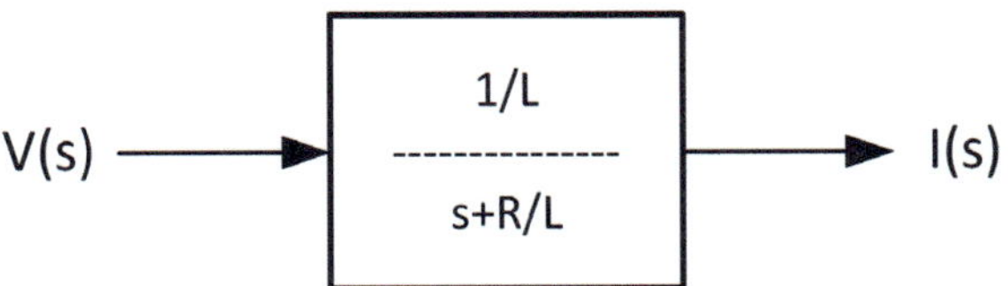


*Abbildung 3.2: Open-Loop-Blockdiagramm*

**Beispiel 2**

Betrachten wir nun ein Füllstandssystem (Abbildung 3.3), bei dem Flüssigkeit mit der Geschwindigkeit $q_i$ in einen Tank eintritt und diesen mit der Rate $q_o$ durch eine Öffnung verläßt. Leiten wir das mathematische Modell für dieses System ab, erhalten wir die Beziehung zwischen der Höhe h der Flüssigkeit und der Einströmrate $q_i$.

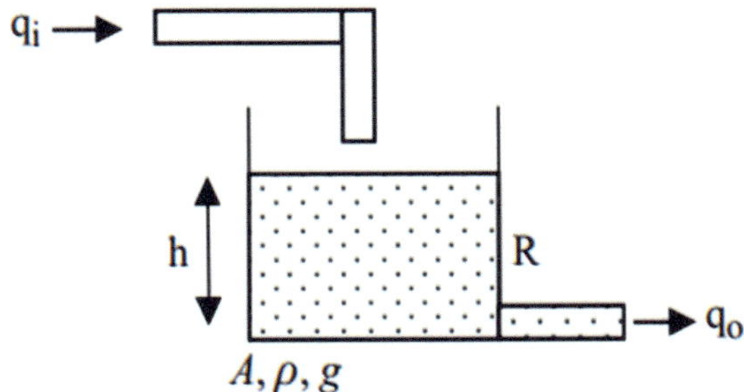


*Abbildung 3.3: Füllstandskontrolle*

Angenommen, V ist das Volumen und A die Fläche des Flüssigkeitstanks,

$$q_i - q_o = \frac{A}{\rho g}\frac{dp}{dt} \tag{3.5}$$

oder

$$q_i = \frac{A}{\rho g}\frac{dp}{dt} + q_o \tag{3.6}$$

Der Druck in einem Tank ist gegeben durch:

$$p = \rho h g \tag{3.7}$$

Damit wird (3.6) zu:

$$q_i = A\frac{dh}{dt} + q_o \tag{3.8}$$

Wenn R der hydraulische Widerstand ist

$$p_1 - p_2 = Rq_0 \tag{3.9}$$

Dann gilt:

$$q_0 = \frac{p_1 - p_2}{R} = \frac{h\rho g}{R} \tag{3.10}$$

Einsetzen in (3.8) ergibt

$$q_i = A\frac{dh}{dt} + \frac{\rho g}{R}h \tag{3.11}$$

Die Laplace-Transformation ergibt:

$$q_i(s) = Ash(s) + \frac{\rho g}{R}h(s) \tag{3.12}$$

Und die Übertragungsfunktion kann geschrieben werden als:

$$\frac{h(s)}{q_i(s)} = \frac{1}{As + \rho g / R} \tag{3.13}$$

oder abschließend:

$$\frac{h(s)}{q_i(s)} = \frac{1/A}{s + \rho g / RA} \tag{3.14}$$

### 3.2.1 Zeitverhalten

Beachten Sie, dass die Gleichungen (3.4) und (3.14) sehr ähnlich sind, da beides Systeme erster Ordnung sind. Im Allgemeinen kann man die Übertragungsfunktion eines Open-Loop-Systems erster Ordnung wie folgt schreiben:

$$G(s) = \frac{a}{s+a} \tag{3.15}$$

Wenn Sie nun eine Einheitssprungeingabe R(t) auf das System anwenden, wobei R(s) = 1/s ist, wird die Laplace-Transformation des gesamten Open-Loop-Systems C(s) zu:

$$C(s) = R(s)G(s) = \frac{a}{s(s+a)} \tag{3.16}$$

Das Zeitverhalten des Open-Loop-Systems ergibt sich aus der inversen Laplace-Transformation von (3.16), somit:

$$c(t) = 1 - e^{-at} \tag{3.17}$$

Die Antwortfunktion leifert also in jedem Fall einen exponentieller Anstieg. Anfänglich bei t = 0 ist die Systemausgabe c(t) = 0. Die Ausgabe steigt dann exponentiell auf 1 an.

Der Parameter **1/a** ist als **Zeitkonstante** des Systems bekannt. Bei t = 1/a wird die Antwort:

$$c(t) = 1 - e^{-1} = 0.63 \tag{3.18}$$

Man kann daher sagen, dass, wenn ein Sprungeingang an ein System erster Ordnung angelegt wird, der Systemausgang zu dem Zeitpunkt, der der Zeitkonstante des Systems entspricht, auf 63 % seines Endwerts ansteigt. Beachten Sie, dass die Zeitkonstante 1/a die Einheit einer Zeit hat.

Abbildung 3.4 zeigt das Ausgangsverhalten des Systems grafisch.

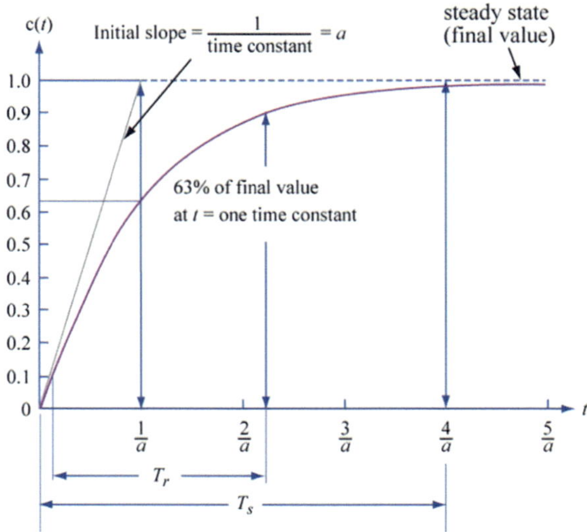


*Abbildung 3.4: Ausgangsverhalten eines Systems erster Ordnung*

In Bezug auf Abbildung 3.4 kann man Folgendes schreiben:

- Die Antwortfunktion steigt exponentiell von 0 auf 1.
- Aus der Anfangssteigung kann die Zeitkonstante 1/a ermittelt werden. Der Schnittpunkt der anfänglichen Steigungslinie und der horizontalen Endwertlinie liefern die Zeitkonstante.
- Die Anstiegszeit $T_r$ ist der Punkt, an dem die Antwortfunktion auf 90 % ihres Endwerts ansteigt. Sie ist gegeben durch: $T_r = 2{,}2/a$.
- Die Einschwingzeit $T_s$ ist definiert als die Zeit, in der sich die endgültige Antwortfunkion innerhalb von 2 % ihres Endwerts einpendelt. Sie ist gegeben durch: $T_s = 4/a$.

**Aufgabe**

Die Übertragungsfunktion eines Systems erster Ordnung ist gegeben durch:

$$G(s) = \frac{K}{s+a}$$

Berechnen Sie die zeitabhängige Antwortfunktion, wenn eine Einheitstufe an das System angelegt wird.

**Lösung**

Bei einem Einheitssprung am Eingang lautet die Open-Loop-Übertragungsfunktion:

$$C(s) = R(s)G(s) = \frac{K}{s(s+a)} = \frac{K}{as} - \frac{K}{a(s+a)}$$

oder

$$C(s) = \frac{K}{a}[\frac{1}{s} - \frac{1}{(s+a)}]$$

Aus der inversen Laplace-Transformationstabelle ergibt sich die Zeitantwort zu:

$$c(t) = \frac{K}{a}(1 - e^{-at})$$

Bei t = 0 ist die Ausgabe 0, und der Endwert der Ausgabe wird (für sehr große t) gleich K/a.

**Aufgabe**
Die Sprungantwort eines Systems erster Ordnung verläuft wie in Abbildung 3.5 gezeigt. Berechnen Sie die Übertragungsfunktion dieses Systems.

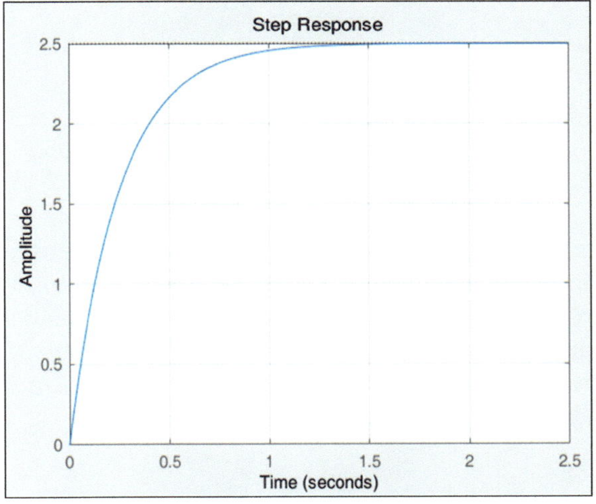


*Abbildung 3.5: Systemantwort erster Ordnung*

**Lösung**
Der Endwert des Systems liegt, wie leicht ersichtlich ist, bei 2,5. Die Zeitkonstante ergibt sich aus dem Wert, an welchem die Kurve 63 % ihres endgültigen Wertes erreicht. Daher kann die Zeitkonstante an der y-Achse am Punkt zu 2,5 × 0,63 = 1,575 abgelesen werden.

Wird von diesem Punkt aus wird eine horizontale Linie gezogen, findet man auf der horizontalen Achse die Zeitkonstante 1/a = 0,25. Daher ist a = 1/0,25 = 4. Nun muss noch K ermittelt werden. Der endgültige Wert ist K/a = 2,5, also gilt: K = 4 × 2,5 = 10. Die resultierende Übertragungsfunktion des Systems ist also:

$$G(s) = \frac{10}{s+4}$$

**Aufgabe**

Die Sprungantwort eines Systems erster Ordnung ergibt sich wie in Abbildung 3.6 gezeigt, wobei der Anfangswert der Ausgabefunktion 4 beträgt. Berechnen Sie die Übertragungsfunktion dieses Systems.

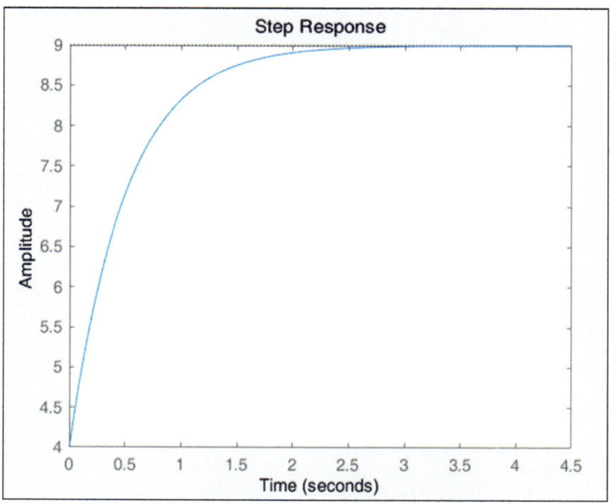


*Abbildung 3.6: Systemantwort erster Ordnung*

**Lösung**

Der Endwert des Systems ist 9, während sein Anfangswert 4 beträgt. Die Zeitkonstante kann ermittelt werden, wenn die Kurve 63 % ihres Endwertes erreicht, also am y-Achsenpunkt 4 + (9 – 4) × 0,63 = 7,15. Wird von diesem Punkt aus eine horizontale Linie gezogen, ermittelt man die Zeitkonstante auf der horizontalen Achse zu 1/a = 0,5. Daher ist a = 1/0,5 = 2. Nun wird noch K bestimmt. Der endgültige Wert ist K/a = (9 – 4), also K = 5 × 2 = 10. Die benötigte Übertragungsfunktion des Systems ist:

$$G(s) = \frac{10}{s+2}$$

## 3.3 Systeme zweiter Ordnung

**Beispiel 1**

Betrachten Sie das in Abbildung 3.7 gezeigte mechanische System, bestehend aus Masse, Feder und Dämpfer, wo eine Kraft F auf das System ausgeübt wird.

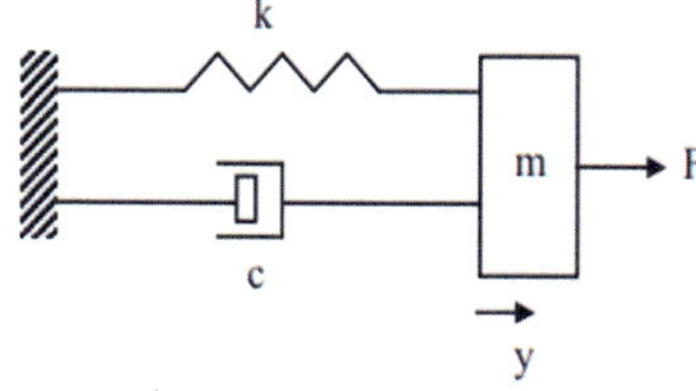


*Abbildung 3.7: Mechanisches System mit Masse, Feder und Dämpfer*

Die Nettokraft auf die Masse ist die eingebrachte Kraft abzüglich der von der Feder und dem Dämpfer ausgeübten Kräfte. Wendet man das zweite Newtonsche Gesetz an, kann man schreiben:

$$F - ky - c\frac{dy}{dt} = m\frac{d^2y}{dt^2} \tag{3.19}$$

oder,

$$F = m\frac{d^2y}{dt^2} + c\frac{dy}{dt} + ky \tag{3.20}$$

Die Laplace-Transformation ergibt:

$$F(s) = ms^2Y(s) + csY(s) + kY(s)$$

Die Übertragungsfunktion ist dann gegeben durch:

$$\frac{Y(s)}{F(s)} = \frac{1}{ms^2 + cs + k} \tag{3.21}$$

Dies wird normalerweise in der Standardform als Open-Loop-Systemtransferfunktion zweiter Ordnung geschrieben:

$$\frac{Y(s)}{F(s)} = \frac{1/m}{s^2 + sc/m + k/m} \tag{3.22}$$

**Beispiel 2**

Betrachten wir das in Abbildung 3.8 dargestellte elektrische System, bestehend aus einem Widerstand (R), einer Induktivität (L), und einen Kondensator (C). Lassen Sie uns daraus das Modell dieses Systems ableiten.

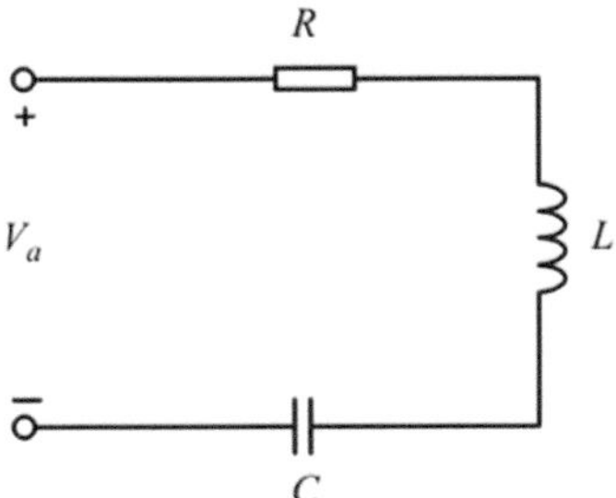


*Abbildung 3.8: Elektrische Schaltung*

Wenn das Kirchhoffsche Spannungsgesetz angewendet wird, kann man schreiben:

$$v_R + v_L + v_C = V_a \tag{3.23}$$

oder,

$$Ri + L\frac{di}{dt} + \frac{1}{C}\int idt = V_a \tag{3.24}$$

Für den Kondensator kann man schreiben

$$i = C\frac{dv_C}{dt} \tag{3.25}$$

Durch Einsetzen in (3.24) erhält man

$$RC\frac{dv_C}{dt} + LC\frac{d^{2v}v_C}{dt^2} + v_C = V_a \tag{3.26}$$

Die Laplace-Transformation ergibt:

$$LCs^2V(s)_C + RCsV(s)_C + V(s) = V_a(s)$$

Die Übertragungsfunktion ist daher gegeben durch:

$$\frac{V(s)_C}{V_a(s)} = \frac{1}{s^2LC + sRC + 1}$$

Was in der Form:

$$\frac{V(s)_C}{V_a(s)} = \frac{1/LC}{s^2 + sR/L + 1/LC} \tag{3.27}$$

Gleichung (3.27) ist ähnlich aufgebaut wie (3.22), da beide Systeme von zweiter Ordnung sind. Allgemein kann die Gleichung für die Open-Loop-Übertragungsfunktion so formuliert werden:

$$G(s) = \frac{w_n^{\ 2}}{s^2 + 2\xi w_n s + w_n^{\ 2}} \tag{3.28}$$

Wobei  die Eigenfrequenz und das Dämpfungsverhältnis ist.

### 3.3.1 Zeitverhalten

Wir untersuchen nun die Antwortfunktion eines Systems zweiter Ordnung mit einer Einheitsschrittfunktion am Eingang. Es gibt vier Lösungen für Gleichung (3.28) in Abhängigkeit vom Wert des Dämpfungsverhältnises.

**Fall 1:** $\xi = 0$ **Ungedämpft**

$$c(t) = (1 - \cos w_n t)$$

Dies entspricht einer frei oszillierende Antwortfunktion

**Fall 2:** $\xi = 1$ **Kritisch gedämpft**

$$c(t) = (1 - e^{-w_n t} - w_n t e^{-w_n t})$$

Dies ist ergibt eine exponentiell ansteigende Antwortfunktion.

**Case 3:** $\xi > 1$ **Stark gedämpft**

$$c(t) = Ae^{-\sigma_1 t} + Be^{-\sigma_2 t}$$

**Case 4:** $\xi < 1$ **Schwach gedämpft**

$$c(t) = 1 - \frac{1}{\sqrt{1-\xi^2}} e^{-\xi w_n t} \cos(w_d t - \phi)$$

Wobei, $w_d = w_n \sqrt{1-\xi^2}$ die gedämpfte Eigenfrequenz

und $\phi = \tan^{-1}(\xi / \sqrt{1-\xi^2})$

ist.

Abbildung 3.9 zeigt das Zeitverhalten für alle vier Fälle.

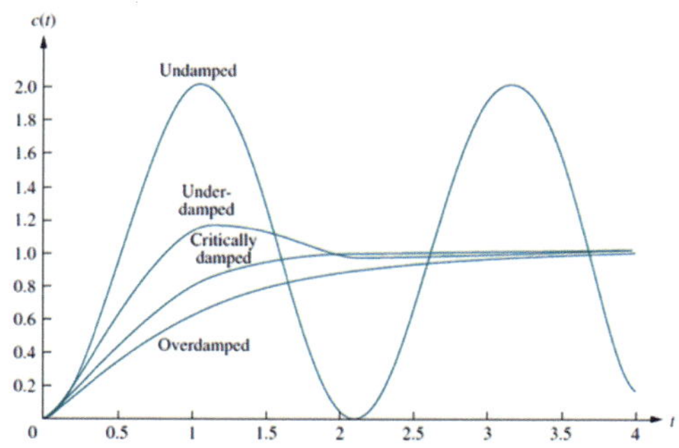


*Abbildung 3.9: Zeitverhalten eines Systems zweiter Ordnung*

Bei der Regelung eines Systems interessiert vor allem der Fall mit einer Dämpfung kleiner als eins. Wie in Abbildung 3.10 gezeigt, wird bei kleineren Dämpfungen das Überschwingen größer. Man sollte daher ein Dämpfungsverhältnis von etwa 0,7 anstreben. Dies ergibt ein sehr geringes Überschwingen und eine schnelle Anstiegszeit.

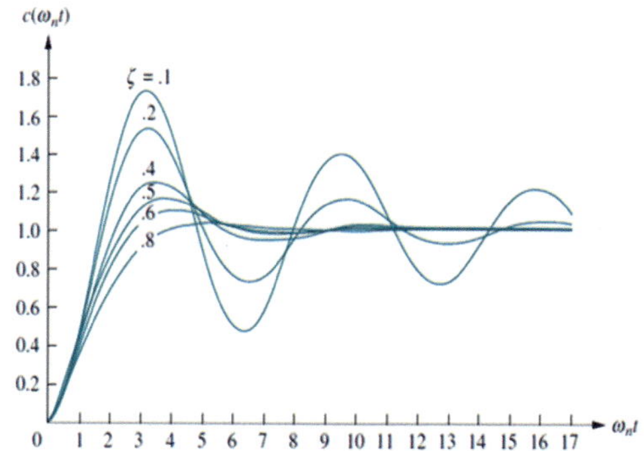


*Abbildung 3.10: Systemantwort zweiter Ordnung bei Änderung des Dämpfungsverhältnisses*

Einige wichtige Parameter, die eine schwach gedämpfte Reaktion zweiter Ordnung definieren, werden weiter unten angegeben (siehe Abbildung 3.11)

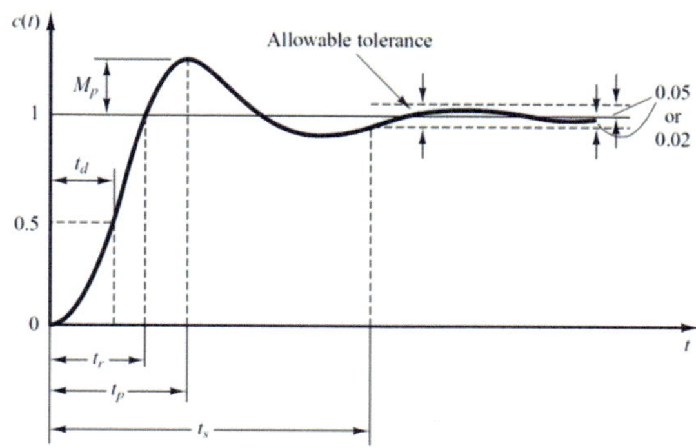


*Abbildung 3.11: Systemparameter zweiter Ordnung*

**Maximalwertszeit ($T_p$ - „peak time"):** Dies ist die Zeit, die die Systemreaktion benötigt, um ihre erstes Maximum zu erreichen. Sie ist gegeben durch:

$$T_p = \frac{\pi}{w_d}$$

**Anstiegszeit ($T_r$)**: Dies ist die Zeit, die das System benötigt, um zum ersten Mal den Endwert zu erreichen. Sie ist gegeben durch:

$$T_r = \frac{\pi - B}{w_d}$$

mit $B = \tan^{-1}(\frac{\sqrt{1-\xi^2}}{\xi})$

**Maximales Überschwingen ($M_p$):** Dies ist die Differenz zwischen dem maximalen Überschwingen und dem endgültige Wert. Der Wert ist gegeben durch:

$$M_p = e^{-\xi\pi/\sqrt{1-\xi^2}} \times 100 \quad percent$$

**Einschwingzeit ($t_s$):** Dies ist die Zeit, die erforderlich ist, um einen stabilen Endwert zu erhalten. Sie ist normalerweise definiert als die Zeit, die die Antwortfunktion benötigt, um innerhalb eines Bereichs von 2 % bis 5 % des Endwertes zu liegen:

$$t_s = \frac{4}{\xi w_n} \text{ zu 2\%}$$

$$t_s = \frac{3}{\xi w_n} \text{ zu 5\%}$$

**Beispiel**

Gegeben sei die folgende Open-Loop-Übertragungsfunktion eines Systems mit Einheitssprung am Eingang:

$$G(s) = \frac{100}{s^2 + 10s + 100}$$

Berechnen Sie $T_p$, $T_r$, $M_p$ und $t_s$ auf 2 %.

**Lösung**

$w_n$ ist 10, $2\xi w_n$ ist 10, und $\xi$ ist 0.5

Damit:

$$w_d = w_n\sqrt{1-\xi^2} = 10\sqrt{1-0.25} \text{ oder } w_d = 8.66$$

$$T_p = \frac{\pi}{w_d} = \frac{\pi}{8.66} \text{ Sekunden}$$

$$B = \tan^{-1}\left(\frac{\sqrt{1-\xi^2}}{\xi}\right) = \tan^{-1}(1.73) \text{ oder } B = 59.9 \text{ Grad oder } 1.045 \text{ radian}$$

$$T_r = \frac{\pi - B}{w_d} = \frac{\pi - 1.045}{8.66} = 0.242 \text{ Sekunden}$$

$$M_p = e^{-\xi\pi/\sqrt{1-\xi^2}} = e^{-0.5\pi/0.866} = 0.163 \text{ oder } 16.3\%$$

$$t_s = \frac{4}{\xi w_n} = \frac{4}{0.5 \times 10} = 0.8 \text{ Sekunden}$$

Damit also, $T_p = 0.362$ s, $T_r = 0.242$ s, $M_p = 16.3\%$, $t_s = 0.8$ s.

**Beispiel**

Manchmal hat man eine Gleichtakt- (DC-)Verstärkung und die Übertragungsfunktion (3.28) wird zu:

$$G(s) = \frac{K w_n^2}{s^2 + 2\xi w_n s + w_n^2}$$

Ein Beispiel dazu ist unten angegeben. Zeichnen Sie die Sprungantwort für die folgenden zwei Übertragungsfunktionen:

$$G(s) = \frac{100}{s^2 + 15s + 100} \text{ und } G(s) = \frac{400}{s^2 + 15s + 100}$$

**Lösung**

Abbildung 3.12 zeigt die beiden Sprungfunktionen nebeneinander. Beachten Sie, dass in der zweiten Antwort die Verstärkung 4 beträgt und dass sich damit der Endzustand des Zeitverhaltens bei 4 eingeregelt.

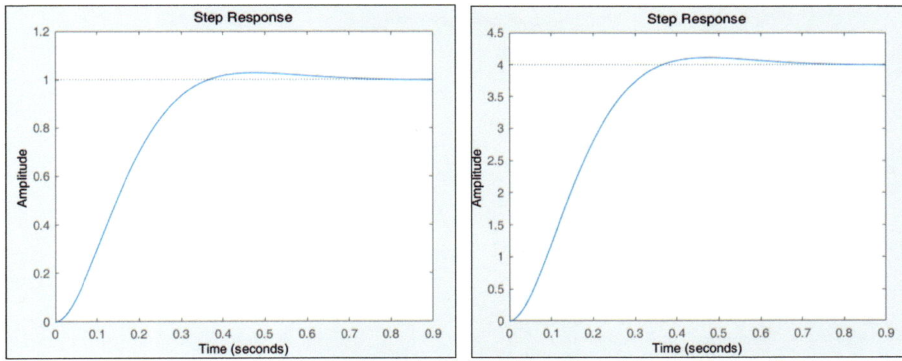


*Figure 3.12: Sprungantworten*

**Beispiel**

Die Sprungantwort eines Systems zweiter Ordnung ist in Abbildung 3.13 dargestellt. Man leite die Übertragungsfunktion dieses Systems ab.

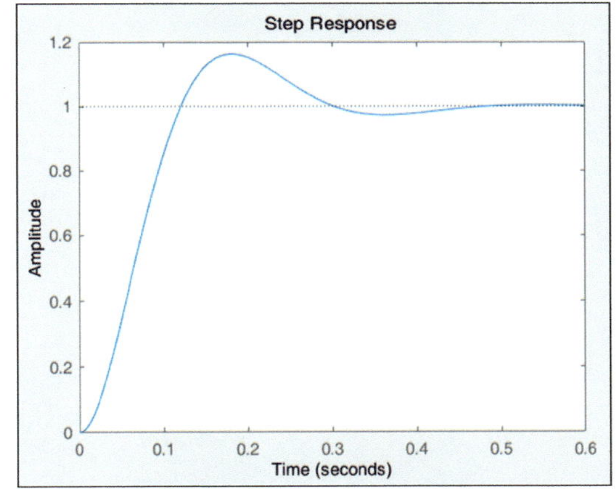


*Figure 3.13: Zeitverhalten bei einem Einheitssprung*

**Lösung**

Aus Abbildung 3.14 kann man folgendes ablesen:

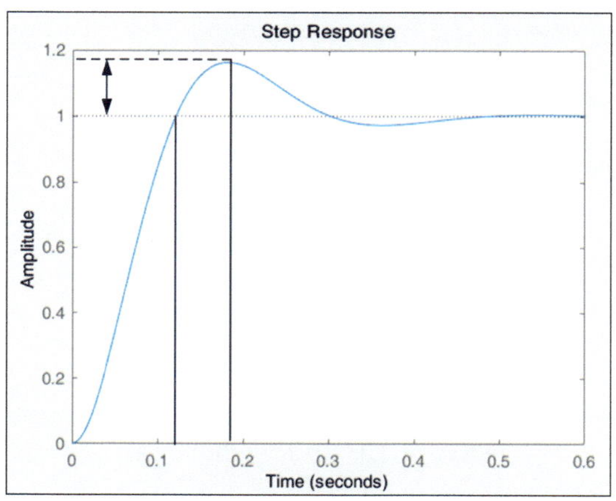


*Abbildung 3.14: Ablesen der Parameter*

$T_p = 0.18$ Sekunden

$M_p = 1.18 - 1 = 0.18$

Damit also $T_p = \dfrac{\pi}{w_n\sqrt{1-\xi^2}} = 0.18$, daraus ergib sich $w_n\sqrt{1-\xi^2} = 17.45$

Also,

$M_p = 0.18 = e^{-\xi\pi/\sqrt{1-\xi}}$, und $\dfrac{\xi\pi}{\sqrt{1-\xi^{\ 2}}} = 1.71$, somit $\xi = 0.42$

Und $w_n\sqrt{1-\xi^2} = 17.45$, oder $w_n = 19.2$

Die gesuchte Übertragungsfunktion ist also:

$$G(s) = \frac{19.2^2}{s^2 + 2 \times 0.42 \times 19.2 + 19.2^2} \text{ oder}$$

$$G = \frac{368}{s^2 + 16s + 368}$$

## 3.4 Zeitverzögerung

Bei einigen Systemen, insbesondere bei thermischen Systemen, erfolgt die Reaktion des Systems nur langsam, wenn sich ein Eingabeparameter ändert - und es dauert einige Zeit, bis die Ausgabe reagiert. Es ergibt sich also eine gewisse Zeitverzögerung und damit die folgende Übertragungsfunktion:

$$G(s) = e^{sT}$$

Wobei T die Verzögerung in Sekunden angibt. Ein Beispiel für die Übertragungsfunktion eines Systems erster Ordnung mit Zeitverzögerung sieht so aus:

$$G(s) = \frac{e^{-2S}}{s+3}$$

Abbildung 3.15 zeigt die Einheitssprungantwort dieses Systems.

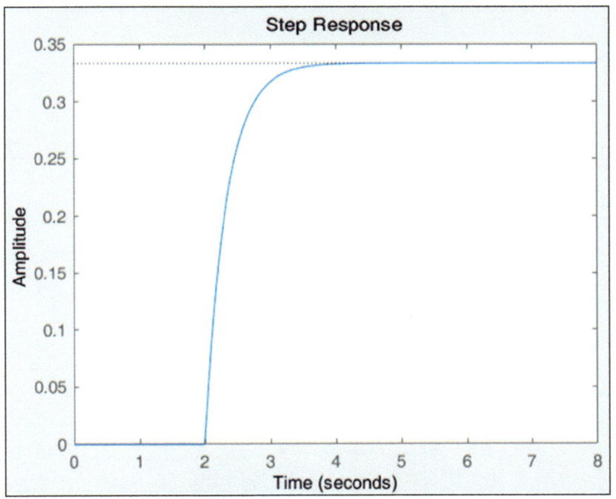


*Abbildung 3.15: Sprungantwort mit Zeitverzögerung*

## 3.5 Übertragungsfunktion eines geschlossenen Regelkreises

Ein Regelungssystem kann mehrere miteinander verbundene Blöcke enthalten. In diesem Abschnitt leiten wir die Übertragungsfunktion eines einfachen Rückkopplungssystems ab.

Abbildung 3.16 zeigt das Blockschaltbild eines Regelungssystems mit Vorwärtsübertragungsfunktion G(s) und Rückkopplungsübertragungsfunktion H(s), den Eingaben I(s) und den Ausgabewerten O(s). Es kann gezeigt werden, dass die Übertragungsfunktion dieses Regelkreises

$$C(s) = \frac{O(s)}{I(s)} = \frac{G(s)}{1 + G(s)H(s)}$$

lautet.

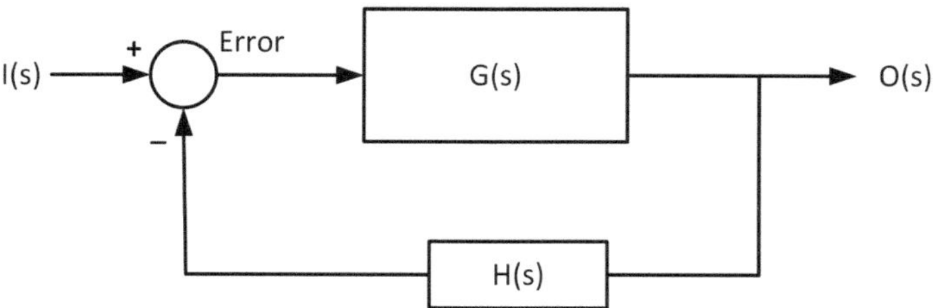


*Abbildung 3.16: Regelungssystem mit Rückkopplung*

Wenn die Blöcke in Reihe liegen, können die einzelnen Übertragungsfunktionen miteinander multipliziert werden, um den Gesamtwert der Transferfunktion zu ermitteln. (Interessierte Leser können im Internet unter dem Stichwort „Blockdiagramm-Berechnungen" [engl. block diagram manipulation] viele Informationen zu diesem Themenbereich finden)

**Beispiel**

Ermitteln Sie die Gesamtübertragungsfunktion des in Abbildung 3.17 gezeigten Systems.

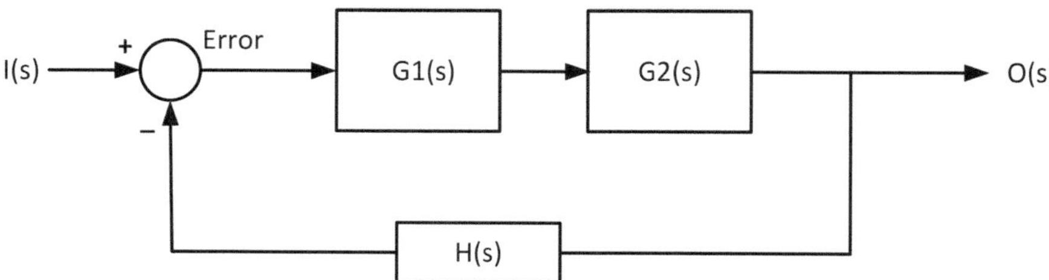


*Abbildung 3.17: Blockschaltbild des Beispielsystems*

**Lösung**

Die Gesamtübertragungsfunktion ist gegeben durch:

$$C(s = \frac{G1(s)G2(s)}{1 + G1(s)G2(s)H(s)}$$

# Kapitel 4 • Zeitdiskrete (digitale) Systeme

## 4.1 Übersicht

Ein digitales System arbeitet mit zeitdiskreten anstelle von zeitkontinuierlichen Signalen. In digitalen Systemen wird ein Computer (bzw. ein Mikrocontroller) als Steuereinheit verwendet. Ein Digital/Analog-Wandler am Ausgang des Computers übernimmt dann üblicherweise die Anlagensteuerung. Wir nehmen an, dass alle Signale den Computer zu den gleichen festen Zeiten erreichen und verlassen. Diese festen Zeiten, werden als Abtastzeiten bezeichnet

Ein typisches System für zeitdiskret abgetastete Daten ist in Abbildung 4.1 dargestellt. Der digitale Rechner fungiert als der Regler und übernimmt die Kontrolle innerhalb des Systems. Der ADC wandelt das kontinuierliche Fehlersignal in eine digitale Form um, damit es vom Rechner verarbeitet werden kann. Am Computerausgang setzt der DAC die digitale Ausgabe des Computers um wieder in eine Größe um welche die Anlage verarbeiten kann. Für diese Aufgabe werden üblicherweise auch Leistungsverstärker und Elektromotoren eingesetzt.

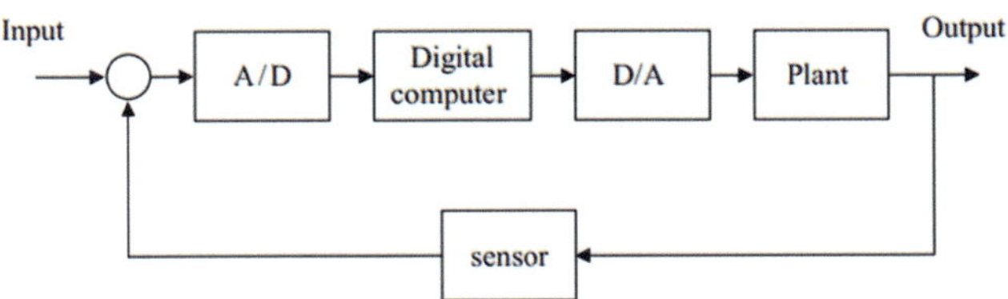


*Abbildung 4.1: Ein digitales Regelungssystem*

## 4.2 Der Abtastprozess

Zum Abtasten wird ein ADC verwendet, der im Grunde wie ein Schalter arbeitet, der alle T Sekunden schließt, so wie in Abbildung 4.2 gezeigt.

Wenn ein kontinuierliches Signal r(t) in regelmäßigen Intervallen T abgetastet wird, ergibt sich ein resultierendes zeitdiskretes Signal, so wie in Abbildung 4.3 dargestellt. Die Zeitdauer für die der Schalter geschlossen ist, wird mit q bezeichnet. Beachten Sie, dass das Signal r(t) als r*(t) bezeichnet wird, nachdem es abgetastet wurde.

In der Praxis ist die Schließszeit q viel kleiner als die Abtastzeit T, und die Impulse können durch Rechtecke mit abgeflachter Spitze angenähert werden, so wie in Abbildung 4.4 gezeigt.

Wenn in Steuerungsanwendungen die Schalterschließzeit q deutlich kleiner ist als die Abtastzeit T kann sie vernachlässigt werden. Dies führt zum idealen Abtaster mit einer Ausgabe wie in Abbildung 4.5.

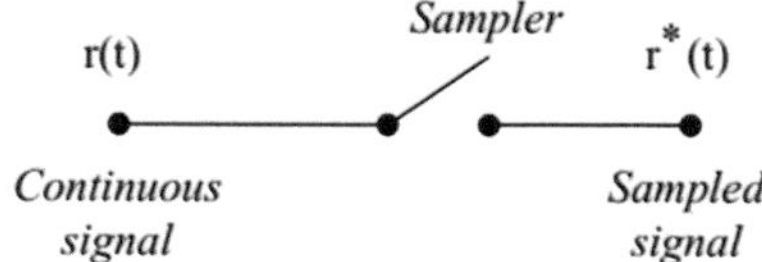


*Abbildung 4.2: Ein Abtastglied*

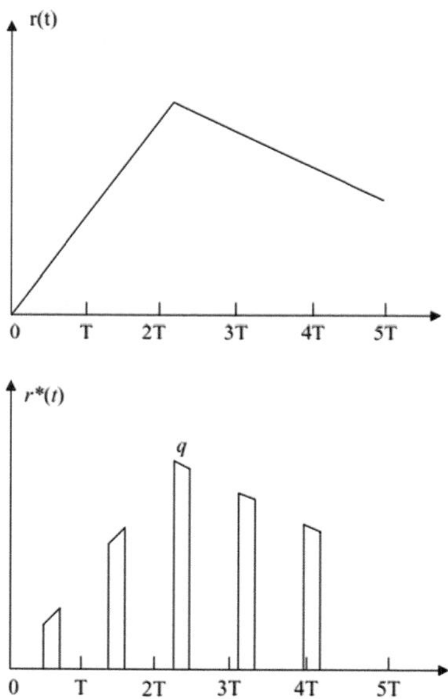


*Abbildung 4.3: Signal r(t) nach dem Abtastvorgang*

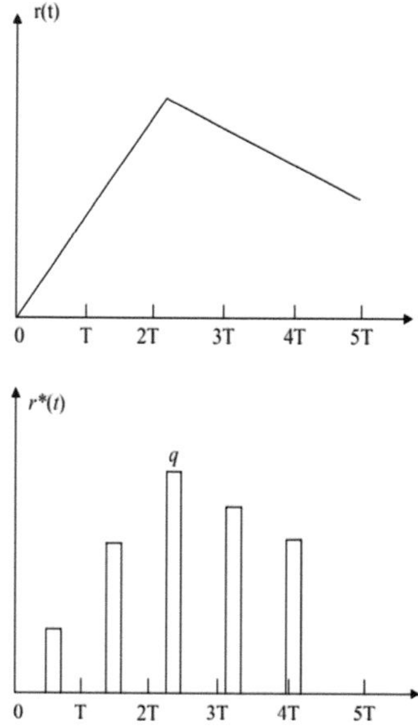


*Abbildung 4.4: Abgetastetes Signal mit abgeflachten Impulsen*

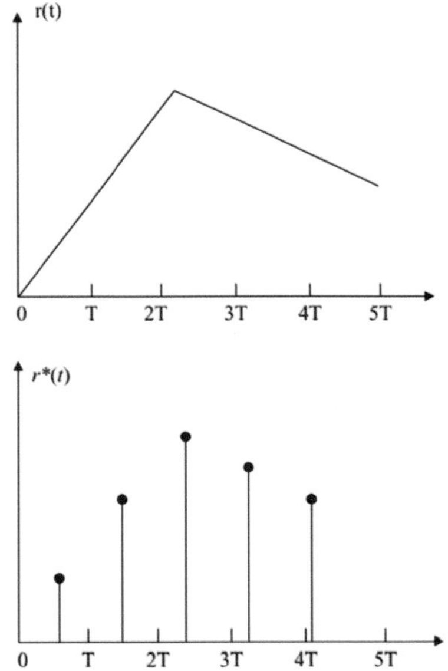


*Abbildung 4.5: Signal r(t) nach idealer Abtastung*

Ein DAC wandelt das abgetastete Signal $r^*(t)$ in ein kontinuierliches Signal y(t) um. Der DAC kann angenähert als eine Halteschaltung nullter Ordnung (zero-order hold: ZOH) dargestellt werden, so wie in Abbildung 4.6 gezeigt. Diese Schaltung behält die letzte Information, bis ein neuer Abtastwert verarbeitet wird, d. h. der Haltewert nullter Ordnung dauert r(nT). Der Wert ist für $nT \le t < (n + 1)T$ konstant, und der Wert r(nT) bleibt während des Probenahmezeitraums unverändert.

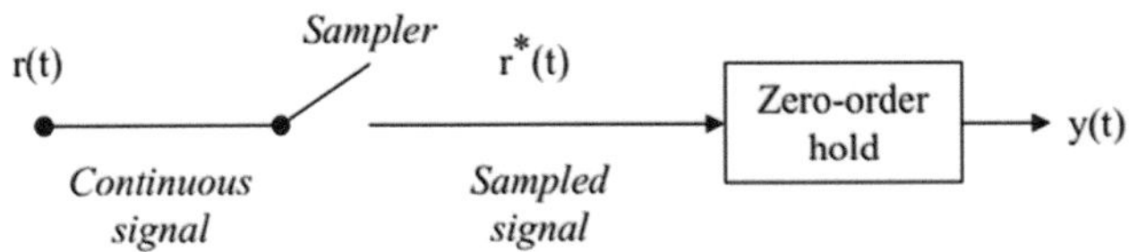


*Abbildung 4.6: Eine Sample- und Holdschaltung nullter Ordnung*

Eine Sample- und Holdschaltung nullter Ordnung kann dem Eingangssignal exakt folgen, wenn die Abtastzeit T klein ist im Vergleich zu den Änderungszeiten im Signal. Die Funktion eines Abtastglieds und das Verhalten nullter Ordnung für ein ansteigendes Eingangssignal ist in Abbildung 4.7 für zwei verschiedene Abtastwerte dargestellt.

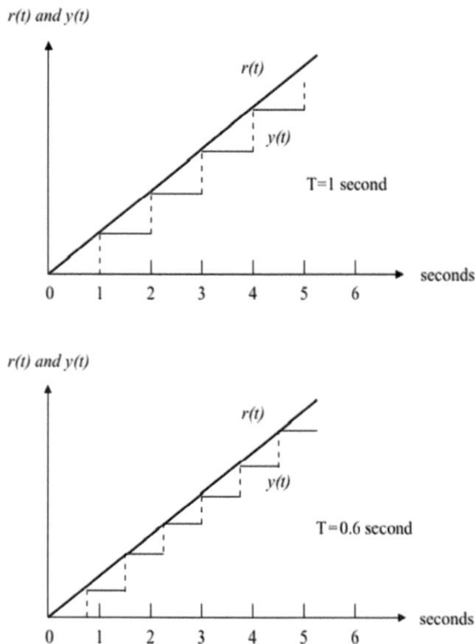


*Abbildung 4.7: Antwortfunktion eines Abtastgliedes und das Verhalten nullter Ordnung an einem rampenförmigen Eingangssignal*

**Beispiel**

Abbildung 4.8 zeigt ein ideales Abtastglied gefolgt von einem Halteglied nullter Ordnung.

Wenn das Eingangssignal r(t) so wie in der Abbildung gezeigt aussieht, wie müssten dann die Wellenformen nach dem Abtast- und dem Halteglied nullter Ordnung aussehen?

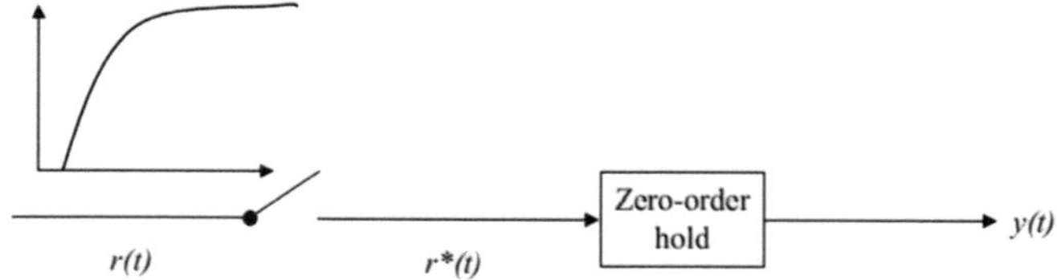


*Abbildung 4.8: Ideales Sample-und-Hold-Glied nullter Ordnung*

**Lösung**

Die Signale nach dem idealen Abtaster und dem Halteglied nullter Ordnung sind in Abbildung 4.9 dargestellt.

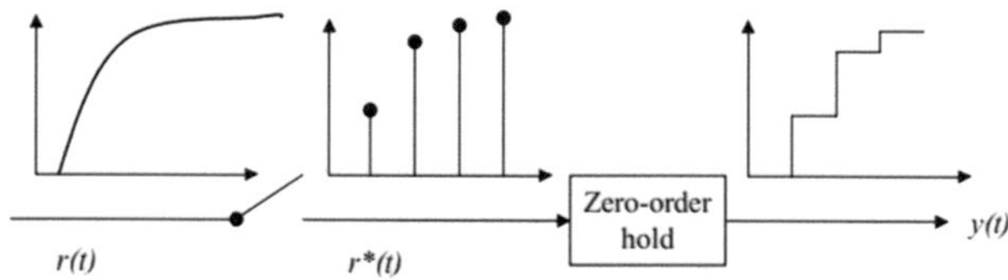


*Abbildung 4.9: Lösung des Beispiels*

## 4.3 Die Z-Transformation

Die z-Transformation wird zum Analysieren, Entwerfen und Testen digitaler Systeme verwendet, genauso wie die Laplace-Transformation in zeitkontinuierlichen Systemen verwendet wird.

Die z-Transformierte der Funktion r (t) ist Z [r (t)] = R(z). Sie ist gegeben durch:

$$R(z) = \sum_{n=0}^{\infty} r(nT) z^{-n} \tag{4.1}$$

Beachten Sie, dass die z-Transformation aus einer unendlichen Reihe mit der komplexen Variablen z besteht

$$R(z) = r(0) + r(T)z^{-1} + r(2T)z^{-2} + r(3T)z^{-3} + \ldots \tag{4.2}$$

d. h. $r(nT)$ sind die Koeffizienten dieser Potenzreihe zu verschiedenen Abtastzeitpunkten. Die Antwortfunktion eines abgetasteten Systems kann leicht bestimmt werden, indem die z-Transformation der Ausgangsfunktion ermittelt und anschließend Berechnung der inversen z-Transformation durchgeführt wird.

### 4.3.1 Einheitssprungfunktion

Betrachten wir eine Einheitssprungfunktion, so wie in Abbildung 4.10 gezeigt. Sie ist definiert als:

$$r(nT) = \begin{cases} 0, & n < 0 \\ 1, & n \geq 0 \end{cases}$$

Aus (4.1),

$$R(z) = \sum_{n=0}^{\infty} r(nT) z^{-n} = \sum_{n=0}^{\infty} z^{-n} = 1 + z^{-1} + z^{-2} + z^{-3} + z^{-4} + \ldots$$

oder, $R(z) = \dfrac{z}{z-1}$ für $|z| > 1$

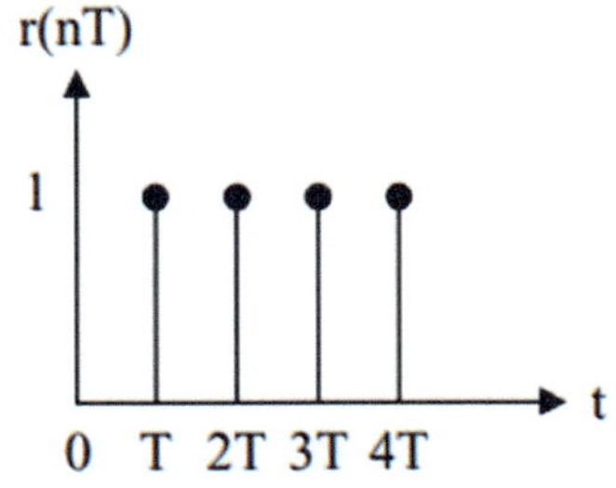

*Abbildung 4.10: Einheitssprungfunktion*

### 4.3.2 Einheitenrampenfunktion

Betrachten wir eine Einheitsrampenfunktion, so wie in Abbildung 4.11 gezeigt. Sie ist definiert als:

$$r(nT) = \begin{cases} 0, & n < 0 \\ nT, & n \geq 0 \end{cases}$$

Aus (4.1),

$$R(z) = \sum_{n=0}^{\infty} r(nT)z^{-n} = \sum_{n=0}^{\infty} nTz^{-n} = Tz^{-1} + 2Tz^{-2} + 3Tz^{-3} + 4Tz^{-4} + \ldots$$

Oder $R(z) = \dfrac{Tz}{(z-1)^2}$ für $|z| > 1$

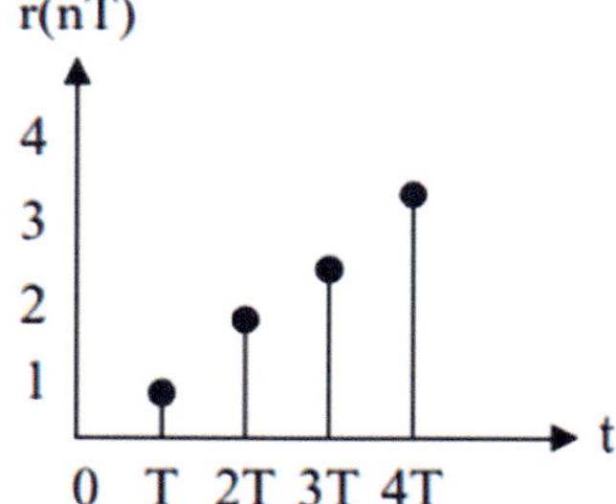


*Abbildung 4.11: Einheit Rampenfunktion*

### 4.3.3 Tabellen für z-Transformationen

Eine Tabelle mit Z-Transformationen für häufig verwendete Funktionen ist im Internet frei verfügbar. Wie bei den Laplace-Transformationen interessieren wir uns für die Ausgabeantwort y(t) eines Digitalsignals. Dazu müssen wir die inverse z-Transformation finden, um y(t) aus Y(z) zu berechnen.

## 4.4 Die z-Transformation einer Funktion, ausgedrückt als Laplace-Transformation

Es ist wichtig zu wissen, dass man zwar das z-Transformationsäquivalent von G(s) mit G(z) bezeichnet. G(z) erhält man jedoch nicht durch einfaches Ersetzen von z durch s in G(s). Man kann eine der folgenden Methoden verwenden, um die z-Transformation einer Funktion zu finden, die in Form einer Laplace-Transformation vorliegt

Man berechnet bei gegebenem G(s) die Zeitantwort g(t), indem man die inverse Laplace-Transformation von G(s) berechnet. Man findet die z-Transformation entweder durch elementare Berechnung oder durch Nachschlagen in einer Tabelle für z-Transformationen

Bei gegebenem G(s) findet man die z-Transformation (z), indem man in den Tabellen danach sucht, welche Laplace-Transformationen äquivalente z-Transformationen enthalten

**Beispiel**
Gegeben sei

$$G(s) = \frac{1}{s^2 + 5s + 6}$$

Bestimmen Sie G(z) nach den oben beschriebenen Methoden.

**Lösung 1 – Auffinden der inversen Laplace-Transformation**
Man kann G(s) als Summe seiner Partialbrüche ausdrücken:

$$G(s) = \frac{1}{(s+3)(s+2)} = \frac{1}{s+2} - \frac{1}{s+3}$$

Die inverse Laplace-Transformation dieser Übertragungsfunktion ist gegeben durch:

$$g(t) = e^{-2t} - e^{-3t}$$

Aus den z-Transformationstabellen erhält man:

$$G(z) = \frac{z}{z - e^{-2T}} - \frac{z}{z - e^{-3T}}$$

oder, $$G(z) = \frac{z(e^{-2T} - e^{-3T})}{(z - e^{-2T})(z - e^{-3t})}$$

**Lösung 2 – Verwendung der z-Transformationstabellen für das Partialprodukt**

Aus den z-Transformationstabellen wird die z-Transformation von $\frac{1}{(s+a)}$ zu $\frac{z}{z - e^{-aT}}$

entnommen. Damit ergibt sich: $G(z) = \frac{z}{z - e^{-2T}} - \frac{z}{z - e^{-3T}}$

oder,

$$G(z) = \frac{z(e^{-2T} - e^{-3T})}{(z - e^{-2T})(z - e^{-3t})}$$

## 4.5 Inverse z-Transformationen

Die inverse z-Transformation erhält man auf ähnliche Weise wie die inversen Laplace-Transformationen. Im Allgemeinen sind die z-Transformationen Brüche von Polynomen in der komplexen Variablen z, mit einer Ordnung des Zählerpolynoms die nicht höher ist, als die Ordnung des Nennerpolynoms. Durch Suchen der inverse z-Transformation findet man die Funktion, die dem gegebenen z-Transformationspolynom zugeordnet ist. Wie bei inversen Laplace-Transformationen interessiert uns die Ausgabezeitfunktion eines Systems. Daher wenden wir eine inverse Transformation an, um y(t) aus Y(z) zu erhalten.

Es gibt mehrere Methoden, um die inverse z-Transformation einer gegebenen Funktion zu finden:

- Anwendung von Potenzreihen („lange Division")
- Zerlegen von Y (z) in Partialbrüche und Verwenden von z-Transformationstabellen, um die inverse Transformationen zu finden
- Berechnung der inversen z-Transformation unter Verwendung eines Inversionsintegrals

In diesem Abschnitt sehen wir uns ein Beispiel zur Potenzreihenmethode an. Diese Methode beinhaltet die Division des Nenners von Y (z) durch den Zähler.

**Beispiel**

Finden Sie die inverse z-Transformation (Zeitfunktion) für die folgende Übertragungsfunktion:

$$Y(z) = \frac{z^2 + z}{z^2 - 3z + 4}$$

**Lösung**

Die Division des Nenners durch den Zähler ist in Abbildung 4.12 dargestellt.

$$
\begin{array}{l}
\qquad\qquad\qquad\qquad 1 + 4z^{-1} + 8z^{-2} + 8z^{-3} \\
z^2 - 3z + 4 \;\big|\; z^2 + z \\
\qquad\qquad\qquad \underline{z^2 - 3z + 4} \\
\qquad\qquad\qquad\qquad 4z - 4 \\
\qquad\qquad\qquad\qquad \underline{4z - 12 + 16z^{-1}} \\
\qquad\qquad\qquad\qquad\qquad 8 - 16z^{-1} \\
\qquad\qquad\qquad\qquad\qquad \underline{8 - 24z^{-1} + 32z^{-2}} \\
\qquad\qquad\qquad\qquad\qquad\qquad 8z^{-1} - 32z^{-2} \\
\qquad\qquad\qquad\qquad\qquad\qquad 8z^{-1} - 24z^{-2} + 32z^{-3} \\
\qquad\qquad\qquad\qquad\qquad\qquad \ldots
\end{array}
$$

*Abbildung 4.12: Dividieren des Nenners durch den Zähler*

Die Koeffizienten der Potenzreihe sind:

$$y(0)=1$$
$$y(T)=4$$
$$y(2T)=8$$
$$y(3T)=8$$
$$............$$

Die erforderliche Ausgabezeitfolge ist:

$$y(t)=\delta(t)+4\delta(t-T)+8\delta(t-2T)+8\delta(t-3T)+......$$

Dabei stellt $\delta(t-nT)$ die Verzögerung durch T-Abtastwerte dar.

Abbildung 4.13 zeigt die ersten paar Abtastwerte der Zeitfolge y(t).

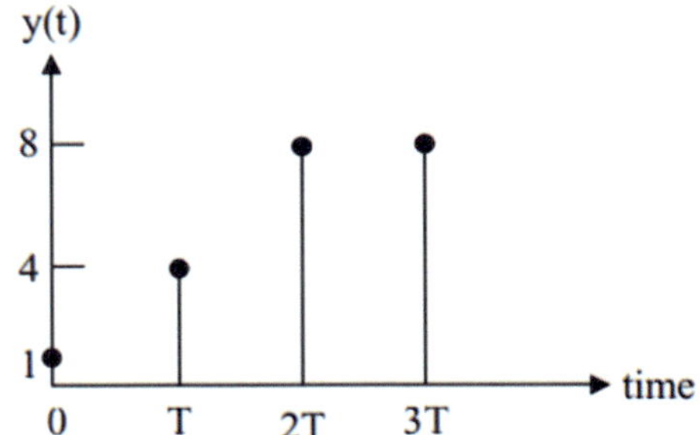


*Abbildung 4.13: Erste Abtastwerte von y(t)*

## 4.6 Impulsübertragungsfunktion und Manipulation von Blockdiagrammen

Die Impulsübertragungsfunktion ist das Verhältnis der z-Transformation der abgetasteten Ausgabe und der Eingang zu den Abtastzeitpunkten.

Angenommen, Sie möchten ein System abtasten, dessen Antwortfunktion gegeben ist durch:

$$y(s)=e*(s)G(s)$$

so, wie in Abbildung 4.14 dargestellt. Man tastet das Ausgangssignal ab, und erhält:

$$y*(s)=[e*(s)G(s)]*=e*(s)G*(s)$$

oder

$$y(z)=e(z)G(z)$$

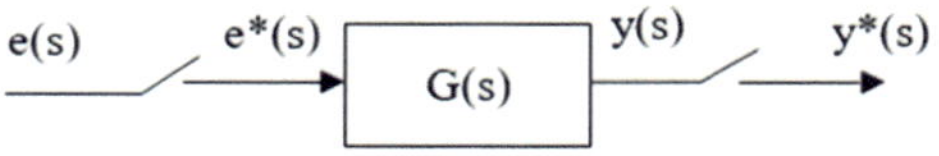

Abbildung 4.14: Abtasten eines Systems

### 4.6.1 Open-Loop-Systeme

In diesem Abschnitt wird ein Beispiel für die Bearbeitung des Open-Loop-Blockdiagramms angegeben.

**Beispiel**

Abbildung 4.15 zeigt ein digitales System mit offenem Regelkreis. Leiten Sie einen Ausdruck für die z-Transformation von

$$G_1(s) = \frac{1}{s} \qquad \text{und} \qquad G_2(s) = \frac{a}{s+a}$$

ab.

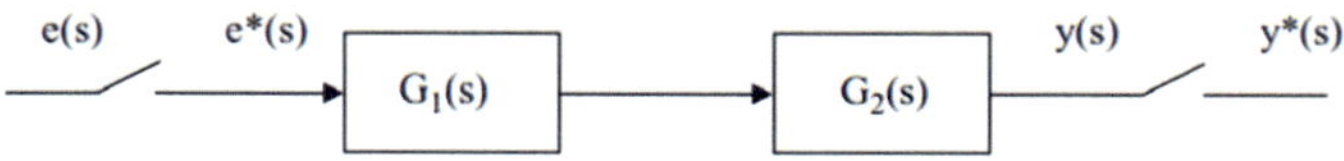


Abbildung 4.15: Open-Loop-System

**Lösung**

Für das System können folgende Ausdrücke angegeben werden:

$$y(s) = e^*(s)G_1(s)G_2(s)$$

oder,

$$y^*(s) = [e^*(s)G_1(s)G_2(s)]^* = e^*(s)[G_1G_2]^*(s)$$

und $y(z) = e(z)G_1G_2(z)$

wobei $G_1G_2(z) = Z[G_1(s)G_2(s)]$ gilt,

das Einsetzen der Werte ergibt:

$$Z[G_1(s)G_2(s)] = Z[\frac{a}{s(s+a)}]$$

aus der z-Transformationstabelle erhält man:

$$Z[G_1(s)G_2(s)] = \frac{z(1-e^{-aT})}{(z-1)(z-e^{-aT})}$$

und die z-Transformation der Ausgabe ist gegeben durch:

$$y(z) = e(z)\frac{z(1-e^{-aT})}{(z-1)(z-e^{-aT})}$$

## 4.7 Zeitverhalten im offenen Regelkreis

Das Zeitverhalten eines digitalen Systems mit offenen Regelkreis kann durch Auffinden der inversen z-Transformierten der Ausgabefunktion berechnet werden. Nachfolgend sind zwei Beispiele aufgeführt.

**Beispiel**

Ein Einheitsstufenfunktion wird an das in Abbildung 4.16 gezeigte elektrische RC-Netzwerk angelegt. Berechnen und zeichnen Sie das Antwortverhalten des Systems unter der Annahme, dass die Abtastperiode T = 1 s beträgt.

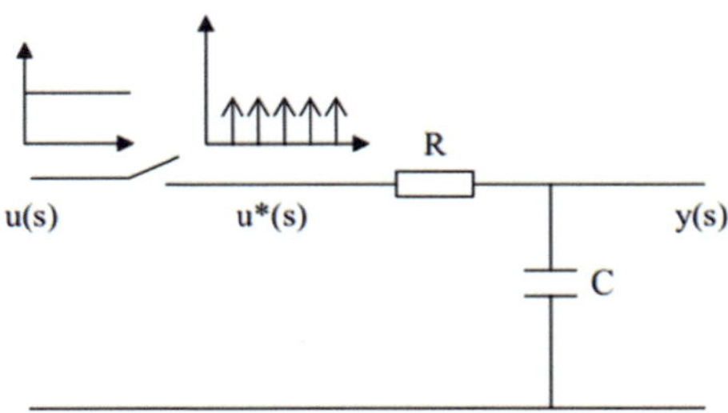


*Abbildung 4.16: RC-System mit Einheitstufeneingabe*

Dabei wird angenommen, dass die Übertragungsfunktion des RC-Systems

$$G(s) = \frac{1}{s+1}$$

ist.

**Lösung**

Für dieses System kann man schreiben:

$$y(s) = u*(s)G(s)$$

und $$y*(s) = u*(s)G*(s)$$

dies ergibt $$y(z) = u(z)G(z)$$

die z-Transformation einer Einheitsstufenfunktion ist $u(z) = \frac{z}{z-1}$

und die z-Transformierte von G(s) ist $G(z) = \frac{z}{z - e^{-T}}$

somit ist die Ausgangs-z-Transformation gegeben durch:

$$y(z) = u(z)G(z) = \frac{z}{z-1}\frac{z}{z-e^{-T}}$$

Mit T = 1 s und e-1 = 0,368 ergibt sich:

$$y(z) = \frac{z^2}{(z-1)(z-0.368)}$$

Man erhält die Ausgabezeitfunktion durch Berechnung der inversen z-Transformation von y(z).

Man kann hierfür entweder inverse z-Transformationstabellen, das Divisionsverfahren oder die Partialbruchzerlegung verwenden:

$$\frac{y(z)}{z} = \frac{A}{z-1} + \frac{B}{z-0.368}$$

Nach Berechnen von A und B, findet man

$$\frac{y(z)}{z} = \frac{1.582}{z-1} - \frac{0.582}{z-0.368}$$

Und schließlich

$$y(z) = \frac{1.582z}{z-1} - \frac{0.582z}{z-0.368}$$

Aus den inversen z-Transformationstabellen ergibt sich die Zeitfunktion als:

$$y(nT) = 1.582 - 0.582(0.368)^n$$

Die ersten Ausgabewerte sind:

$$y(0) = 1$$
$$y(1) = 1.367$$
$$y(2) = 1.503$$
$$y(3) = 1.552$$
$$y(4) = 1.571$$
$$........$$

Das Zeitverhalten des Ausgangs ist (siehe Abbildung 4.17) gegeben durch:

$$y(nT) = \delta(T) + 1.367\delta(t-T) + 1.503\delta t - 2T) + 1.552\delta(t-3T) + 1.571\delta(t-4T) + ....$$

Es ist wichtig zu beachten, dass die Antwort nur zu den Abtastzeitpunkten bekannt ist.

In Abbildung 4.17 entlädt sich beispielsweise der Kondensator zwischen den Abtastungen über den Widerstand. Dies verursacht einen exponentiellen Abfall in der Antwortfunktion zwischen den Abtastungen. Dieses Verhalten zwischen den Abtastzeitpunkten kann jedoch durch das z-Transformationsanalyseverfahren nicht bestimmt werden.

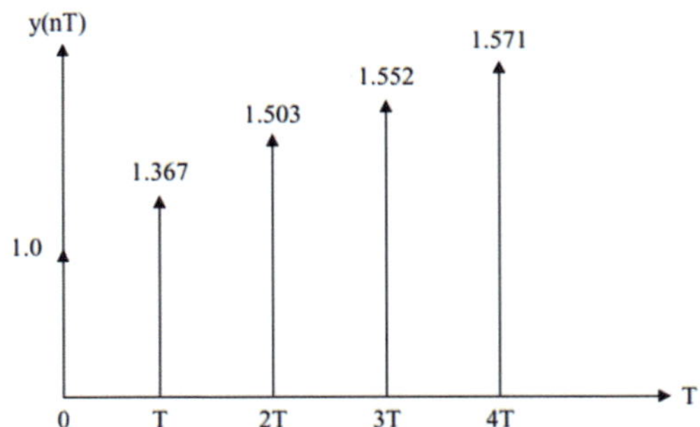


*Abbildung 4.17: Antwort des RC-Systemausgangs*

**Beispiel**

Angenommen das System in Beispiel 4.16 wird mit einem Halteglied nullter Ordnung verwendet (siehe Abbildung 4.18). Wie sieht die Systemausgangsreaktion aus, wenn ein Einheitssprung am Eingang angelegt wird?

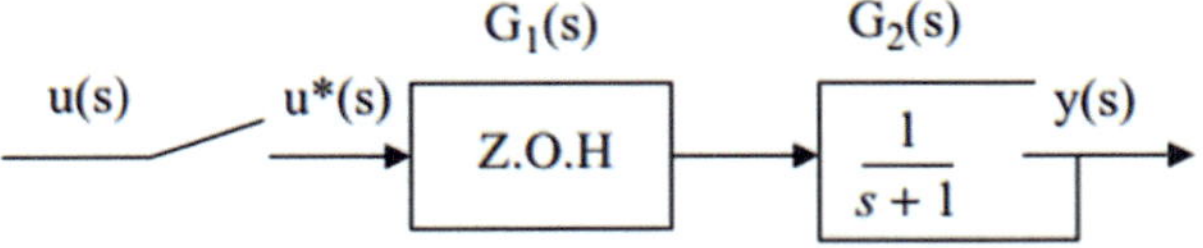


*Abbildung 4.18: RC-System mit Halteglied nullter Ordnung*

**Lösung**
Die Übertragungsfunktion des Halteglieds nullter Ordnung ist

$$G_1(s) = \frac{1 - e^{-Ts}}{s}$$

Die des RC-Glieds ist

$$G_2(s) = \frac{1}{s+1}$$

Für dieses System kann man schreiben:

$$y(s) = u*((s)G_1G_2(s)$$

Und $$y*(s) = u*(s)[G_1G_2]*(s)$$

oder unter Verwendung der z-Transformation:

$$y(z) = u(z)G_1G_2(z)$$

Nun ist T = 1 s und

$$G_1G_2(s) = \frac{(1 - e^{-s})}{s(s+1)}$$

Was geschrieben werden kann als:

$$G_1G_2(s) = (1 - e^{-s})(\frac{1}{s} - \frac{1}{s+1})$$

Aus den z-Transformationstabellen findet man:

$$G_1G_2(z) = (1 - z^{-1})(\frac{z}{z-1} - \frac{z}{z-e^{-1}}) = \frac{0.63}{z-0.37}$$

Mit einem Einheitsschritt als Eingabe: $u(z) = \frac{z}{z-1}$

wird die Systemausgangsantwort zu:

$$y(z) = \frac{0.63z}{(z-1)(z-0.37)} = \frac{z}{z-1} - \frac{z}{z-0.37}$$

Aus inversen z-Transformationstabellen entnimmt man

$$y(nT) = a - (0.37)^n$$

wobei a die Einheitsschrittfunktion ist. Damit ergibt sich

$$y(nT) = 0.63\delta(t-1) + 0.86\delta t - 2) + 0.95\delta(t-3) + 0.98\delta(t-4) + \ldots$$

Das Zeitverhalten ist in Abbildung 4.19 dargestellt

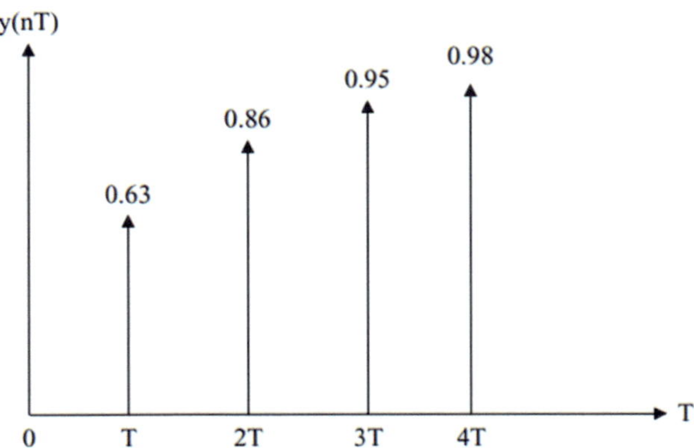


*Bild 4.19: Sprungantwort des Systems*

## 4.8 Zeitverhalten des geschlossenen Regelkreises

In diesem Abschnitt wird ein Beispiel zum Blockdiagramm des geschlossenen Regelkreises durchgerechnet.

**Beispiel**

Ein Einheitsstufensignal wird an das in Abbildung 4.20 gezeigte Digitalsystem mit diskreter Datenabtastung angelegt. Berechnen und zeichnen Sie die Ausgangsfunktion des Systems.

Nehmen Sie an, dass T = 1 s ist.

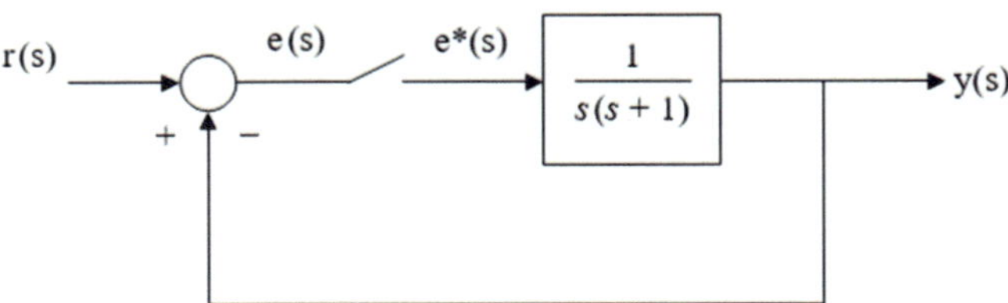


*Abbildung 4.20: Closed-Loop-System*

$$G(s) = \frac{1}{s(s+1)}$$

**Lösung**

Die Übertragungsfunktion des Systems wird ergibt sich zu

$$y(s) = e^*(s)G(s)$$

$$e(s) = r(s) - G(s)e^*(s)$$

Oder $e^*(s)=r^*(s)-G^*(s)e^*(s)$

Wenn man nach e*(s) auflöst, erhält man

$$e^*(s) = \frac{r^*(s)}{1+G^*(s)}$$

Und somit

$$y(s) = G(s)\frac{r^*(s)}{1+G^*(s)}$$

Die z-Transformation der Ausgabe ist gegeben durch

$$y(z) = \frac{r(z)G(z)}{1+G(z)}$$

In unserem Beispiel ist $r(z) = \frac{z}{z-1}$ und $G(z) = \frac{z(1-e^{-T})}{(z-1)(z-e^{-T})}$

Daher ist die Ausgangs-z-Transformation

$$y(z) = \frac{(z/z-1)}{1+(z(1-e^{-T})/(z-1)(z-e^{-T}))}\frac{z(1-e^{-T})}{(z-1)(z-e^{-T})}$$

Vereinfachen und T = 1 setzen ergibt:

$$y(z) = \frac{0.632z^2}{z^3 - 1.736z^2 + 1.104z - 0.368}$$

Nach dem langen Divisionsverfahren ergibt sich:

$$y(z) = 0.632z^{-1} + 1.096z^{-2} + 1.25z^{-3} + .....$$

Die ersten 10 Abtastwerte der Ausgabefunktion sind in Abbildung 4.21 dargestellt.

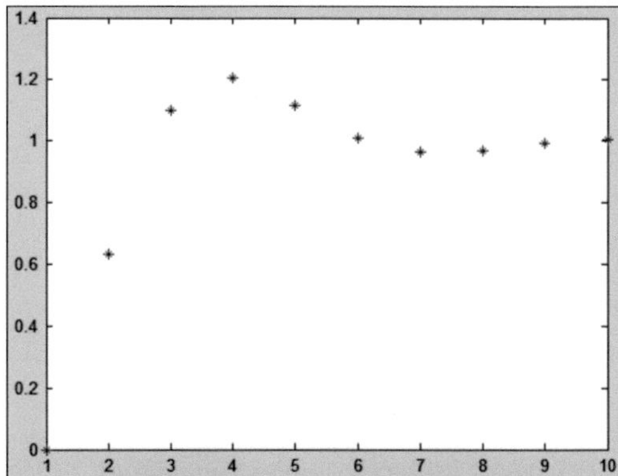


*Abbildung 4.21: Die ersten 10 Ausgabewerte*

# Kapitel 5 • Der PID-Regler in zeitkontinuierlichen Systemen

## 5.1 Überblick

Ein PID-Regler (manchmal auch als Drei-Term-Regler bezeichnet) ist ein Algorithmus, welcher in industriellen Prozesssteuerungssystemen weit verbreitet ist. Er kommt in vielen Steuerungssystemen zum Einsatz, bei welchen eine minimale Regelabweichung erforderlich ist. Man sollte aber wissen, dass PID nicht der einzige Reglertyp ist, der in Steuersystemen verwendet wird. Es gibt noch viele weitere Typen wie Lead, Lag, Lead-Lag, Pole Assignment, Dead-Beat, Dahlin usw.

Bei einem PID-Regelalgorithmus misst der Regler den Regelungsfehler, also die Differenz zwischen dem gewünschten und dem tatsächlich gemessenen Wert und wendet dann eine Korrektur an, um den Fehlerwert auf Null zu bringen. Auf diese Weise wird ein stabiles Regelverhalten erreicht.

Bei der PID-Regelung ist P der proportionale Regelanteil, I der integrale und D der differentielle Anteil. Wie Sie in diesem Kapitel lernen werden, ist P proportional zum Fehler. Wenn der Fehler groß ist, ist auch der auf das System einwirkende Korrekturwert groß. Die alleinige Verwendung der Proportionalsteuerung führt zu einem Restfehler zwischen den gewünschten und den tatsächlich gemessenen Werten.

Der integrale Beitrag liefert ein Integral des Fehlerwerts über die Zeit. Als Ergebnis wird jeder Fehlerwert eliminiert und der Integralterm wächst nicht mehr weiter an. Das Ziel der integralen Korrekturkomponente besteht darin, den Fehlerwert exakt auf Null zu bringen.

Die differentielle Korrektur liefert die Ableitung des Fehlerwerts. Dieser Anteil dient dazu, den Fehlerwert sowie das unvermeidliche Überschwingen zu reduzieren. Die Differentialwirkung wird nicht in allen Systemen verwendet.

Der zeitkontinuierliche PID-Regler wird mathematisch wie folgt beschrieben:

$$u(t) = K_p e(t) + K_i \int e(t)dt + K_d \frac{de(t)}{dt}$$

Wobei u(t) die Reglerausgangsgröße und e(t) der Fehlerwert ist, der vom Regler eingelesen wird. $K_p$, $K_i$ und $K_d$ bezeichnen die Proportional-, Integral- und Differentialkonstanten des PID-Reglers. Die Laplace-Transformation des PID-Reglers ist:

$$U(s) = K_p E(s) + \frac{K_i}{s} E(s) + K_d s E(s) \qquad (5.1)$$

oder

$$U(s) = E(s)\left[ K_p + \frac{K_i}{s} + K_d s \right] \qquad (5.2)$$

Manchmal wird die PID-Regler-Gleichung auch so ausgedrückt:

$$u(t) = K_p \left[ e(t) + \frac{1}{T_i} \int e(t)dt + T_d \frac{de(t)}{dt} \right] \tag{5.3}$$

Eines der Probleme beim Entwurf von PID-Reglern besteht darin, die Werte der P-, I- und D-Koeffizienten oder -Parameter ($K_p$, $K_i$ und $K_d$) so abzustimmen, dass man die die gewünschte Systemantwort erhält. Dafür gibt es viele Methoden. Sie werden einige bekannte Varianten in diesem Kapitel kennenlernen.

In den verbleibenden Abschnitten dieses Kapitels werden Sie die Details des PID-Reglers besser kennen lernen, indem Sie ihn in einem zeitkontinuierlichen System erster Ordnung verwenden.

## 5.2 Der Proportional-Regler in einem System erster Ordnung

Betrachten Sie das in Abbildung 5.1 gezeigte Regelkreissystem erster Ordnung mit der reinen Proportionalregler-Übertragungsfunktion:

$$G_1(s) = \frac{C(s)}{E(s)} = 10$$

und der Systemtransferfunktion:

$$G_2(s) = \frac{1}{s+1}.$$

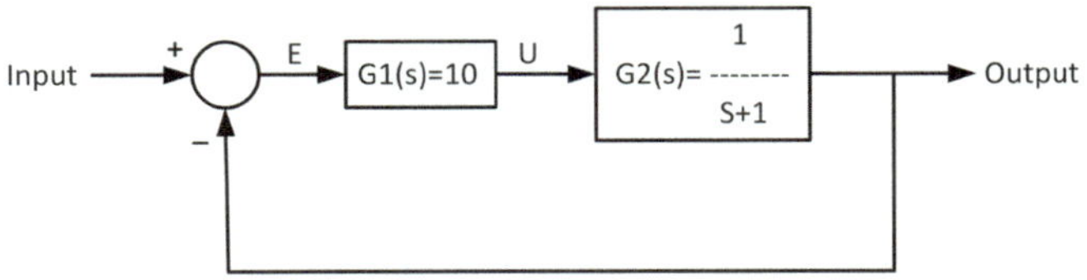

Input, +, –, E, G1(s)=10, U, G2(s)= 1/(S+1), Output

*Abbildung 5.1: Geschlossener Regelkreis erster Ordnung mit reinem Proportionalregler*

Die Übertragungsfunktion des geschlossenen Regelkreises ist gegeben durch:

$$G(s) = \frac{G_1(s)G_2(s)}{1+G_1(s)G_2(s)} \text{ oder } G(s) = \frac{10}{s+11}$$

Das System hat die Zeitkonstante 1/11 = 0,09. Das geschlossene System ohne den reinen Proportionalregler hatte die Zeitkonstante 1/2 = 0,5. Sie können sehen, dass die Zeitkonstante mit dem reinen Proportionalregler abgenommen hat, d. h. die Systemantwort wurde schneller. Abbildung 5.2 zeigt die Sprungantwortverhalten des Regelkreises mit und ohne Proportional-Regler. Es ist auch interessant festzustellen, dass es bei der Systemantwort mit reinem Proportional-Regler einen verbleibenden stationären Fehler gibt. d. h.

der Endzustand des Systems liegt bei 0,9 und nicht bei 1,0. Man könnte den Fehler mit einer größeren Proportionalkonstanten $K_p$ verringern, aber dies erfordert einen sehr großen (theoretisch unendlich großen) Wert.

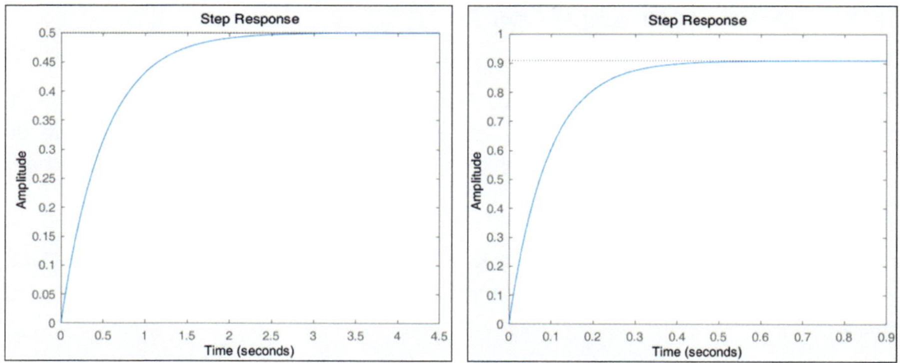


*Bild 5.2: Sprungantwort mit und ohne Regler*

## 5.3 Integral-Regler in einem System erster Ordnung

Betrachten wir das in Abbildung 5.3 gezeigte Regelkreissystem erster Ordnung mit reiner Integral-Reglerübertragungsfunktion:

$$G_1(s) = \frac{C(s)}{E(s)} = \frac{10}{s}$$

und der Systemtransferfunktion $G_2(s) = \dfrac{1}{s+1}$.

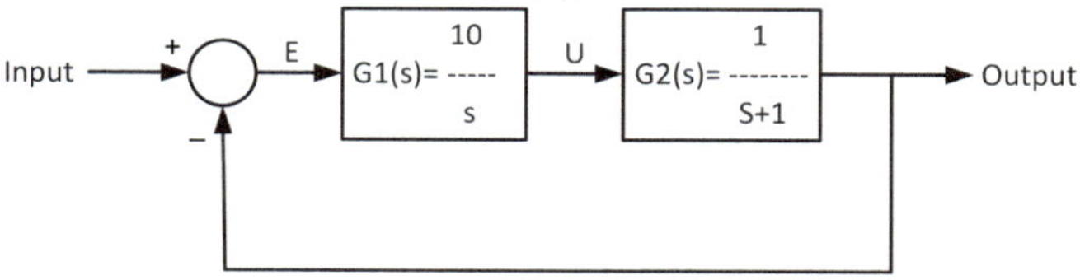

Input + − E G1(s)= 10/s U G2(s)= 1/(S+1) Output

*Abbildung 5.3: Regelkreis erster Ordnung mit reinem Integralregler*

Die Closed-Loop-Übertragungsfunktion:

$$G(s) = \frac{G_1(s)G_2(s)}{1+G_1(s)G_2(s)} \text{ ergibt } G(s) = \frac{10}{s^2+s+10}$$

Abbildung 5.4 zeigt die Reaktion auf einen Einheitssprung im geschlossenen Regelkreis mit und ohne Integral-Regler. Es ist interessant festzustellen, dass die Reaktion des geschlossenen Regelkreises mit dem reinen Integral-Regler zwar sehr schnell ist, dafür aber Überschwinger aufweist. Außerdem gibt es keinen stationären Fehler, d. h. der Endzustand des Systems liegt bei 1,0. Das Überschwingen kann reduziert werden, indem der Integralbetrag reduziert wird. Abbildung 5.5 zeigt die Reaktion, wenn die Integralreglerkonstante 0,5/s beträgt. Beachten Sie, dass das Überschwingen erheblich reduziert wird und trotzdem der stationäre Fehler Null wird. Daraus kann man schließen, dass der integrale Anteil in denjenigen Systemen wichtig ist, in denen der Fehler im stationären Zustand Null sein soll.

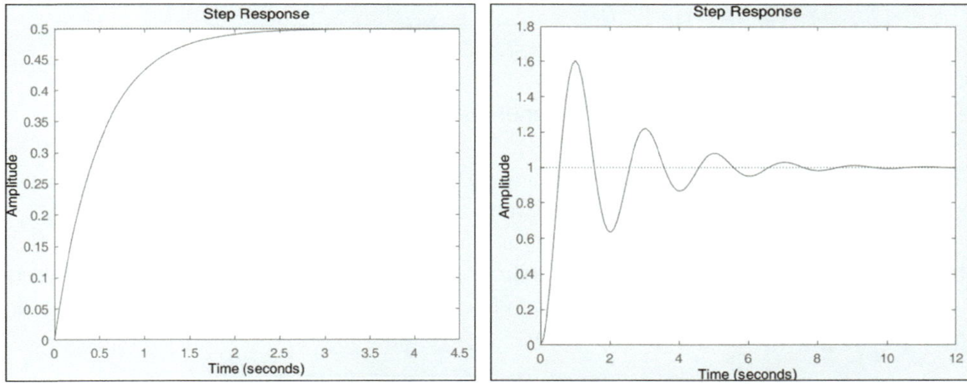


*Bild 5.4: Einheit Sprungantwort mit und ohne Regler*

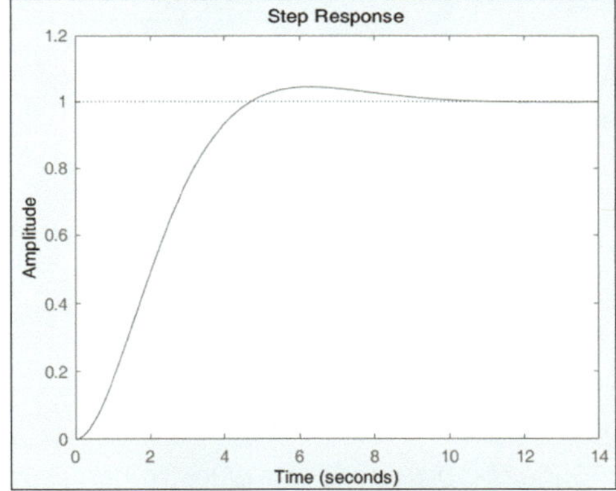


*Abbildung 5.5 Systemreaktion mit dem auf 0,5/s eingestellten Integral-Regler*

## 5.4 Differential-Regler in einem System erster Ordnung

Betrachten Sie das in Abbildung 5.6 gezeigte Regelkreissystem erster Ordnung mit der Differentialregler-Übertragungsfunktion:

$$G_1(s) = \frac{C(s)}{E(s)} = 10s$$

und der Systemtransferfunktion:

$$G_2(s) = \frac{1}{s+1}$$

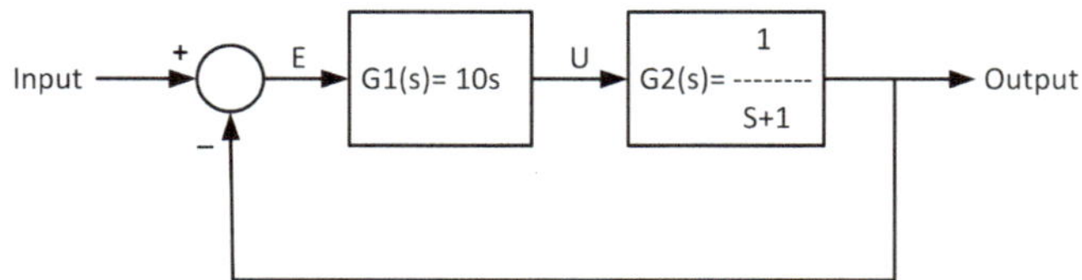


*Abbildung 5.6: Regelkreis erster Ordnung mit Differenzialregler*

Die Übertragungsfunktion des geschlossenen Regelkreises ist gegeben durch:

$$G(s) = \frac{G_1(s)G_2(s)}{1 + G_1(s)G_2(s)}$$ und damit $$G(s) = \frac{10s}{11s + 1}$$

Abbildung 5.7 zeigt die Reaktion des Regelkreises. Beachten Sie, dass die Differentialregelung den Fehler nicht korrigiert. Stattdessen folgt sie der Änderungsrate des Fehlers und ist damit für sich genommen nicht brauchbar.

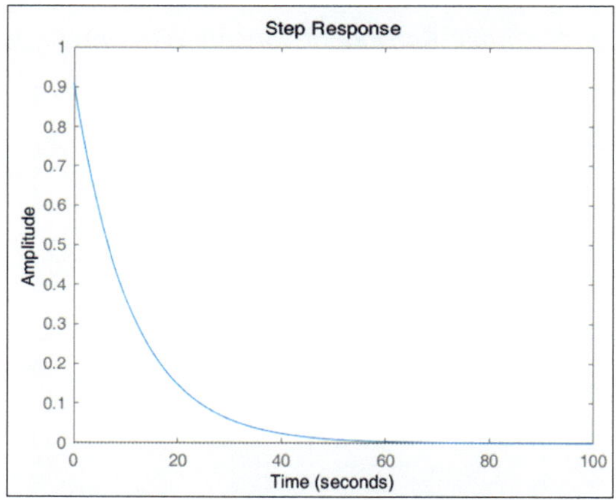


*Abbildung 5.7: Einheits-Sprungantwort eines reinen Differentialreglers*

## 5.5 Proportional + Integralregler in einem System erster Ordnung

Betrachten Sie das in Abbildung 5.8 gezeigte Regelsystem erster Ordnung mit der Übertragungsfunktion des Proportional-Integralreglers:

$$G_1(s) = \frac{C(s)}{E(s)} = 5 + \frac{8}{s}$$

und der Systemtransferfunktion:

$$G_2(s) = \frac{1}{s + 1}.$$

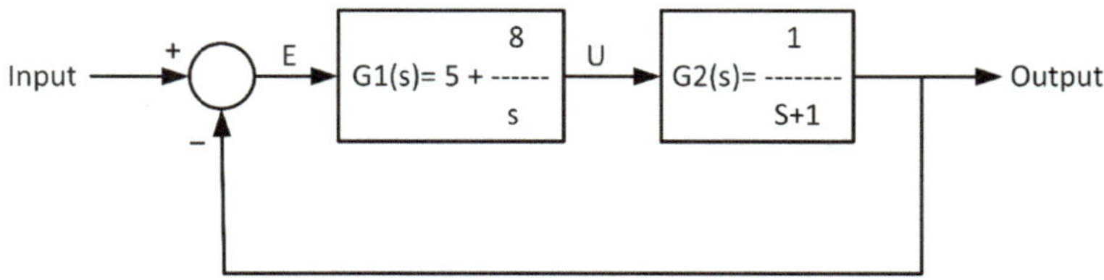


*Abbildung 5.8: Regelkreis erster Ordnung mit Proportional-Integralregler*

Die Übertragungsfunktion des geschlossenen Regelkreises ist gegeben durch:

$$G(s) = \frac{G_1(s)G_2(s)}{1 + G_1(s)G_2(s)} \text{ und damit } G(s) = \frac{5s+8}{s^2+6s+8}$$

Abbildung 5.9 zeigt die Sprungantwort des Systems mit und ohne Regler. Beachten Sie, dass hier eine brauchbare Regelfunktion erreicht wird, da nur geringes Überschwingen auftritt gibt und der stationäre Fehler Null wird.

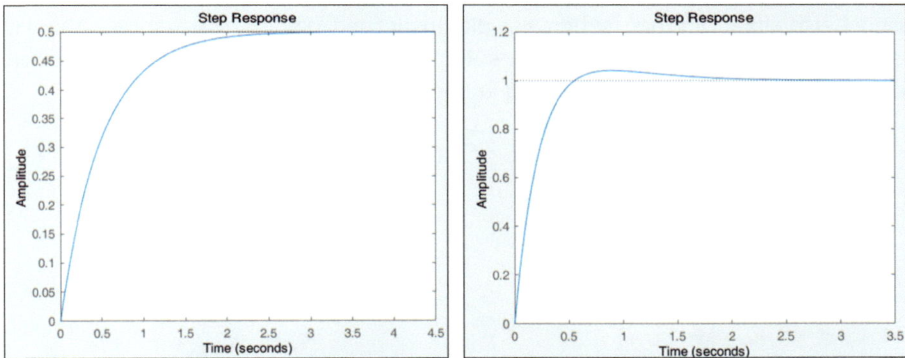


*Abbildung 5.9: Systemantwort erster Ordnung für einen Regelkreis mit und ohne P+I-Regler*

## 5.6 Proportional- Integral-Differentialregler in einem System erster Ordnung

Wir werden jetzt dem Regler eine Differentialwirkung hinzufügen. Betrachten Sie dazu das in Bild 5.10 dargestellte Regelsystem erster Ordnung mit der Übertragungsfunktion des PID-Reglers:

$$G_1(s) = \frac{C(s)}{E(s)} = 5 + \frac{8}{s} + s$$

und die Systemtransferfunktion:

$$G_2(s) = \frac{1}{s+1}.$$

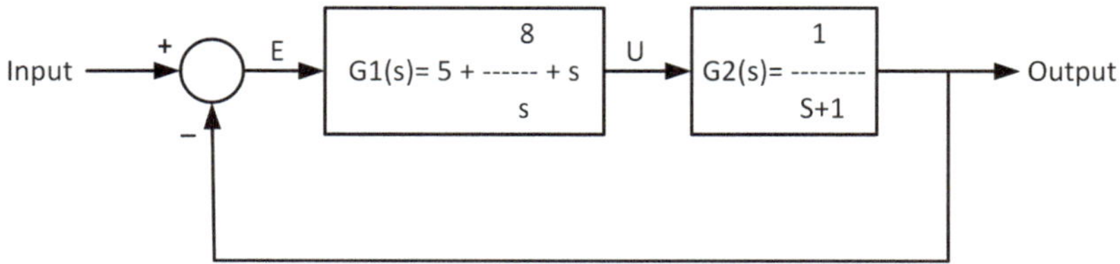


*Abbildung 5.10: Regelkreis erster Ordnung mit Proportional-Integral-Differentialregler*

Die Übertragungsfunktion des geschlossenen Regelkreises ist gegeben durch:

$$G(s) = \frac{G_1(s)G_2(s)}{1 + G_1(s)G_2(s)} \quad \text{und damit} \quad G(s) = \frac{s^2 + 5s + 8}{2s^2 + 6s + 8}$$

Abbildung 5.11 zeigt die Systemantwort mit dem PID-Regler in Aktion. Vergleichen Sie diese Antwort mit Abbildung 5.9. Beachten Sie, dass das System durch Hinzufügen einer Differenzialwirkung jetzt ein etwas höheres Überschwingen und eine höhere Anstiegszeit aufweist. Das bedeutet, dass keine bessere Regelungsreaktion erreicht wurde. Wie Sie in diesen Beispieldiagrammen sehen, ist die Justierung der PID-Parameter sehr wichtig. Dieses Vorgehen ist auch als "Tuning" des Reglers bekannt. Sie werden im folgenden verschiedene Methoden zum System-Tuning kennenlernen.

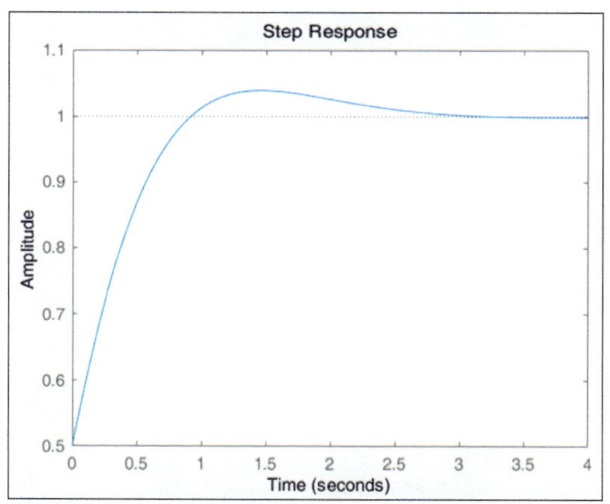


*Abbildung 5.11: Sprungantwort eines geschlossenen Regelkreises erster Ordnung mit PID-Regler*

## 5.7 Auswirkungen von PID-Parameter-Änderungen

Wir werden nun das System mit der Übertragungsfunktion aus dem vorherigen Abschnitt verwenden um die Auswirkungen einer Änderung der PID-Parameter untersuchen.

Die Regelkreis-Übertragungsfunktion des Systems ist:

$$G(s) = \frac{s^2 + 5s + 8}{2s^2 + 6s + 8}$$

mit der PID Transferfunktion:

$$G_1(s) = 5 + \frac{8}{s} + s$$

Die Sprungantwort der Reglereinheit mit den obigen Parametern ist in Abbildung 5.12a dargestellt. Sie zeigt die Reaktion nach Verdoppelung von $K_p$. Die PID-Parameter wurden auf ihren ursprünglichen Zustand zurückgesetzt, und Abbildung 5.12c zeigt die Reaktion nach Verdoppelung von $K_i$. Schließlich wurden die Parameter wieder auf ihren ursprünglichen Zustand zurückgesetzt, und Abbildung 5.12d zeigt die Reaktion nach Verdoppelung von $K_d$. Beachten Sie, dass der stationäre Fehler in allen Fällen Null ist. Eine Erhöhung des integralen Parameters macht das System zwar schneller, erzeugt aber gleichzeitig Schwingungen, bevor sich das System auf den Endwert einpendelt.

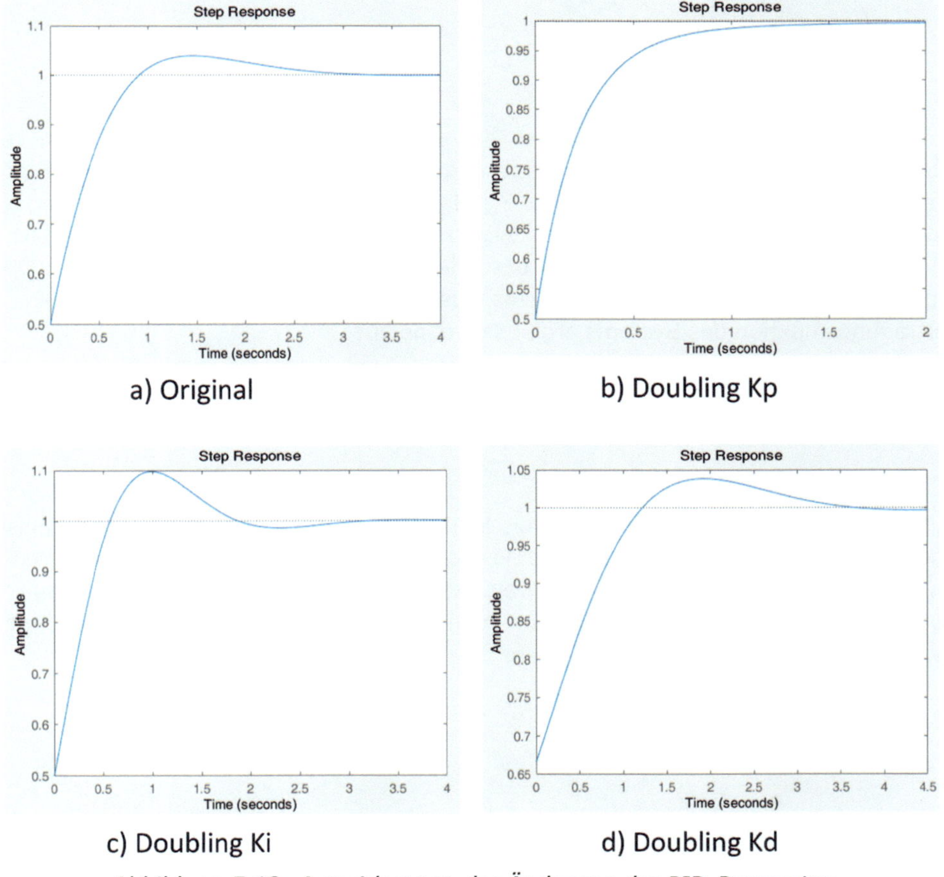


*Abbildung 5.12: Auswirkungen der Änderung der PID-Parameter*

## 5.8 Einstellen eines PID-Reglers

Ein häufig verwendetes Verfahren zum Abstimmen der PID-Parameter ist als Abstimmverfahren nach Ziegler und Nichols bekannt. Dieses Verfahren kann sowohl auf Systeme mit offenem Kreis als auch auf Systeme mit geschlossenem Regelkreis angewendet werden. Das Verfahren beinhaltet das Beobachten der Sprungantwort eines Systems und das anschließende Abschätzen der PID-Parameter basierend auf dem Regelverhalten im Zeitbereich.

Für das Abstimmen des Reglers wird die folgende Form der PID-Reglergleichung verwendet:

$$u(t) = K_p\left[e(t) + \frac{1}{T_i}\int e(t)dt + T_d\,\frac{de(t)}{dt}\right]$$

mit der Transferfunktion:

$$\frac{U(s)}{E(s)} = K_p + \frac{K_p}{T_i s} + K_p T_d s$$

### 5.8.1 Ziegler- und Nichols-Tuning der geöffneten Regelschleife

Beim Open-Loop-Tuning werden zuerst die Systemparameter bestimmt, indem eine Sprungfunktion an das Open-Loop-System angelegt wird. Aus dem Ergebnis des Stufentests werden dann die Systemparameter $K_p$ , $T_d$ und $T_i$ ermittelt, so wie in Abbildung 5.13 dargestellt. Beachten Sie, dass $T_D$ die Zeitverzögerung des Systems ist (siehe Abschnitt 3.4). Sie können auch die in Kapitel 3 beschriebene Methode verwenden, um die Open-Loop-Übertragungsfunktion eines Systems aus seiner Sprungantwort zu ermitteln. Die Übertragungsfunktion des Systems ergibt sich dann zu:

$$G(s) = \frac{Ke^{-sTD}}{1 + sT_1}$$

Ziegler und Nichols schlagen dann vor, die in Tabelle 5.1 angegebenen PID-Reglereinstellungen zu verwenden, wenn der Regelkreis geschlossen ist. Diese Parameter basieren auf dem Konzept der Minimierung des Integrals des absoluten Fehlers nach Anwendung einer sprunghaften Änderung des Sollwerts. Im Folgenden wird ein Beispiel angegeben, um die verwendete Methode zu veranschaulichen.

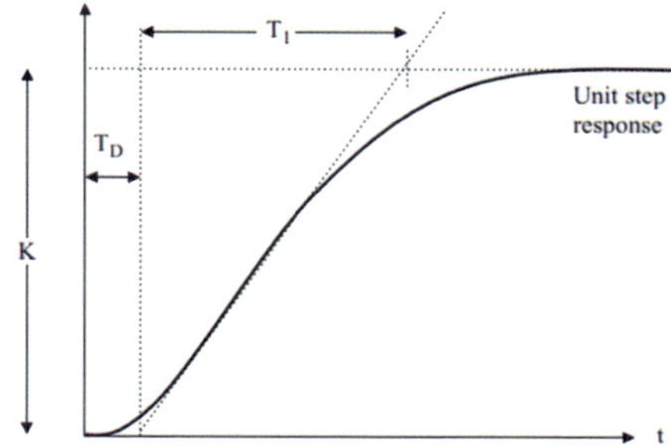


*Abbildung 5.13: Bestimmung der Systemparameter*

| Controller | $K_p$ | $T_i$ | $T_d$ |
|---|---|---|---|
| Proportional | $\frac{T_1}{K T_D}$ | | |
| PI | $\frac{0.9T_1}{K T_D}$ | $3.3T_D$ | |
| PID | $\frac{1.2T_1}{K T_D}$ | $2T_D$ | $0.5T_D$ |

*Tabelle 5.1: Open-Loop-Ziegler- und Nichols-Einstellungen*

Die Methode von Ziegler und Nichols hat folgende Vorteile:

- einfach zu implementieren
- sehr geringes Wissen über die Systemdynamik erforderlich

und die folgenden Nachteile:

- Die Reaktion führt zu einem großen (25 %) Überschwingen
- Die Abstimmung reagiert empfindlich auf die Systemdynamik, insbesondere auf die Verzögerungszeit
- Die Abstimmung reagiert empfindlich auf Nichtlinearitäten

## 5.8.2 Open-Loop-Cohen-Coon-PID-Tuning

Dieses Verfahren basiert auf dem Verfahren von Ziegler und Nichols, bietet jedoch insbesondere für Systeme mit großen Verzögerungszeiten eine deutlich bessere Regelleistung.

Die Einstellungen für die Cohen-Coon-Abstimmung sind in Tabelle 5.1 dargestellt.

| Cohen Coon | $K_c$ | $T_I$ | $T_D$ |
|---|---|---|---|
| P | $\frac{1}{a}\left(1+\frac{0.35\tau}{1-\tau}\right)$ | | |
| PI | $\frac{0.9}{a}\left(1+\frac{0.92\tau}{1-\tau}\right)$ | $\frac{3.3-3.0\tau}{1+1.2\tau}L$ | |
| PD | $\frac{1.24}{a}\left(1+\frac{0.13\tau}{1-\tau}\right)$ | | $\frac{0.27-0.36\tau}{1-0.87\tau}L$ |
| PID | $\frac{1.35}{a}\left(1+\frac{0.18\tau}{1-\tau}\right)$ | $\frac{2.5-2.0\tau}{1-0.39\tau}L$ | $\frac{0.37-0.37\tau}{1-0.81\tau}L$ |

$\tau = L/(L+T);\ a = K_{process}L/T$

*Tabelle 5.2: Cohen-Coon PID-Tuning-Parameter*

Dabei ist L die Verzögerungszeit, T die Systemzeitkonstante und $K_{process}$ die Verstärkung des Prozesses. Diese Methode kann nur offline verwendet werden.

Cohen-Coon-Tuning hat folgende Vorteile:

- funktioniert gut mit Systemen mit großer Verzögerungszeit
- liefert eine schnellere Reaktion als die Ziegler- und Nichols-Methode

**Beispiel**
Abbildung 5.14 zeigt die Sprungantwort eines Open-Loop-Systems mit Zeitverzögerung. Die Aufgabe besteht darin, für dieses System die Abstimmungsparameter nach Ziegler und Nichols abzuleiten und das Zeitverhalten des geschlossenen Systems mit dem PI-Regler zu aufzuzeichnen.

**Lösung**
Unter Bezugnahme auf Abbildung 5.14 können die Parameter des Open-Loop-Systems wie folgt angegeben werden:

$$K = 10,\ TD = 2,\ T_I = 4$$

Daher lautet die Übertragungsfunktion des offenen Regelkreises:

$$G(s) = \frac{10e^{-2s}}{1+4s}$$

Unter Bezugnahme auf Tabelle 5.1 lauten die PI-Parameter:

$$K_p = \frac{0.9T_1}{KTD} = \frac{0.9 \times 4}{10 \times 2} = 0.18$$

$$T_i = 3.3TD = 3.3 \times 2 = 6.6$$

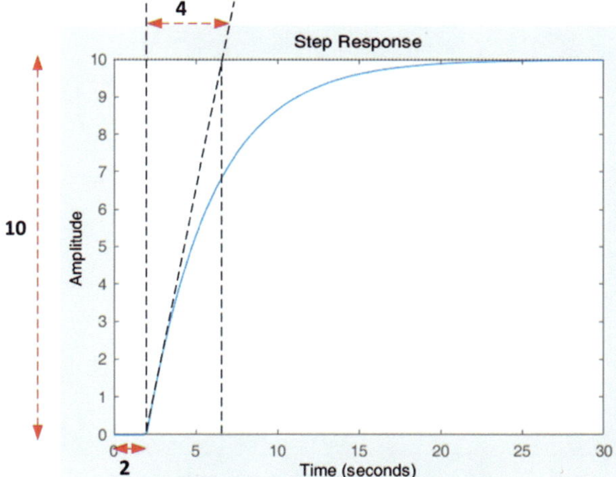


*Abbildung 5.14: Open-Loop-Zeitverhalten*

Die erforderliche PI-Übertragungsfunktion ist:

$$\frac{U(s)}{E(s)} = 0.18\left[1 + \frac{1}{6.6s}\right] = 0.18 + \frac{0.027}{s}$$

Das Blockdiagramm des Systems ist in Abbildung 5.15 dargestellt.

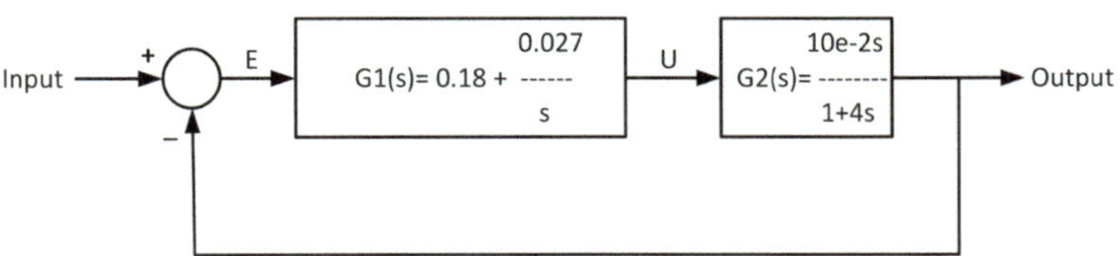


*Abbildung 5.15: Blockdiagramm des Systems*

Die Zeitantwort auf den Einheitsschritt des geschlossenen Regelkreises ist in Abbildung 5.16 dargestellt. Beachten Sie, dass das System ein hohes Überschwingen aufweist, was für die Verwendung des Verfahrens von Ziegler & Nichol charakteristisch. Wenn $K_p$ auf 0,15 reduziert wird, wird die Übertragungsfunktion des Reglers zu:

$$\frac{U(s)}{E(s)} = 0.15\left[1 + \frac{1}{6.6s}\right] = 0.15 + \frac{0.022}{s}$$

Die Reaktion des geschlossenen Regelkreises zeigt Abbildung 5.17.

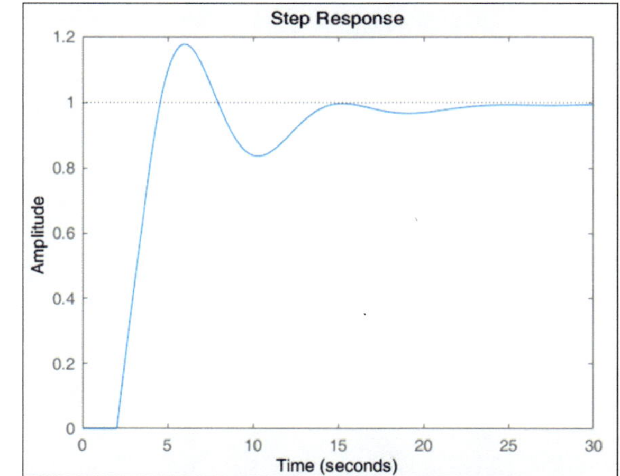


*Abbildung 5.16: Sprungantwort des geschlossenen Regelkreises*

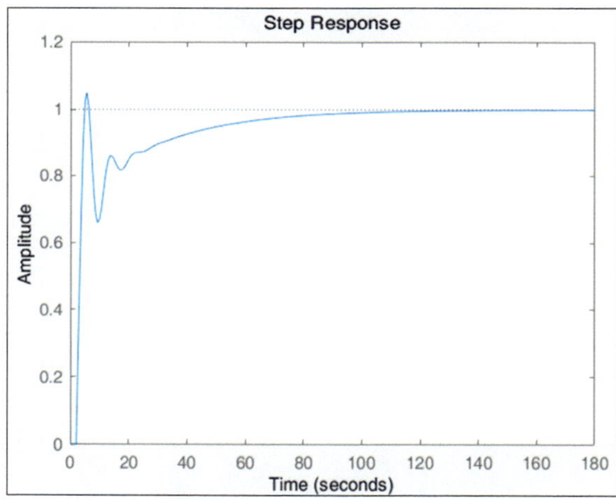


*Bild 5.17: Systemverhalten bei reduziertem $K_p$*

In der Praxis werden auch mehrere andere PID-Abstimmungsalgorithmen verwendet, wie z. B. modifizierter Ziegler und Nichols Alforithmus, Lambda, Chien-Hrones-Reswick, die Tyreus-Luyben-Methode, die Ciancone-Marline-Methode, die Internal Model Control (IMC) Methode und andere. Wir fahren nun mit dem Entwerfen eines Lambda-Reglers für das Beispielsystem fort.

**Beispiel**

Es soll ein Lambda-PI-Regler für ein System entworfen werden, dessen Übertragungsfunktion gegeben ist durch:

$$G(s) = \frac{10e^{-2s}}{1+4s}$$

**Lösung**

Wie das Ziegler- und Nichols-Tuning beinhaltet auch das Lambda-Tuning eine Reihe von Formeln oder Tuning-Regeln, um die Werte der PI-Parameter zu bestimmen und so die gewünschte Reglerleistung zu erreichen. Die Abstimmungsregeln für den Lambda-PI-Regler lauten wie folgt:

$$K_p = \frac{T_p}{K(\lambda + TD)}, \qquad T_i = T_p$$

wobei $T_p$ die Prozesszeitkonstante ist. Das closed-loop-System soll sich ohne Oszillationen in ungefähr 4 λ Sekunden einpendelt. Die Abstimmungsregeln erfordern, dass der Benutzer lediglich einen einzigen Leistungsparameter angibt (λ) angibt. Dies vereinfacht die Berechnungen erheblich.

Im Beispiel gilt $K=10$ und $T_p = 4$

Setzt man $\lambda = 2$ (d. h. $T_p / 2$) erhält man: $K_p = \frac{T_p}{K(\lambda + TD)} = \frac{4}{10(2+2)}$

somit also $K \; = 0.1$ und $T_i = 4$

DieÜbertragungsfunktiondesPI-Reglerswirddannzu: $\frac{U(s)}{E(s)} = 0.1\left[1 + \frac{1}{4s}\right] = 0.1 + \frac{0.025}{s}$

Die Reaktion des Regelkreises mit diesem Regler ist in Abbildung 5.18 dargestellt.

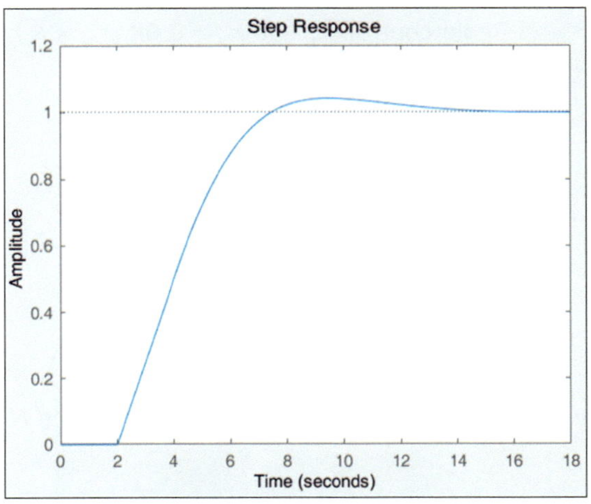


*Abbildung 5.18: Zeitverhalten im geschlossenen Regelkreis*

Das Lambda-Tuning hat folgende Vorteile:

- es funktioniert gut für Systeme mit großer Verzögerungszeit
- es ist weitgehend unempfindlich gegenüber Systemnichtlinearitäten
- die Regelantwort zeigt kein Überschwingen
- die Zeitkonstante des geschlossenen Regelkreises kann frei gewählt werden

Die Nachteile des Lambda-Tunings sind:

- es ist nur für PI-Regler verfügbar
- langsame Unterdrückung von Störungen

### 5.8.3 Closed-loop Tuning

Der Closed-Loop-Tuning-Algorithmus von Ziegler & Nichols basiert auf System-Closed-Loop-Tests. Das Verfahren verläuft wie folgt:

- Deaktivieren Sie alle Differential- und Integralfunktionen im Controller und lassen Sie nur die Proportionalfunktion unverändert

- Sprungantworttest durchführen und Systemverhalten beobachten

- Wiederholen Sie den Sollwerttest mit erhöhter (oder verringerter) Reglerverstärkung, bis eine stabile Schwingung erreicht ist (siehe Bild 5.19). Diese Regelverstärkung ist als „ultimative“ Verstärkung $K_u$ bekannt

- Lesen Sie die Periode der stationären Schwingung ab und definieren Sie diese als $P_u$.

- Berechnen Sie die Reglerparameter nach folgenden Formeln: $K_p = 0.45K_u$, $T_i = P_u/1.2$ für den PI-Reglercontroller; und $K_p = 0.6K_u$, $T_i = P_u/2$, $T_d = T_u/8$ im Falle des PID Reglers.

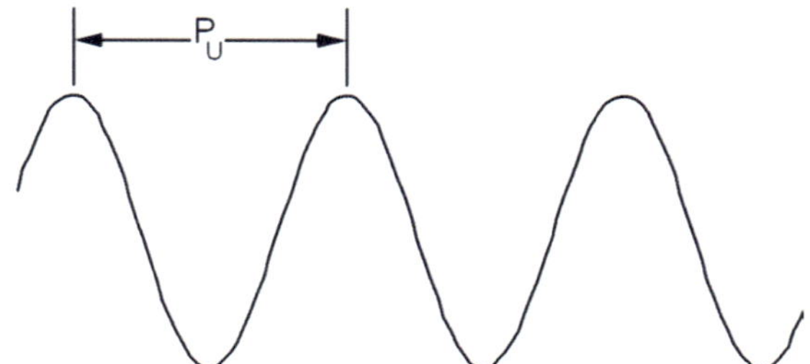


*Abbildung 5.19: Closed-Loop-Test nach Ziegler und Nichols*

**Beispiel**

Es soll ein PI-Regler für ein System entworfen werden, dessen Open-Loop-Übertragungsfunktion gegeben ist durch:

$$G(s) = \frac{e^{-2s}}{1+4s}$$

**Lösung**

Wenn Sie die Verstärkung des Systems erhöhen, stellen Sie fest, dass der Systemausgang zu oszillieren beginnt, wenn die Verstärkung 3,803 beträgt. Die Periode der Schwingungen wurde zu 7,5 Sekunden ermittelt (Abbildung 5.20).

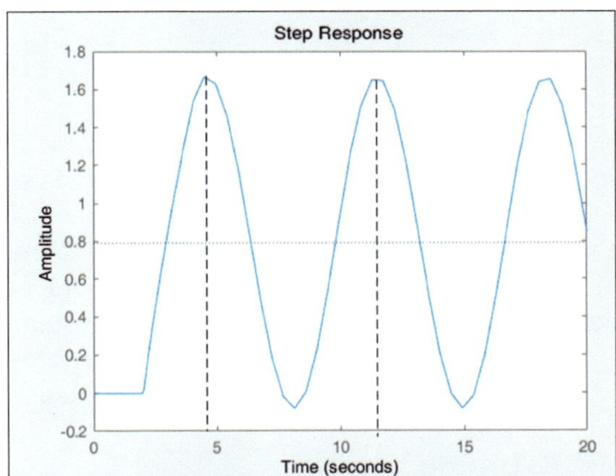


*Abbildung 5.20: Bei erhöhter Verstärkung oszilliert das System*

Damit gilt , $K_u = 3.808$, und $P_u = 7.5$

Aus den Ziegler und Nichol Parametern , $K_p = 0.45K_u = 0.45 \times 3.803 = 1.713$

und $T_i = 7.5/1.2 = 6.25$

Ergibt sich die die Transferfunktion des PI-Reglers zu:

$$\frac{U(s)}{E(s)} = 1.713\left[1 + \frac{1}{6.25s}\right] = 1.713 + \frac{0.274}{s}$$

Abbildung 5.21 zeigt das Zeitverhalten des Systems bei geschlossenem Regelkreis. Es ergibt sich ein Überschwingen von etwa 18 % in der Reglerantwort. Dies ist bei Verwendung der Ziegler- und Nichol-Abstimmung zu erwarten.

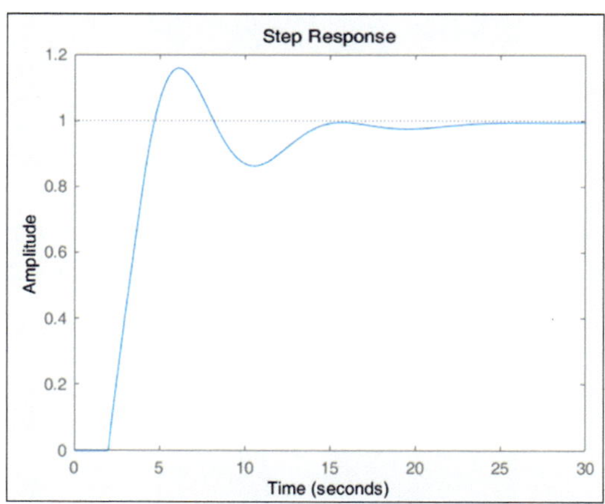


*Abbildung 5.21: Closed-Loop-Zeitverhalten des Systems*

Beachten Sie, dass die meisten Systeme nur mit einem PI-Regler ohne Differentialanteil gesteuert werden können. Die Differentialwirkung verhält sich äußerst empfindlich gegenüber Rauschen und sollte nicht verwendet werden, es sei denn, die Systemzeitkonstante ist sehr hoch und das System reagiert entsprechend langsam. Üblicherweise werden bei Verwendung von Systemen mit Differential-Anteil Filter verwendet, um Rauschen zu unterdrücken.

### 5.8.4 Praktisches PID-Tuning

In den meisten Fällen können Sie ein PID-System optimieren, indem Sie einige Messungen durchführen. Die Schritte sind:

- Reine Proportionalregelung verwenden (Integral- und Differential-Anteiel auf Null setzen) und einen Einheitssprung an das System anlegen. Variieren Sie den Proportionalparameter, bis eine gute Systemreaktion erzielt wird. Verringern Sie dann den Proportionalparameter geringfügig.

- Behalten Sie den gefundenen proportionalen Parameter bei und variieren Sie nun den integralen Anteil, bis eine brauchbare Systemantwort erhalten und der stationäre Fehler Null wird.

- Behalten Sie die gefundenen Proportional- und Integralparameter bei und variieren Sie den Differentialsparameter, bis die optimale Systemantwort erhalten wird. Es ist interessant festzustellen, dass die meisten Systeme keine Differentialwirkung benötigen.

Abbildung 5.22 zeigt, wie ein System in der Praxis abgestimmt werden kann.

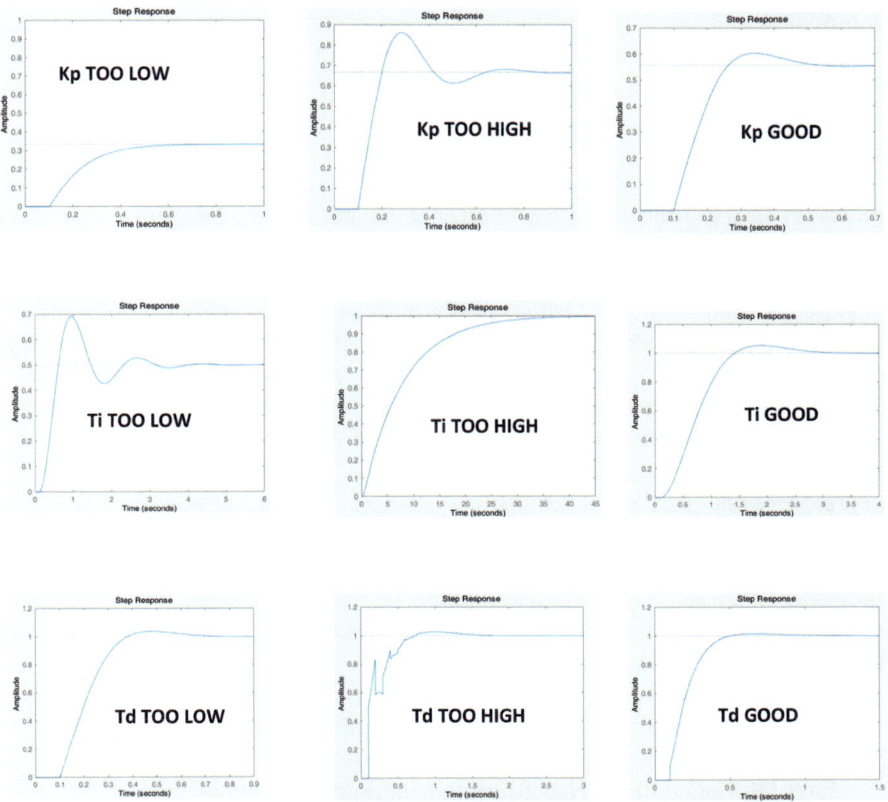


*Abbildung 5.22: Auswirkung von PID-Parameteränderungen*

## 5.9 Selbstoptimierende PID-Regler

Viele Reglerhersteller bieten heute intelligente PID-Regler an, die sich je nach Anlagencharakteristik automatisch einstellen und optimale Reglerparameter finden.

## 5.10 Erhöhen und Verringern von PID-Parametern

Die Auswirkungen der Erhöhung von PID-Parameter sind in Tabelle 5.3 zusammengefasst.

| Regel-antwort | Anstiegszeit | Über-schwingen | Einschwing-zeit | SS Fehler |
|---|---|---|---|---|
| Kp | Steigt an | Steigt an | No change | Fällt ab |
| Ti | Steigt an | Fällt ab | Fällt ab | Entfällt |
| Td | Unverändert | Fällt ab | Fällt ab | Unverändert |

*Tabelle 5.3: Auswirkung der Erhöhung der PID-Parameter.*

## 5.11 Sättigungseffekte und integraler Überlauf

In praktischen Anwendungen ist der Ausgabewert eines Reglers physikalischen Beschränkungen unterworfen. Beispielsweise ist die maximale Ausgangsspannung eines Gerätes begrenzt. In ähnlicher Weise ist die maximale Durchflussrate, die eine Pumpe liefern kann, durch die physische Kapazität der Pumpe begrenzt. Als Folge dieser physikalischen Begrenzung geht das Fehlersignal nicht auf Null zurück und der Integralterm summiert sich kontinuierlich weiter auf. Dieser Effekt wird integraler Überlauf (oder integrale Sättigung) genannt. Als Folge davon kann Überschwingen mit langen Oszillationsperioden in der Reglerantwort auftreten.

Ein einfaches Beispiel dafür ist die Positionssteuerung eines Motors. Eine große Sollwertänderung kann in diesem Fall zu einem großen Fehlersignal führen. Der Regler versucht dann, die fehlerhafte Position zu korrigieren. Der Integralterm wächst jedoch durch Aufsummieren der Fehlersignale bei jedem Abtastwert an und es müsste eine große Steuerwirkung auf den Motor ausgeübt werden. Aufgrund der physikalischen Begrenzung der Motorelektronik ist der Motor jedoch nicht in der Lage, verzögerungsfrei und linear auf das angelegte Steuersignal zu reagieren. Ändert sich nun der Sollwert in die andere Richtung, so ist der Integralanteil noch groß und der Regler reagiert nicht sofort auf die Sollwertanforderung. Folglich reagiert das System träge, bis es aus diesem Zustand herauskommt.

Das integrale Überlaufproblem wirkt sich auf Positions-PID-Regler aus. Bei PID-Geschwindigkeitsreglern werden die Fehlersignale nicht summiert, und infolgedessen tritt keine integrale Überlaufwirkung auf, obwohl das Steuersignal physikalisch beschränkt ist.

Es wurden viele Techniken entwickelt, um das integrale Überlaufproblem aus PID-Reglern zu eliminieren. Einige bekannte Lösungen sind:

- Stoppen der integralen Aufsummierung, sobald eine Sättigung eintritt.
  Dies wird auch als bedingte Integration bezeichnet. Die Idee ist, den Integratoreingang auf Null zu setzen, wenn der Reglerausgang gesättigt ist und Eingang und Ausgang das gleiche Vorzeichen haben.

- Festlegen von Grenzen für den Integralterm. Damit wird dieser auf einen festgelegten Minimal- und Maximalwert beschränkt .

- Reduzieren des Integratoreingangs um einen konstanten Wert, sobald der Reglerausgang gesättigt ist. Üblicherweise wird der Integralwert um einen Betrag verringert, der proportional zur Differenz zwischen dem ungesättigten und dem gesättigten (d. h. maximalen) Reglerausgang ist.

- Verwenden Sie die Geschwindigkeitsform des PID-Reglers.

## 5.12 Differentieller Kick

Ein weiteres mögliches Problem bei der Verwendung von PID-Reglern wird durch das Differentialverhalten des Reglers verursacht. Dieses Problem tritt auf, wenn sich der Sollwert und damit das Fehlersignal plötzlich stark ändern. Unter dieser Bedingung kann der Ableitungsterm dem Ausgang einen unerwünschten „Regelungsstoß“ versetzen, der als "Differentieller Kick" bekannt ist. Dies wird in der Praxis normalerweise vermieden, indem der differentielle Anteil in die Rückkopplungsschleife verschoben wird. Der proportionale Term kann ebenfalls einen plötzlichen Kick im Ausgang verursachen und es ist üblich, dann auch den proportionalen Term in die Rückkopplungsschleife zu verschieben.

## 5.13 Verwendung des PID-Regelungssimulators

Der PID Regelungssimulator der Website Engineers-Excel.com ist ein sehr nützliches computerbasiertes Hilfsmittel, um PID-Regler-Prozesse korrekt zu simulieren. Es ist von unschätzbarem Wert bei der Abstimmung von PID-Parametern eines bestimmten Systems. Der Simulator kann verwendet werden, nachdem die Open-Loop-Übertragungsfunktion eines Systems aus seiner Sprungantwort ermittelt wurde.
Die Softwareanwendung "PID Loop Simulator für PCs" ist kostenlos auf der folgenden Website erhältlich:

https://view.officeapps.live.com/op/view.aspx?src=http%3A%2F%2Fwww.engineers-excel.com%2FApps%2FPID_Simulator%2FPID_scrollbar.xls&wdOrigin=BROWSELINK

Abbildung 5.23 zeigt den PID Loop Simulator. Im mittleren Teil des Bildschirms ist das allgemeine Simulations-Blockschaltbild mit dem PID-Regler und einer Strecke 1. Ordnung mit Zeitverzögerung dargestellt. Die Übertragungsfunktion des Systems (Verstärkung, Zeitkonstante und Verzögerungszeit) wird oben links unter der Überschrift "Process" eingegeben. Unter der Überschrift "Controller" (Regler) werden die Reglerparameter (proportional, integral und differenziell) eingegeben. Am unteren Bildschirmrand wird das Zeitverhalten der Sprungantwort des Systems sowie das Zeitverhalten der Ausgabe des Reglers angezeigt. Der Systemausgang wird blau angezeigt, während der Reglerausgang grün angezeigt wird.

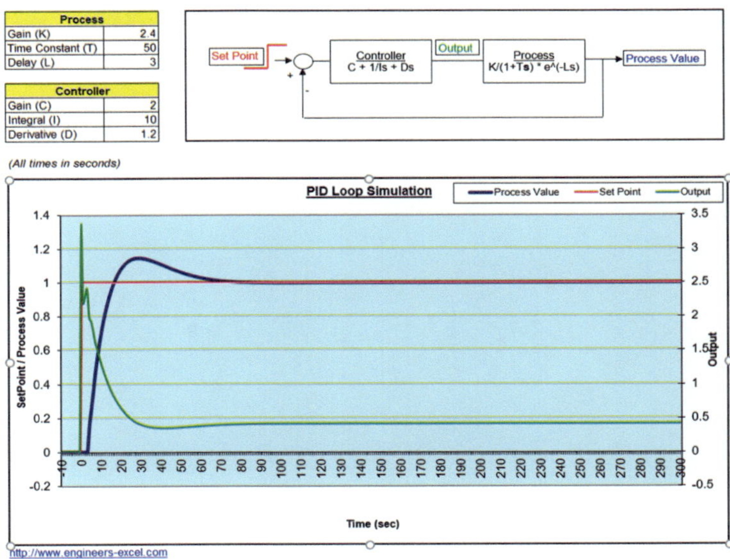


*Abbildung 5.23: Der PID-Loop-Simulator*

Betrachten wir als Beispiel die folgende Anlagenübertragungsfunktion:

$$G(s) = \frac{2.4e^{-3s}}{1 + 50s}$$

und die PID-Transferfunktion des Reglers:

$$C(s) = 2\left[1 + \frac{1}{20s} + 0.6s\right] = 2 + \frac{1}{10s} + 1.2s$$

Die Reglerübertragungsfunktion ist im „PID Loop Simulator" spezifiziert als: $C + \frac{1}{Is} + Ds$

Damit gilt, $C = 2$, $I = 10$, and $D = 1.2$

Die Eingabe der System- und Reglerwerte in den Simulator ergibt das in Abbildung 5.23 dargestellte theoretische Zeitverhalten des Systems. Das System zeigt ein kleines Überschwingen und der stationäre Fehler ist für alle praktischen Zwecke Null. Sie können die Reglerparameter einfach ändern und sich das Zeitverhalten des Ausgangs sofort anzeigen lassen.

# Kapitel 6 • Digitale PID Regler

## 6.1 Überblick

Dieses Kapitel behandelt die digitale Form des zeitkontinuierlichen PID-Reglers sowie Möglichkeiten, diesen in einem digitalen System wie einem Mikrocontroller einzusetzen

## 6.2 Digital PID

Die zeitkontinuierliche Übertragungsfunktion des PID-Reglers wurde wie folgt bestimmt:

$$\frac{U(s)}{E(s)} = K_p + \frac{K_p}{T_i s} + K_p T_d s \tag{6.1}$$

Die digitale Form des PID-Reglers kann ermittelt werden, indem man die z-Transformation für die obige Übertragungsfunktion berechnet:

$$\frac{U(z)}{E(z)} = K_p \left[ 1 + \frac{T}{T_i(1-z^{-1})} + T_d \frac{(1-z^{-1})}{T} \right] \tag{6.2}$$

Diese Übertragungsfunktion kann als **parallele Struktur** implementiert werden, indem die Proportional-, Integral- und Ableitungsterme aufsummiert werden.

Mit $\alpha = K_p T / T_i$ und $\beta = K_p T_d / T$ (6.3)

kann Gleichung (6.2) geschrieben werden als:

$$U(z) = K_p E(z) + \frac{\alpha}{(1-z^{-1})} E(z) + \beta(1-z^{-1})E(z) \tag{6.4}$$

Es kann gezeigt werden, dass Gleichung (6.4), so wie in Abbildung 6.1 gezeigt, mit den folgenden Gleichungen implementiert werden kann.

**PID:**

Für den Proportionalteil: $w_k = K_p e_k$

Für den Integralteil: $p_k = \alpha e_k + p_{k-1}$

Für Differentialteil: $q_k = \beta(e_k - e_{k-1)}$

Die Ausgabefunktion ist gegeben durch: $u_k = w_k + p_k + q_k$

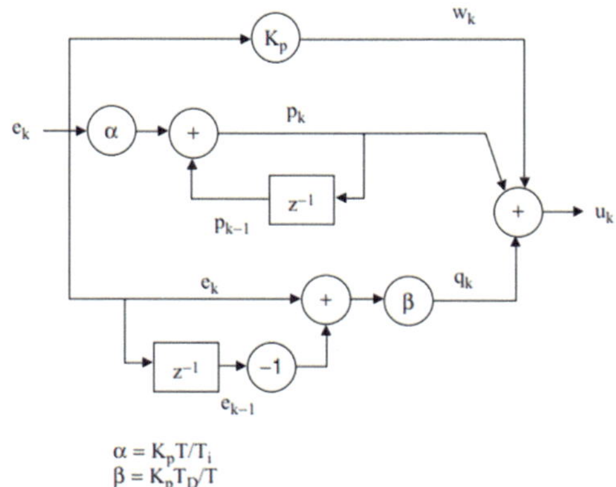


*Abbildung 6.1: Implementierung des PID-Reglers als Parallelstruktur*

Die Variablen und sind die Speichervariablen der Steuerung.

**PI:**

Für den Fall eines reinen PI-Reglers ergeben sich die folgenden Gleichungen:

Für den Proportionalteil: $w_k = K_p e_k$

Für den Integralteil: $p_k = \alpha e_k + p_{k-1}$

Die Ausgabefunktion ist gegeben durch: $u_k = w_k + p_k$

Die PI-Implementierung ist in Abbildung 6.2 als Parallelstruktur dargestellt.

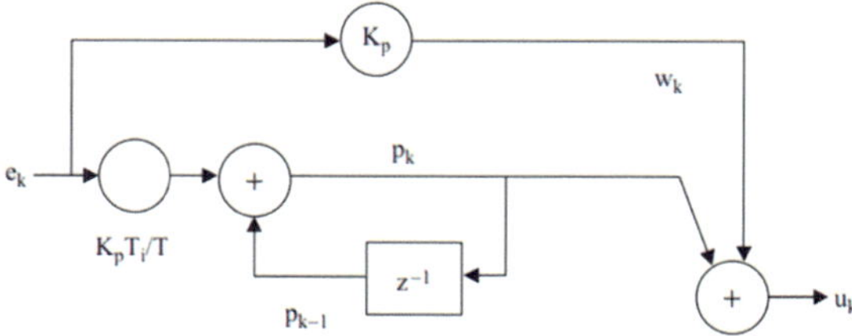


*Abbildung 6.2: Implementierung eines reinen PI-Reglers mit paralleler Struktur*

## 6.3 Auswahl der Abtastzeit T

Bevor Sie einen digitalen PID-Algorithmus implementieren, müssen Sie eine Abtastzeit T (bzw. ein Abtastintervall) auswählen. Die Wahl einer großen Abtastzeit hat destabilisierende Auswirkungen auf das System. Außerdem kommt es bei großen Abtastzeiten zu Informationsverlusten. Darüber hinaus nehmen die Fehler, die auftreten, wenn ein kontinuierliches System diskretisiert wird, mit zunehmendem Abtastintervall zu.

Man könnte denken, dass das Verringern des Abtastintervalls gegen Null dazu führt, dass ein diskretes System in ein äquivalentes kontinuierliches System übergeht. In der Praxis ist dies jedoch nicht der Fall. Wenn das Abtastintervall verringert wird, wird die Änderung zwischen den aufeinanderfolgenden Datenwerten kleiner als die Auflösung des Systems, was zu Informationsverlusten führt. Wenn ein kürzeres Abtastintervall verwendet werden soll, sollte im Allgemeinen auch die Auflösung des Systems erhöht werden, so dass die Differenz zwischen benachbarten Abtastwerten optimal erfasst werden kann.

Bei praktischen Anwendungen in der Prozessindustrie hat sich herausgestellt, dass ein Abtastintervall von einer Sekunde im Allgemeinen kurz genug ist für die meisten Anwendungen wie etwa Druckregelung, Temperaturregelung und Durchflussregelung. Systeme mit schnellen Reaktionszeiten, wie elektromechanische Systeme (z. B. Motoren), erfordern wesentlich kürzere Abtastintervalle, normalerweise in der Größenordnung von Millisekunden.

Von vielen Forschern wurden verschiedene empirische Regeln für die Auswahl des Abtastintervalls vorgeschlagen. Diese Regeln basieren auf praktischen Erfahrungen und Simulationsergebnissen. Hier eine Auswahl:

Hat die Anlage die dominante Zeitkonstante $T_p$, so ist das Abtastintervall T für den Regelkreis so zu wählen, dass $T < T_p/10$ gilt .

Unter der Annahme, dass der Prozess einem Ziegler-Nichols-Modell mit offener Schleife folgt, gilt:

$$G(s) = \frac{e^{-sT_1}}{1 + sT_2}$$

dann sollte das Abtastintervall so gewählt werden, dass $T < T_1/4$ gilt.

Wenn das System mit geschlossener Regelschleife eine Einschwingzeit $T_{ss}$ oder eine Eigenfrequenz von $\omega_n$ haben muss, wählt man das Abtastintervall T so, dass $T < T_{ss}/10$ und $\omega_s > 10\omega_n$, mit $\omega_s$ als Abtastfrequenz, d. g. $\omega_s = 2\pi/T$.

## 6.4 Implementierung des PID-Algorithmus in Mikrocontrollersystemen

Die letzte Phase des Entwurfs eines digitalen Regelungssystems ist die Implementierung des Regelalgorithmus (d. h. einem Satz von Differenzgleichungen) auf einem digitalen Rechner – heutzutage normalerweise auf einem Mikrocontroller. In diesem Abschnitt lernen Sie die Implementierung des PID-Digitalregleralgorithmus auf Mikrocontrollern kennen.

Mikrocontroller wurden traditionell mit der zur Hardware passenden Assemblerversion programmiert. Assembler hat mehrere schwerwiegende Nachteile und ist heute weit weniger verbreitet als früher. Ein wesentlicher Nachteil besteht darin, dass der mit der Assembler generierte Code nur auf der jeweiligen Zielhardware lauffähig ist. Beispielsweise kann das für einen PIC-Mikrocontroller entwickelte Assemblerprogramm nicht auf einem Intel 8051-Mikrocontroller verwendet werden. Programme in Assembler sind tendenziell auch schwieriger zu entwickeln, zu testen und zu warten. Bei den Projekten in diesem Buch werden daher **C-Programme für den Arduino** und **Python-Programme für den Raspberry Pi** verwendet.

Es gibt mehrere Methoden, einen Regel-Algorithmus auf einem Mikrocontroller zu implementieren. Eines der gebräuchlichsten Verfahren beinhaltet einen Timer-Interrupt, um die erforderliche Schleifenverzögerung (bzw. das Abtastintervall) zu erzeugen. Diese Variante hat den Vorteil dass die Abtastzeitintervalle sehr präzise eingehalten werden. Bei diesem Verfahren besteht die Software aus zwei Teilen: dem Hauptprogramm und der Timer Interrupt Service Routine (ISR).
Wie in Abbildung 6.3 in Form einer Programmbeschreibungssprache (PDL) dargestellt, werden im Hauptprogramm verschiedene Variablen wie Sollwert, PID-Reglerparameter sowie der A/D-Wandler und der Timer-Interrupt-Mechanismus initialisiert. Der Sollwert kann entweder fest in die Software einprogrammiert, über eine Tastatur oder über Drucktasten eingestellt werden. Der Timer des Interrupts wird so eingestellt, dass die Interruptaufrufe dem gewählten Abtastintervall des Systems entsprechen.

Das Hauptprogramm wartet dann innerhalb eine Schleife darauf, dass die Timer-Interrupts ausgelöst werden. Immer wenn ein Timer-Interrupt ausgelöst wird, springt das Programm dann in die Interrupt-Service-Routine, in welcher der PID-Regler-Algorithmus in softwarebasierter Form implementiert ist. Das Fehlersignal ergibt sich aus der Differenz zwischen Sollwert und gemessenem Istwert. Der Algorithmus errechnet daraus die Regelgröße für den aktuellen Abtastzeitpunkt.
Dann werden die Variablen für die nächste Abtastung erfasst. Nach der Rückkehr aus der ISR wird im Hauptprogramm das nächste Abtastintervall abgewartet. Dieser Vorgang wiederholt sich ununterbrochen, solange der Regler aktiv ist.

```
MAIN:BEGIN
        Initialize PID parameters
        Initialize other variables used
        Set/Read setpoint value, sk
        Initialize ADC
        Initialize Timer interrupts, interrupt at T intervals
        DO FOREVER
                Wait for timer interrupts
        ENDDO
MAIN:END


ISR:BEGIN
        Get setpoint, sk
        Read output, yk
        Calculate error, ek
        Calculate controller output, uk (section 6.2)
        Limit uk to avoid interrupt windup
        Update controller memory variables, pk-1 and ek-1
        Return from interrupt
ISR:END
```

*Abbildung 6.3: Regler-Implementierung auf einem Mikrocontroller.*

# Kapitel 7 • Ein-Aus-Temperaturregelung

## 7.1 Überblick

Temperaturregelungen werden verwendet, um die Temperatur eines Gases (z. B. Luft) in einem geschlossenen Raum oder die Temperatur einer Flüssigkeit in einem Behälter oder beispielsweise die Temperatur eines Ofens zu regeln. Hier besteht das Ziel darin, einen Regler zu entwerfen, der die Temperatur auf dem gewünschten Soll-Temperaturwert hält. Wenn sich beispielsweise die gemessene Temperatur ändert, unternimmt der Regler alle notwendigen Schritte, um die Systemtemperatur auf dem Sollwert zu halten. Aber auch wenn der Sollwert geändert wird, sorgt die Regelung dafür, dass Soll- und Istwert gleich bleiben. Die Regelung erhält ihre Eingabewerte von Temperatursensoren und liefert eine Ausgabegröße, die üblicherweise eine Heizung oder einen Lüfter steuert.

## 7.2 Temperaturregler

Grundsätzlich sind drei Arten von Temperaturreglern gebräuchlich. Diese werden nachfolgend genauer beschrieben.

**EIN-AUS-Temperaturregelung bzw. Zweipunktregler**

Dies ist wohl die einfachste Form eines Temperaturreglers. Hierbei ist der Ausgang des Reglers entweder ein- oder ausgeschaltet. Eine Heizung wird üblicherweise über ein Relais mit dem Zweipunktregler verbunden. Liegt die gemessene Temperatur über dem Sollwert, wird das Relais und damit die Heizung abgeschaltet. Liegt die gemessene Temperatur hingegen unter dem Sollwert, wird das Relais und damit die Heizung eingeschaltet.

Ein Nachteil dieses Verfahrens besteht darin, dass die Temperatur nicht sehr genau kontrolliert werden kann. Zudem wird durch das schnelle Wechseln des Relais seine Lebensdauer verkürzt. Eine Technik, die bei Zweipunktregelungen häufig verwendet wird, besteht darin, dem Regelkreis eine Hysterese hinzuzufügen. Mit Hysterese darf die gemessene Temperatur den Sollwert um einen gewissen Betrag überschreiten, bevor das Relais ausgeschaltet wird. In ähnlicher Weise darf die gemessene Temperatur um einen gewissen Betrag unter den Sollwert fallen, bevor das Relais wieder eingeschaltet wird. Wenn der Sollwert beispielsweise 20 °C beträgt, kann eine 2 °C-Hysterese verwendet werden, sodass das Relais erst ausschaltet, wenn die Temperatur 22 °C erreicht, und erst dann wieder einschaltet, wenn die Temperatur unter 18 °C fällt. Obwohl diese Technik das schnelle Takten des Relais verhindert, hat sie den Nachteil, dass die Ausgangstemperatur zwischen den beiden Grenzen des Hysteresebereichs schwankt. Die Regelfunktion zeigt also ein regelmäßiges Über- und Unterschreiten des Sollwerts.

Die Zweipunktregelung wird verwendet, wenn keine präzise Temperaturkonstanz erforderlich ist. Auch in Temperaturalarmsystemen, bei denen ein Alarm erzeugt wird, wenn die Temperatur über oder unter vorgegebene Werte fällt kann sie zum Einsatz kommen.

**Proportionale Temperaturregelung**

Diese Regelungsmethode arbeitet ähnlich wie das Ein-Aus-Verfahren. Jedoch wird hier die der Heizung zugeführte Leistung verringert, wenn sich die gemessene Temperatur dem Sollwert nähert. Auf diese Weise überschreitet die gemessene Temperatur den Sollwert nicht.

So kann eine eng tolerierte Temperaturkonstanz erreicht werden. Weit unterhalb des Sollwertes wird die Heizung wie bei der Zweipunktregelung mit voller Leistung beaufschlagt.

**PID Temperaturregelung**
Dies ist bei weitem die beste Methode zur Temperaturregelung, da hiermit eine präzise Regelung der Temperatur möglich ist. Wie in den vorangegangenen Kapiteln gezeigt wurde, müssen die PID-Parameter für eine optimale Regelung einer Anlage richtig gewählt werden. D. h. die PID muss korrekt abgestimmt sein. Die PID-Regelung wird in Temperaturanwendungen verwendet, wie z. B. in Heizöfen, Hochöfen und Chemieanlagen, in welchen eine genaue Temperaturregelung mit schneller Reaktion auf die eingestellte Solltemperatur oder gemessene Temperaturänderungen erforderlich ist. In den verbleibenden Abschnitten dieses Kapitels untersuchen wir Zweipunkttemperaturregler mit dem Arduino Uno und dem Raspberry Pi.

## 7.3 Projekt 1: EIN-AUS-Temperaturregelung mit Arduino Uno

**Beschreibung:** In diesem Projekt implementieren wir einen EIN-AUS-Regelalgorithmus zur Regelung der Temperatur in einem Raum. In diesem Projekt ist die gewünschte Temperatur („SetTemp") der Einfachheit halber im Programm festgelegt.

**Blockdiagramm:** Abbildung 7.1 zeigt das Blockdiagramm des Projekts. Ein Relais, das die Heizung ein- und ausschaltet wird vom Arduino Uno gesteuert. Eine rote LED zeigt an, wenn das Relais (d. h. die Heizung) eingeschaltet ist. Die Raumtemperatur wird unter Verwendung eines analogen Halbleiter-Temperatursensors vom Typ TMP36 erfasst.

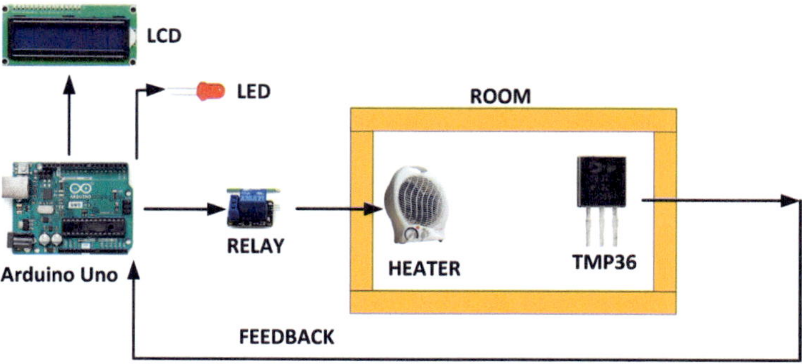


*Abbildung 7.1: Blockdiagramm des Projekts*

**Schaltplan:** Der Schaltplan des Projekts ist in Abbildung 7.2 dargestellt. In diesem Projekt wird ein LCD mit dem integrierten I²C-Controller-Chip vom Typ PCF8574T verwendet. Die Schnittstelle zwischen dem Arduino Uno und den externen Komponenten sieht wie folgt aus (Masse- und Stromversorgungspins sind nicht dargestellt):

| Externe Komponente | Arduino Uno-Port |
|---|---|
| TMP36 | A0 |
| RELAIS (Stift S) | 2 |
| Leuchtdiode | 3 |
| LCD | SDA, SCL |

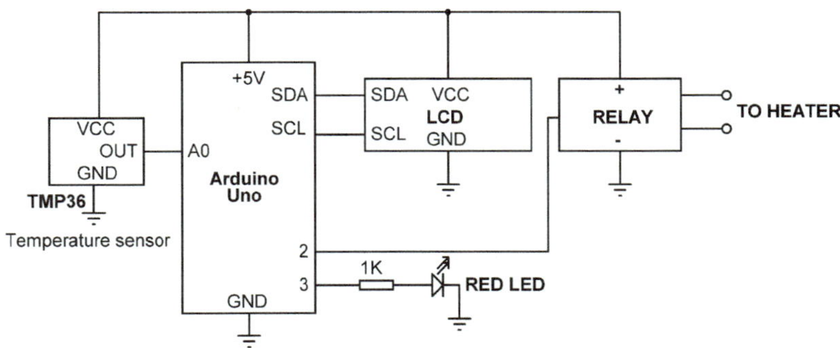


*Abbildung 7.2: Schaltplan des Projekts*

I²C LCD: Der Arduino Uno hat einen I²C-Bus-Anschluss an den folgenden Pins:

| | | |
|---|---|---|
| A4 | SDA | auch in der Nähe des AREF-Stifts markiert |
| A5 | SCL | auch in der Nähe des AREF-Stifts markiert |

Wie in Abbildung 7.3 gezeigt, wird die I²C-Adresse des PCF8574T-Chips durch 3 Jumper mit der Bezeichnung A0, A1 und A2 auf der Steuerplatine ausgewählt. Standardmäßig ist die Adresse auf 0x27 eingestellt (d. h. es ist keine Jumper-Verbindungen gesteckt), aber die tatsächlich vorliegende LCD-Adresse kann auch anders lauten.

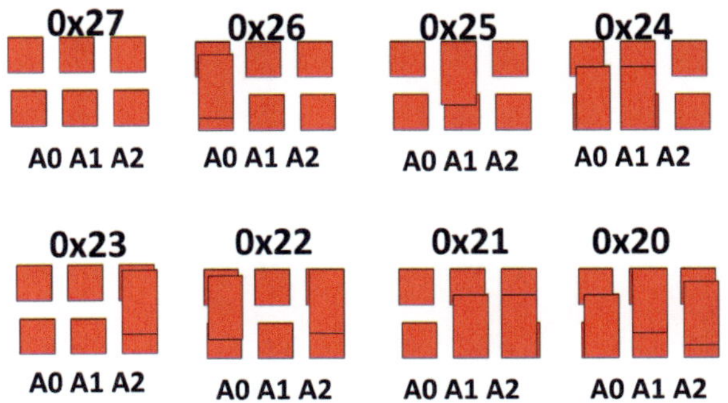


*Abbildung 7.3: Auswahl der LCD-I²C-Adresse*

Bevor das I²C LCD verwendet wird, muss die I²C-Bibliothek zur IDE hinzugefügt werden. Bibliotheken werden oft als ZIP-Dateien oder -Ordner verteilt, wobei der Name des Ordners mit dem Namen der Bibliothek übereinstimmt. Innerhalb des Ordners befinden sich eine .cpp-Datei, eine .h-Datei, eine keywords.txt-Datei, ein Beispielordner und andere Dateien, die eventuell von der Bibliothek benötigt werden. Sie sollten die Bibliothek nicht entpacken.

Die Schritte zum Hinzufügen der I²C LCD-Bibliothek sind wie folgt:

- Navigieren Sie zur folgenden Website, die die Bibliotheksdatei zur Verfügung stellt (die Datei ist auch im Support-Softwarepaket zum Buch enthalten): https://www.arduinolibraries.info/libraries/liquid-crystal-i2c

- Laden Sie die Datei **LiquidCrystal_I2C-1.1.2.zip** in einen Ordner auf Ihrem PC
- Starten Sie die IDE
- Klicken Sie auf **Sketch → Include Library → Add .ZIP Library**
- Wählen Sie die gespeicherte Bibliotheksdatei aus und klicken Sie auf „öffnen“
- Kehren Sie zum Menü **Sketch → Include Library** zurück. Sie sollten dort die neue Bibliothek unten im Dropdown-Menü sehen
- Um zu testen, ob die Bibliothek erfolgreich hinzugefügt wurde, geben Sie in einem neu erstellten Programm folgende Zeilen ein:

```
#include <Wire.h>
#include <LiquidCrystal_I2C.h>

void setup()
{

}

void loop()
{
}
```

- Kompilieren Sie das Programm. Dabei sollten keine Fehler auftreten.

Die I²C LCD-Bibliothek unterstützt viele Funktionen. Einige am häufigsten verwendete Funktionen sind:

| | |
|---|---|
| init(): | Initialisierung des **LCDs (Dies muss immer der erste Funktionsaufruf sein)** |
| clear(): | Bildschirm löschen |
| home(): | Cursor in Home-Position bringen |
| noBlink(): | Blinken des Cursors beenden |
| blink(): | Blinkenden Cursor aktivieren |
| noCursor(): | Cursor verbergen |
| cursor(): | Cursor anzeigen |
| scrollDisplayLeft(): | Display nach links scrollen |
| scrollDisplayRight(): | Display nach rechts scrollen |
| noBacklight(): | Hintergrundbeleuchtung ausschalten |
| backlight(): | Hintergrundbeleuchtung einschalten |
| setCursor(column, row): | Cursorposition (0, 0) in der oberen linken Ecke |
| print(): | Daten auf dem LCD anzeigen |
| write(): | Daten zum LCD senden |

Die Adresse des I²C-LCD muss am Beginn des Programms festgelegt werden. Wenn zum Beispiel die Adresse 0x3F ist und das LCD 16 Spalten mal 2 Zeilen (d. h. 16×2) hat, dann gilt:

```
LiquidCrystal_I2C lcd(0x3F, 16, 2);
```

Nach der obigen Anweisung kann die LCD-Funktionen aufgerufen werden, indem sie mit dem Schlüsselwort lcd initialisiert wird, z. B. :

```
lcd.init();                    // initialize the lcd
```

oder um beispielsweise die Hintergrundbeleuchtung zu aktivieren:

```
lcd.backlight();               // Enable backlight
```

**Program listing**: Abbildung 7.4 zeigt das Programmlisting (Programm: **AONOFF1**). Zu Beginn des Programms wird SetTemp auf 20,0 Grad C eingestellt, der LED und dem RELAIS werden die Portnummern 3 bzw. 2 zugewiesen. Innerhalb der Funktion setup() werden sowohl RELAY als auch LED als Ausgänge konfiguriert und zunächst deaktiviert. Die Ausgangsspannung des Temperatursensorchips TMP36 ist proportional zur Temperatur und ergibt sich aus:

$$T = (V_0 - 500) / 10$$

Wobei T die gemessene Temperatur in Grad C und $V_0$ die Sensorausgangsspannung in Millivolt ist. Innerhalb der Hauptprogrammschleife wird die Raumtemperatur vom ADC-Kanal A0 gelesen und anschließend mit der gewünschten Temperatur verglichen. Wenn die Raumtemperatur niedriger als die gewünschte Temperatur ist, werden sowohl die LED als auch das RELAIS aktiviert, sodass die Heizung eingeschaltet wird. Andernfalls werden sie deaktiviert, um die Heizung auszuschalten. Das Programm überprüft die Temperatur alle 10 Sekunden. SetTemp und RoomTemp werden auf dem LCD angezeigt, wie in Abbildung 7.5 gezeigt.

```
//---------------------------------------------------------------------
//                   ON-OFF TEMPERATURE CONTROL
//                   ==========================
//
// This is an ON-OFF temperature controller project. The ambient temperature
// is read and compared to the desired set value. If it is less than the set
// value then the relay and LED are activated, otherwise they are deactivated
//
// Author: Dogan Ibrahim
// File  : AONOFF1
// Date  : June, 2022
//---------------------------------------------------------------------
#include <Wire.h>
#include <LiquidCrystal_I2C.h>
```

```
LiquidCrystal_I2C lcd(0x27, 16, 2);

float SetTemp = 20.0;                       // Desired temperature
#define TMP36 A0                            // TMP36 at port A0
int raw;
int LED = 3;                                // LED at port 3
int RELAY = 2;                              // RELAY at port 2

void setup()
{
    pinMode(LED, OUTPUT);                   // LED is output
    pinMode(RELAY, OUTPUT);                 // RELAY is output
    digitalWrite(LED, LOW);                 // LED OFF at beginning
    digitalWrite(RELAY, LOW);               // RELAY OFF at beginning
    lcd.init();                             // Initialize LCD
    lcd.backlight();                        // Backlight ON
}

void loop()
{
  raw = analogRead(TMP36);                  // Read temperature
  float mV = 5000.0 * raw / 1023.0;         // in mV
  float RoomTemp = (mV-500.0) / 10.0;       // Room temperature in C

  lcd.clear();                              // Clear LCD
  lcd.setCursor(0, 0);
  lcd.print(" SetTemp = ");                 // Display SetTemp =
  lcd.print(SetTemp);                       // Display SetTEmp
  lcd.setCursor(0, 1);
  lcd.print("RoomTemp = ");                 // Display RoomTemp =
  lcd.print(RoomTemp);                      // Display RoomTemp

  if(SetTemp > RoomTemp)                    // If cold
  {
    digitalWrite(LED, HIGH);                // LED ON
    digitalWrite(RELAY, HIGH);              // RELAY ON

  }
  else
  {
    digitalWrite(LED, LOW);                 // LED OFF
    digitalWrite(RELAY, LOW);               // RELAY OFF
  }
  delay(10000);                             // Wait 10 seconds
}
```

*Abbildung 7.4: Programm:* ***AONOFF1***

*Abbildung 7.5: Das LC-display*

## 7.4 Projekt 2: EIN-AUS-Temperaturregelung mit Hysterese und Arduino Uno

**Beschreibung:** Dieses Projekt ist Projekt 1 sehr ähnlich, jedoch wird hier die Temperatur zwischen zwei Werten TLOW und THIGH gehalten. In diesem Projekt sind TLOW und THIGH auf 25 °C bzw. 27 °C eingestellt.

Das Blockdiagramm und das Schaltbild des Projekts entsprechen den Abbildungen 7.1 bzw. 7.2

**Programmlisting**: Abbildung 7.6 zeigt das Programmlisting (Programm: **AONOFF2**). Dieses Programm ist dem in Abbildung 7.4 gezeigten sehr ähnlich, aber hier wird die Temperatur zwischen TLOW und THIGH gehalten. Wenn die Raumtemperatur gleich oder niedriger als TLOW ist, wird das Relais aktiviert. Wenn andererseits die Raumtemperatur höher oder gleich THIGH ist, wird das Relais deaktiviert. Abbildung 7.7 zeigt die LCD-Ausgabe.

```
//----------------------------------------------------------------------------
//                ON-OFF TEMPERATURE CONTROL WITH HYSTERESIS
//                ==========================================
//
// This is an ON-OFF temperature controller project. The ambient temperature
// is read and compared to TLOW. If it is lower than or equal to TLOW then the
// relay is activated. If on the other hand it is higher than or equal to THIGH
// then the relay is deactivated.
//
// Author: Dogan Ibrahim
// File  : AONOFF2
// Date  : June, 2022
//-----------------------------------------------------------------------------
#include <Wire.h>
#include <LiquidCrystal_I2C.h>
LiquidCrystal_I2C lcd(0x27, 16, 2);

float TLOW = 25.0;                                  // Low limit
float THIGH = 27.0;                                 // High limit
#define TMP36 A0                                    // TMP36 at port A0
int raw;
int LED = 3;                                        // LED at port 3
int RELAY = 2;                                      // RELAY at port 2
```

```
void setup()
{
    pinMode(LED, OUTPUT);                          // LED is output
    pinMode(RELAY, OUTPUT);                        // RELAY is output
    digitalWrite(LED, LOW);                        // LED OFF at beginning
    digitalWrite(RELAY, LOW);                      // RELAY OFF at beginning
    lcd.init();                                    // Initialize LCD
    lcd.backlight();                               // Backlight ON
}

void loop()
{
  raw = analogRead(TMP36);                         // Read temperature
  float mV = 5000.0 * raw / 1023.0;                // in mV
  float RoomTemp = (mV-500.0) / 10.0;              // Room temperature in C

  lcd.clear();                                     // Clear LCD
  lcd.setCursor(0, 0);
  lcd.print("TLH=");                               // Display TLH=
  lcd.print(TLOW);                                 // Display TLOW
  lcd.print("-");                                  // Display -
  lcd.print(THIGH);                                // Display THIGH
  lcd.setCursor(0, 1);
  lcd.print("RoomTemp = ");                        // Display RoomTemp =
  lcd.print(RoomTemp);                             // Display RoomTemp

  if(RoomTemp <= TLOW)                             // If lower or equal
  {
    digitalWrite(LED, HIGH);                       // LED ON
    digitalWrite(RELAY, HIGH);                     // RELAY ON

  }
  else
  {
    if(RoomTemp >= THIGH)                          // If greater or equal
    {
      digitalWrite(LED, LOW);                      // LED OFF
      digitalWrite(RELAY, LOW);                    // RELAY OFF
    }
  }
  delay(10000);                                    // Wait 10 seconds
}
```

*Abbildung 7.6: EIN-AUS-Regelung mit Hysterese*

*Abbildung 7.7: Die LCD-Ausgabe*

## 7.5 Projekt 3: EIN-AUS-Temperaturregelung mit Tastensteuerung – Arduino Uno

**Beschreibung:** Dieses Projekt funktioniert ähnlich wie Projekt 1, jedoch wird hier die gewünschte Solltemperatur (SetTemp) über Taster eingestellt. Es werden drei Tasten mit den Bezeichnungen UP, DOWN und START verwendet. SetTemp ist zu Beginn auf 20 °C eingestellt. Durch Drücken von UP wird SetTemp erhöht, durch Drücken von DOWN wird der Sollwert verringert. Wenn der Benutzer mit dem gewünschten SetTemp-Wert zufrieden ist, kann die START-Taste gedrückt werden, um den Temperaturregler zu starten.

**Blockdiagramm:** Abbildung 7.8 zeigt das Blockdiagramm des Projekts.

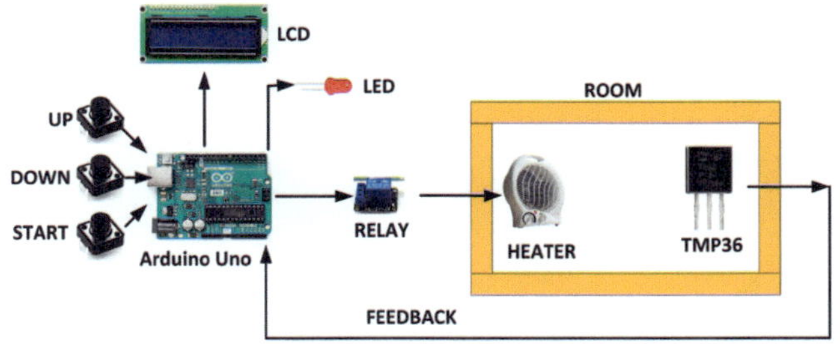


*Abbildung 7.8: Blockdiagramm des Projekts*

**Schaltplan:** Der Schaltplan des Projekts ist in Abbildung 7.9 dargestellt. Die Steuertasten UP, DOWN und START sind mit den Pins 4, 5 und 6 des Arduino Uno-Ports verbunden. Der Ausgangszustand der Taster ist auf logisch 1 gelegt und geht bei Betätigung auf logisch 0. Das LCD, das Relais und die LED werden wie in Projekt 1 angeschlossen.

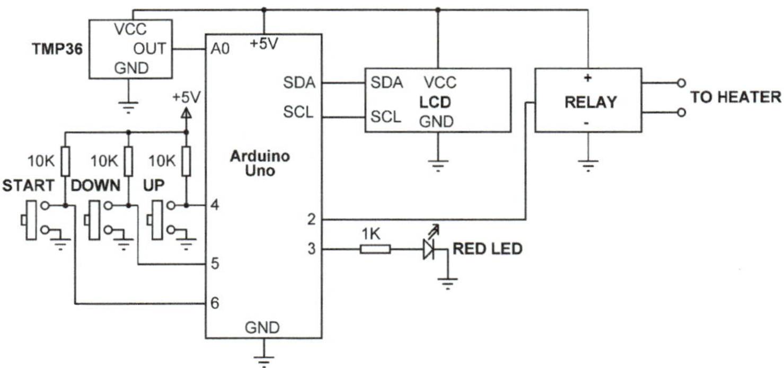


*Abbildung 7.9:Schaltplan des Projekts*

**Programmlisting:** Abbildung 7.10 zeigt das Programmlisting (Programm: **AONOFF3**). Die Funktion **Desired()** steuert die Schaltaktionen. Wenn das Programm läuft, wird der Standardwert von SetTemp (20 ºC) angezeigt. Durch Drücken der Taste UP wird die SetTemp um eins erhöht, während sie durch Drücken der Taste DOWN um eins verringert wird. Durch Drücken der START-Taste wird der Controller gestartet. Die Steueraktionen entsprechen Projekt 1. Der SetTemp-Wert wird mit dem gemessenen Wert (RoomTemp) verglichen und das Relais wird ein- oder ausgeschaltet, um die Heizung zu ensprechend steuern. Um einen anderen SetTemp-Wert einzustellen, muss das Programm neu gestartet werden. Die Steueraktion wird alle 10 Sekunden durchgeführt.

```
//----------------------------------------------------------------------
//            ON-OFF TEMPERATURE CONTROL - SetTemp with buttons
//            =================================================
//
// This is an ON-OFF temperature controller project. In this version of the
// project the SetTemp is set using buttons
//
// Author: Dogan Ibrahim
// File  : AONOFF3
// Date  : June, 2022
//-----------------------------------------------------------------------
#include <Wire.h>
#include <LiquidCrystal_I2C.h>
LiquidCrystal_I2C lcd(0x27, 16, 2);

float SetTemp = 20.0;                               // Initial SetTEmp
#define TMP36 A0                                    // TMP36 at port A0
int raw;
int LED = 3;                                        // LED at port 3
int RELAY = 2;                                      // RELAY at port 2
int UP = 4;                                         // UP at 4
int DOWN = 5;                                       // DOWN at 5
int START = 6;                                      // START at 6
int ExitFlag = 0;

void setup()
{
    pinMode(LED, OUTPUT);                           // LED is output
    pinMode(RELAY, OUTPUT);                         // RELAY is output
    pinMode(UP, INPUT);                             // Button is input
    pinMode(DOWN, INPUT);                           // Button is input
    pinMode(START, INPUT);                          // Button is input
    digitalWrite(LED, LOW);                         // LED OFF at beginning
    digitalWrite(RELAY, LOW);                       // RELAY OFF at beginning
    lcd.init();                                     // Initialize LCD
    lcd.backlight();                                // Backlight ON
```

```
    Desired();
}

//
// This function sets the desired temperature using buttons
//
void Desired()
{
  lcd.clear();
  while(ExitFlag == 0)
  {
    lcd.setCursor(0, 0);
    lcd.print("SetTemp = ");
    lcd.print(SetTemp);
    while(digitalRead(UP) == 1 && digitalRead(DOWN) == 1 && digitalRead(START)==
1);
    if(digitalRead(UP) == 0)
    {
      SetTemp++;
      while(digitalRead(UP) == 0);
    }
    else if(digitalRead(DOWN) == 0)
    {
      SetTemp--;
      while(digitalRead(DOWN) == 0);
    }
    delay(10);

    if(digitalRead(START) == 0)ExitFlag = 1;
  }
}

void loop()
{
  raw = analogRead(TMP36);                          // Read temperature
  float mV = 5000.0 * raw / 1023.0;                 // in mV
  float RoomTemp = (mV-500.0) / 10.0;               // Room temperature in C

  lcd.clear();                                      // Clear LCD
  lcd.setCursor(0, 0);                              // Cursor at 0,0
  lcd.print("SetTemp = ");                          // Display SetTemp
  lcd.print(SetTemp);
  lcd.setCursor(0, 1);                              // Cursor at (0,1
  lcd.print("RoomTemp= ");                          // Display RoomTemp =
  lcd.print(RoomTemp);                              // Display RoomTemp
```

```
  if(RoomTemp < SetTemp)                              // If lower
  {
    digitalWrite(LED, HIGH);                          // LED ON
    digitalWrite(RELAY, HIGH);                        // RELAY ON

  }
  else
  {
      digitalWrite(LED, LOW);                         // LED OFF
      digitalWrite(RELAY, LOW);                       // RELAY OFF
  }
  delay(10000);                                       // Wait 10 seconds
}
```

*Abbildung 7.10: Programm:* **AONOFF3**

## 7.6 Projekt 4: EIN-AUS-Temperaturregelung mit Drehgeber und Arduino Uno

**Beschreibung:** Dieses Projekt ähnelt den vorherigen Temperaturregelungsprojekten, jedoch wird jetzt ein Drehgeber verwendet, um den SetTemp-Wert einzustellen. Anfangs ist SetTemp auf 20ºC eingestellt. Durch Drehen des Drehgebers kann der SetTemp-Wert erhöht oder verringert werden.

**Blockdiagramm:** Abbildung 7.11 zeigt das Blockdiagramm des Projekts.

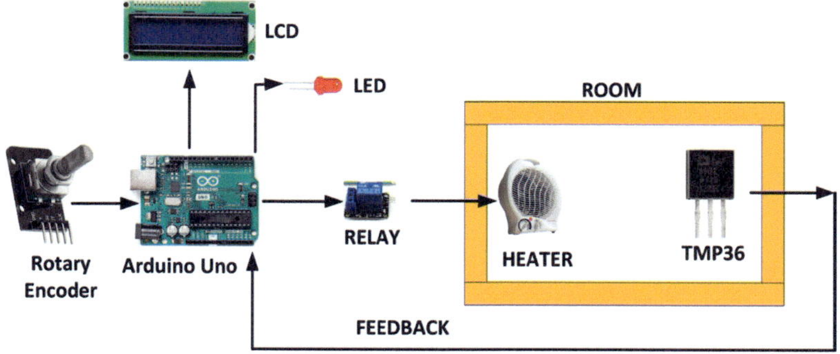


*Abbildung 7.11 Blockdiagramm des Projekts*

Ein Drehgeber (Abbildung 7.12) sieht ähnlich aus wie ein Potentiometer. Es werden sowohl die Drehung selbst als auch die Drehrichtung des Bedienknopfes erkannt. Das Gerät verfügt über zwei interne Kontakte, die beim Drehen des Knopfes einen Kontakt schließen oder unterbrechen. Wenn der Knopf gedreht wird, ist ein Klicken zu spüren, das anzeigt, dass der Knopf um eine Position gedreht wurde. Mit einer einfachen Logik ist die Drehrichtung bestimmbar.

Ein Drehgeber hat folgende Pins:

- **GND:** Masse der Stromversorgung
- **Vcc (+):** Stromversorgung
- **CLK:** Ausgangspin zur Erfassung der Drehknopfrotation
  Jedes Mal, wenn der Knopf um einen Klick in eine Richtung gedreht wird, geht der CLK-Ausgang auf HIGH und dann wieder auf LOW
- **DT:** Dies ist ein ähnlicher Ausgang wie der CLK-Pin, jedoch um 90 Grad relativ zu CLK versetzt. Dieser Ausgang wird verwendet, um die Drehrichtung zu bestimmen
- **SW:** Dies ist eine LOW-aktive -Taste. Wenn der Knopf des Drehgebers gedrückt wird, geht diese Spannung auf LOW

*Abbildung 7.12 Drehgeber*

In unserem Projekt erhöht (oder verringert) jede Drehung (d. h. jeder Klick) des Knopfs den SetTemp-Wert um 1 °C. Durch Drehen des Knopfes in eine Richtung wird der Wert um eins erhöht, während er durch Drehen in die andere Richtung um eins verringert wird. Wenn der gewünschte Wert erreicht ist, muss der Benutzer den Knopf drücken, damit die Regelungsfunktion aktiviert wird.

**Schaltplan:** Die Verbindungen zwischen dem Arduino Uno und den externen Komponenten sieht wie folgt aus (Stromversorgung und GND-Anschlüsse sind nicht dargestellt):

| **Externe Komponente** | **Arduino Uno-Port** |
| --- | --- |
| Leuchtdiode | 3 |
| Relais | 2 |
| LCD | SCL, SDA |
| TMP36A | 0 |
| Encoder CLK | 4 |
| Encoder DT | 5 |
| Encoder-SW | 6 |

Der Schaltplan des Projekts ist in Abbildung 7.13 dargestellt.

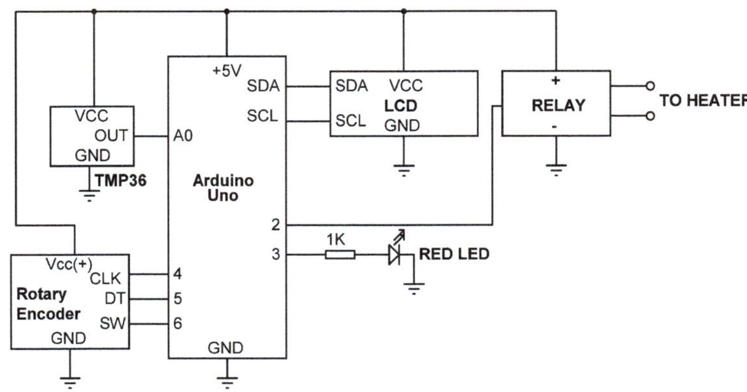


*Abbildung 7.13: Schaltplan des Projekts*

**Programmlisting:** Abbildung 7.14 zeigt das Programmlisting (Programm: **AONOFF4**). Zu Beginn des Programms werden die Schnittstellen zwischen Arduino Uno und externen Komponenten definiert und die im Programm verwendeten Variablen initialisiert.

Innerhalb der setup()-Funktion werden LED und RELAY als Ausgänge und die Drehgeber-Pins als Eingänge konfiguriert. Die LED und das RELAIS werden zu Beginn des Programms ausgeschaltet und das LCD wird initialisiert. Das Programm ruft dann die Funktion Rotary() auf. Diese Funktion erfasst die Encoderwerte des Drehgebers, und erhöht oder reduziert die Variable SetTemp, je nachdem, in welche Richtung der Knopf des Drehgebers gedreht wird. Wenn der Benutzer mit dem SetTemp-Wert zufrieden ist, muss der Drehgeberknopf gedrückt werden. Nach dem Lesen des SetTemp-Werts ist der Rest des Programms identisch mit Projekt 1.

```
//----------------------------------------------------------------------------
//          ON-OFF TEMPERATURE CONTROL - SetTemp with Rotary Encoder
//          ========================================================
//
// This is an ON-OFF temperature controller project. In this version of the
// project the SetTemp is set using a rotary encoder
//
// Author: Dogan Ibrahim
// File  : AONOFF4
// Date  : June, 2022
//-----------------------------------------------------------------------------
#include <Wire.h>
#include <LiquidCrystal_I2C.h>
LiquidCrystal_I2C lcd(0x27, 16, 2);

float SetTemp = 20.0;                               // Initial SetTEmp
#define TMP36 A0                                    // TMP36 at port A0
int raw;
int LED = 3;                                        // LED at port 3
```

```
int RELAY = 2;                                  // RELAY at port 2
int CLK = 4;                                    // CLK pin
int DT = 5;                                     // DT pin
int SW = 6;                                     // SW pin
int flag = 1;
int ClkState, ClkOldState, DTState, SWState;

void setup()
{
    pinMode(LED, OUTPUT);                       // LED is output
    pinMode(RELAY, OUTPUT);                     // RELAY is output
    pinMode(CLK, INPUT);                        // CLK is input
    pinMode(DT, INPUT);                         // DT is input
    pinMode(SW, INPUT_PULLUP);                  // SW is input
    digitalWrite(LED, LOW);                     // LED OFF at beginning
    digitalWrite(RELAY, LOW);                   // RELAY OFF at beginning
    lcd.init();                                 // Initialize LCD
    lcd.backlight();                            // Backlight ON
    Rotary();
}

//
// This functon reads the rotary encoder value as the encoder arm
// is rotated. The SetTemp value in changes by 1 (incremented or
// decremented at each click of the rotary encoder).
//
void Rotary()
{
  ClkOldState = digitalRead(CLK);
  lcd.clear();                                  // Clear LCD
  lcd.setCursor(0, 0);                          // Cursor at 0,0
  lcd.print("SetTemp:");                        // Display SetTemp
  lcd.setCursor(0, 1);                          // Cursor at 0,1
  lcd.print(SetTemp);                           // Display initial value

  while(flag == 1)
  {
    ClkState = digitalRead(CLK);
    DTState = digitalRead(DT);
    if(ClkState != ClkOldState && ClkState == 1)
    {
      if(DTState != ClkState)
        SetTemp++;                              // Increment SetTemp
      else
      {
        SetTemp--;                              // Decrement SetTemp
```

```
        if(SetTemp == 0)SetTemp = 20;              // Back to 20 if 0
      }
      lcd.setCursor(0, 1);                         // Cursor at 0,1
      lcd.print("      ");                         // Delete
      lcd.setCursor(0, 1);                         // Cursor back at 0,1
      lcd.print(SetTemp);                          // Display SetTEmp
    }
    ClkOldState = ClkState;
    SWState = digitalRead(SW);                     // Read stste of SW button
    if(SWState == 0)flag = 0;                      // Exit Rotary() function
  }
}


void loop()
{
  raw = analogRead(TMP36);                         // Read temperature
  float mV = 5000.0 * raw / 1023.0;                // in mV
  float RoomTemp = (mV-500.0) / 10.0;              // Room temperature in C

  lcd.clear();                                     // Clear LCD
  lcd.setCursor(0, 0);                             // Cursor at 0,0
  lcd.print("SetTemp = ");                         // Display SetTemp
  lcd.print(SetTemp);
  lcd.setCursor(0, 1);                             // Cursor at (0,1
  lcd.print("RoomTemp= ");                         // Display RoomTemp =
  lcd.print(RoomTemp);                             // Display RoomTemp

  if(RoomTemp < SetTemp)                           // If lower
  {
    digitalWrite(LED, HIGH);                       // LED ON
    digitalWrite(RELAY, HIGH);                     // RELAY ON

  }
  else
  {
      digitalWrite(LED, LOW);                      // LED OFF
      digitalWrite(RELAY, LOW);                    // RELAY OFF
  }
  delay(10000);                                    // Wait 10 seconds
}
```

*Abbildung 7.14: Programm: AONOFF4*

Abbildung 7.15 zeigt das LCD-Display, wenn das Programm zum ersten Mal ausgeführt wird. Der voreingestellte Temperaturwert von 20 °C wird angezeigt, bis der Drehgeber betätigt wird.

*Abbildung 7.15: Anfängliche LCD-Anzeige*

## 7.7 Projekt 5: EIN-AUS-Temperaturregelung mit Raspberry Pi 4

**Beschreibung:** In diesem Projekt wird der Raspberry Pi 4 für eine EIN-AUS-Temperaturregelung verwendet. Wie in Projekt 1 wird der gewünschten SetTemp-Wert in der Software fest codiert.

**Blockdiagramm:** Abbildung 7.16 zeigt das Blockdiagramm des Projekts. Diese Abbildung ist Abbildung 7.1 sehr ähnlich. Jedoch wird hier ein externer ADC-Chip verwendet, um die analoge Temperaturausgabe des TMP36-Sensors in digitale Werte umzuwandeln. Dies ist erforderlich, da der Raspberry Pi keine ADC-Kanäle besitzt und daher externe ADC-Chips verwendet werden müssen, um analoge Sensoren mit dem Raspberry Pi zu verbinden.

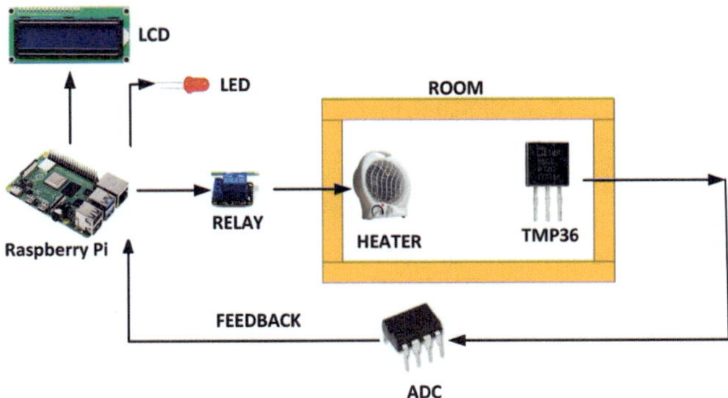


*Abbildung 7.16: Blockdiagramm des Projekts*

**Schaltplan:** In diesem Projekt wird der ADC-Chip MC3002 verwendet (Abbildung 7.17). Dieser Chip hat folgende Eigenschaften:

- 10-Bit-Auflösung (Ausgabewerte: 0 bis 1023)
- On-Chip-Sample-and-Hold-Schaltung
- SPI-Bus-kompatibel
- Großer Spannungsersorgungsbereich (+2,7 bis +5,5 V)
- 75 ksps Abtastrate
- 8-poliges Gehäuse
- 5 nA Ruhestrom, 50 µA im aktiven Betrieb

Der MCP3002 ist ein 10-Bit-ADC mit integrierter Abtast- und Halteschaltung. Er arbeitet nach dem Verfahren der sukzessiven Approximation. Der Chip ist so programmierbar, dass er entweder mit Differenzeingang oder mit dualem Single-Ended-Eingängen arbeitet. Die Pin-Definitionen lauten wie folgt:

| | |
|---|---|
| Vdd/Vref: | Stromversorgung und Referenzspannungseingang |
| CH0: | Analogeingang Kanal 0 |
| CH1: | Analogeingang Kanal 1 |
| CLK: | SPI-Takteingang |
| DIN: | Serieller SPI-Dateneingang |
| DOUT: | Serieller SPI-Datenausgang |
| CS/SGDN: | Chip-Select/Shutdown-Eingang |

In diesem Projekt liegen Versorgungs- und die Referenzspannung auf +3,3 V. Somit ist der digitale Ausgabewert gegeben durch:

Digitaler Ausgabewert = 1024 × Vin / 3,3

oder

Digitaler Ausgabewert = 310,30 × Vin

Jede Quantisierungsstufe entspricht also 3300 mV/1024 = 3,22 mV.

So entspricht beispielsweise den digitale Eingangsdaten „00 00000001" ein Spannungswert von 3,22 mV. Der Digitalwert „00 00000010" entspricht dann 6,44 mV und so weiter.

Der MCP3002 hat zwei Konfigurationsbits: SGL/DIFF und ODD/SIGN. Diese Bits bestimmen das Vorzeichen und werden zur Auswahl der Eingangskanalkonfiguration verwendet. SGL/DIFF wird verwendet, um Single-Ended- oder Differential-Modus auszuwählen. Das ODD/SIGN-Bit wählt aus, welcher Kanal im Single-Ended-Modus verwendet wird, und wird verwendet, um die Polarität im Differentialmodus zu bestimmen. In diesem Projekt verwenden wir den Kanal CH0 im Single-Ended-Modus. Gemäß dem MCP3002-Datenblatt müssen SGL/DIFF und ODD/SIGN auf 1 bzw. 0 gesetzt werden.

*Abbildung 7.17: Der ADC-Chip MCP3002*

Beachten Sie, dass Raspberry Pi-Pins nicht +5 V-tolerant sind. Das I²C-LCD arbeitet jedoch mit +5 V und seine SDA- und SCL-Pins werden auf +5 V gezogen. Es ist im Allgemeinen keine gute Idee, das LCD direkt an den Raspberry Pi anzuschließen da dann dessen E/A-Schaltung beschädigt werden kann. Hier gibt es mehrere Lösungen. Eine Lösung besteht darin, die I²C-Pullup-Widerstände auf dem LCD-Modul zu entfernen. Die andere Option ist die Verwendung einer I²C-Version, die mit +3,3 V arbeitet. Die andere Lösung ist die Verwendung eines bidirektionalen +3,3 V zu +5 V-Logikpegelwandler-Chips. In diesem Projekt verwenden wir den bidirektionalen Logikpegelwandler-Chip TXS0102, wie in Abbildung 7.18 gezeigt.

*Abbildung 7.18: Logikpegelwandler*

Der Schaltplan des Projekts ist in Abbildung 7.19 dargestellt. Die Schnittstelle zwischen dem Raspberry Pi 4 und den externen Geräten ist wie folgt zu verdrahten (Strom- und Masseanschlüsse sind nicht dargestellt):

| **Externes Gerät** | **Raspberry Pi 4-Port** | **Raspberry Pi Pin-Nr** |
|---|---|---|
| RELAIS | GPIO17 | 11 |
| ADC DIN | GPIO10 | 19 |
| ADC CLK | GPIO11 | 23 |
| ADC DOUT | GPIO9 | 21 |
| ADC CS | GPIO8 | 24 |
| LED | GPIO27 | 13 |
| LCD SCL | GPIO3 | 5 |
| LCD SDA | GPIO2 | 3 |

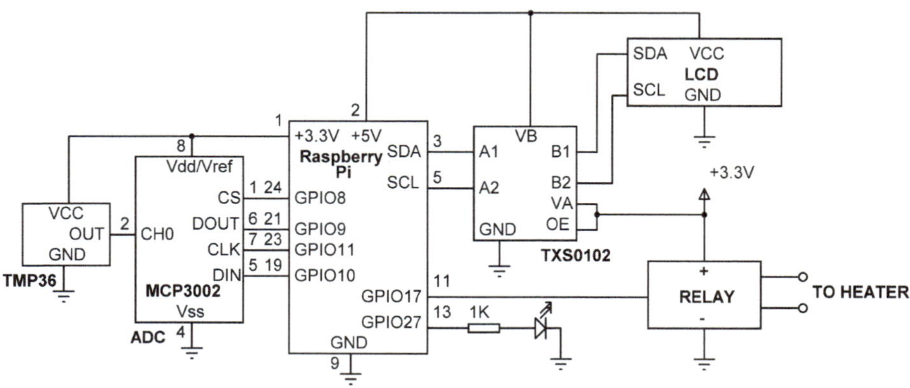


*Abbildung 7.19: Schaltplan des Projekts*

**Aktivieren der SPI- und I²C-Busse auf dem Raspberry Pi**

Der SPI-Bus des Raspberry Pi muss für die Verwendung des MC3002 aktiviert werden. Außerdem muss der I²C-Bus aktiviert sein, um das I²C-LCD verwenden zu können. Die Schritte dazu sind:

- Starten Sie den Raspberry Pi im Befehlsmodus
- Geben Sie sudo raspi-config ein
- Scrollen Sie nach unten zu Schnittstellenoptionen (Abbildung 7.20)

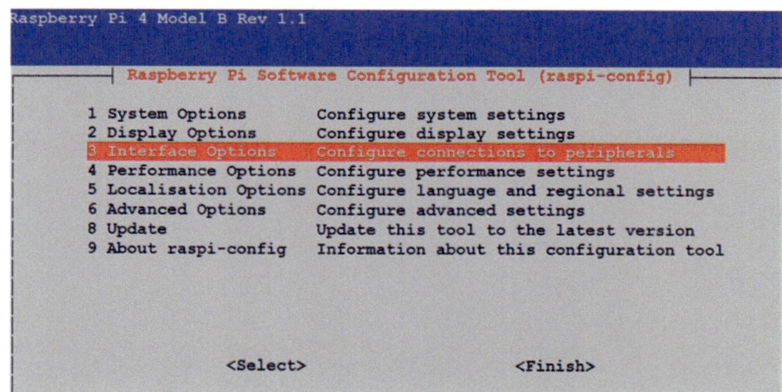


*Abbildung 7.20: Scrollen Sie nach unten zu Schnittstellenoptionen*

- SPI auswählen
- Wählen Sie <Ja>, um den Bus zu aktivieren und wählen Sie dann <OK>
- Wählen Sie erneut Schnittstellenoptionen
- Wählen Sie I²C.
- Wählen Sie <Ja>, um den Bus zu aktivieren und wählen Sie dann <OK>.
- Bewegen Sie den Cursor auf <Fertig> und drücken Sie zum Beenden die Eingabetaste
- Geben Sie den folgenden Befehl ein:

```
sudo apt install -y i2c-tools python3-smbus
```

- Starten Sie Ihren Raspberry Pi neu, indem Sie

```
sudo reboot
```

eingeben.

**Überprüfung der LCD-I²C-Adresse**

Nach dem Aufbau der Hardware sollten man den folgenden Befehl eingeben, um die Adresse des I²C-LCD zu überprüfen:

```
sudo i2cdetect -y 1
```

Sie sollten eine Anzeige wie in Abbildung 7.21 sehen. Die Adresse des verwendeten LCD-Autors war 0x27.

```
pi@raspberrypi:~ $ sudo i2cdetect -y 1
     0  1  2  3  4  5  6  7  8  9  a  b  c  d  e  f
00:                         -- -- -- -- -- -- -- --
10: -- -- -- -- -- -- -- -- -- -- -- -- -- -- -- --
20: -- -- -- -- -- -- -- 27 -- -- -- -- -- -- -- --
30: -- -- -- -- -- -- -- -- -- -- -- -- -- -- -- --
40: -- -- -- -- -- -- -- -- -- -- -- -- -- -- -- --
50: -- -- -- -- -- -- -- -- -- -- -- -- -- -- -- --
60: -- -- -- -- -- -- -- -- -- -- -- -- -- -- -- --
70: -- -- -- -- -- -- -- --
pi@raspberrypi:~ $ ▌
```

*Figure 7.21: Überprüfen der I²C LCD Adresse*

**Installieren der I²C-Bibliothek**

Bevor wir mit der Entwicklung der Regelungssoftware beginnen, muss eine I²C-LCD-Bibliothek installieren. Im Internet sind mehrere Bibliotheken verfügbar. Die vom Autor gewählte heißt RPLCD und kann wie folgt installiert werden:

```
        sudo pip3 install RPLCD
```

Die I²C-LCD-Bibliothek unterstützt die folgenden Funktionen (weitere Einzelheiten finden Sie in der Dokumentation zur RPLCD-I²C-LCD-Bibliothek):

| | |
|---|---|
| lcd_clear() | LCD löschen und Cursor auf Ausgangsposition setzen |
| cursor_pos = (Zeile, Spalte) | Cursor positionieren |
| lcd.write_string(text) | Textanzeige |
| lcd.write_string(text\r\n) | zeigt Text gefolgt von einer neuen Zeile an |
| lcd.home() | Cursor zur Home-Position |
| lcd.cr() | Wagenrücklauf einfügen |
| lcd.lf() | Zeilenvorschub einfügen |
| lcd.crlf() | Wagenrücklauf und Zeilenvorschub einfügen |

### Testen des I²C-Buses und des LC-Displays

Es lohnt sich, das LCD-Display zu testen, bevor man an die Entwicklung des Steuerungsprogramms geht. Dazu erstellt man das in Abbildung 7.22 gezeigte einfache Testprogramm (Programm: **lcdtest.py**), das den Text **MY LCD** an das LCD sendet.

Wird zum Erstellen des Programms ein Texteditor (z. B. **nano**) verwendet, kann man es ausführen, indem man den folgenden Befehl eingibt:

```
python3 lcdtest.py
```

Wenn Sie andererseits die Thonny IDE verwendet haben, kann man das Programm einfach über den „run"-Button ausführen.

```
#--------------------------------------
#
#       LCD TEST PROGRAM
#       ================
#
# Author: Dogan Ibrahim
# File  : lcdtest.py
# Date  : June, 2022
#--------------------------------------
from RPLCD.i2c import CharLCD
lcd=CharLCD('PCF8574', 0x27)

lcd.clear()
lcd.home
lcd.write_string("MY LCD")
```

*Abbildung 7.22: LCDtest-Programm*

### Testen des SPI-Busses

Um den SPI-Bus zu testen, geben Sie den Befehl ein:

```
sudo ls -l /dev/spidev*
```

Sie sollten die in Abbildung 7.23 gezeigte Anzeige erhalten.

```
pi@raspberrypi:~ $ sudo ls -l /dev/spidev*
crw-rw---- 1 root spi 153, 0 Jun 17 10:10 /dev/spidev0.0
crw-rw---- 1 root spi 153, 1 Jun 17 10:10 /dev/spidev0.1
```

*Abbildung 7.23: Testen des SPI-Busses*

### SPI-Bus-Funktionen

Python unterstützt die folgenden SPI-Bus-Funktionen:

| Funktion | Beschreibung |
|---|---|
| **open (0, 0):** | SPI-Bus 0 mit CE0 öffnen |
| **open (0, 1):** | SPI-Bus 0 mit CE1 öffnen |
| **close():** | Gerät vom SPI-Bus trennen |
| **writebytes([array of bytes]):** | Schreibt ein Array von Bytes auf das SPI-Bus-Gerät |
| **readbytes(len):** | Liest **len** Bytes vom SPI-Bus-Gerät |
| **xfer2([array of bytes]):** | Sendet ein Array von Bytes an das Gerät, wobei CEx jederzeit aktiviert ist |
| **xfer([array of bytes]):** | Sendet ein Array von Bytes, CEx werden mit jedem übertragenen Byte deaktiviert und bestätigt |

Nun ist alles bereit, um das Regelungssprogramm selbst zu entwickeln.

**Programmlisting:** Abbildung 7.24 zeigt das Python-Programmlisting des Raspberry Pi (Programm: **AONOFF5.py**). Zu Beginn des Programms werden die im Programm verwendeten Bibliotheksbausteine in das Programm importiert. SetTemp wird auf 33 °C eingestellt und die LED- und RELAIS-Ports werden definiert. Die Funktion Setup() konfiguriert LED und RELAY als Ausgänge und deaktiviert sie zu Beginn des Programms.

Die Funktion Get_ADC_Data() wird verwendet, um die analogen Daten vom Temperatursensorchip zu lesen, wobei die Kanalnummer (channel_no) im Funktionsargument als 0 oder 1 angegeben ist. Beachten Sie, dass Sie das Startbit senden müssen, gefolgt von der SGL /DIFF- und ODD/SIGN-Bits und das MSBF-Bit an den MCP3002-ADC-Chip. Es wird empfohlen, vor dem Startbit führende Nullen auf die Eingangsleitung zu senden. Dies wird häufig durchgeführt, wenn Mikrocontroller-basierte Systeme verwendet werden, die 8 Bits gleichzeitig senden müssen.

Die folgenden Daten können an den ADC (SGL/DIFF = 1 und ODD/SIGN = channel_no) als Bytes mit führenden Nullen für einen stabileren Taktzyklus gesendet werden. Das allgemeine Datenformat ist:

0000 000S DCM0 0000 0000 0000

Wobei S = Startbit, D = SGL/DIFF-Bit, C = ODD/SIGN-Bit und M = MSBF-Bit.

Für Kanal 0: 0000 0001 1000 0000 0000 0000 (0x01, 0x80, 0x00)

Für Kanal 1: 0000 0001 1100 0000 0000 0000 (0x01, 0xC0, 0x00)

Beachten Sie, dass das zweite Byte gesendet werden kann, indem 2 zur Kanalnummer addiert wird (um daraus 2 oder 3 zu machen) und dann 6 Bits nach links verschoben werden, wie oben gezeigt, um 0x80 oder 0xC0 zu erhalten. Der Chip gibt 24-Bit-Daten (d. h. 3 Bytes) zurück und Sie müssen die korrekten 10-Bit-ADC-Daten aus diesen 24-Bit-Daten extrahieren. Die 24-Bit-Daten haben das folgende Format („X" ist jeweils ein bedeutungsloses Bit):

XXXX DDDD DDDD DDXX

Unter der Annahme, dass die zurückgegebenen Daten in einer 24-Bit-Variablen ADC gespeichert sind, ergibt sich:

ADC[0] = „XXXX"
ADC[1] = „XXXX DDDD"
ADC[2] = „DDDD DDXX"

Somit können die 10-Bit-ADC-Daten mit den folgenden Operationen extrahieren werden:

(ADC[2] >> 2) also Low-Byte = „00DD DDDD"

und

(ADC[1] & 15) << 6) also High Byte = „DD DD00 0000"

Wenn Sie das Low-Byte und das High-Byte addieren, erhalten Sie die 10-Bit-konvertierten ADC-Daten als:

DD DDDD DDDD

Die vom ADC gelesenen Rohdaten werden in der Variablen adc gespeichert, die dann in eine physikalische Spannung in Millivolt umgewandelt und in der Variablen mv gespeichert wird. Dieser Wert wird in einen Temperaturwert in Grad Celsius umgewandelt, indem 500 subtrahiert und durch 10 geteilt wird. Dann wird der Wert in der Variablen "Temperatur" gespeichert. SetTemp wird mit der gemessenen Temperatur verglichen, und wenn der gemessene Wert kleiner als SetTemp ist, wird das RELAIS aktiviert. Diese schaltet die Heizung ein, um die Temperatur zu erhöhen. Gleichzeitig wird die LED eingeschaltet, um anzuzeigen, dass Strom an die Heizung angelegt wurde. Wenn die eingestellte Temperatur höher als die gemessene Temperatur ist, wird die entgegengesetzte Aktion durchgeführt, bei welcher das RELAIS deaktiviert und die LED ausgeschaltet wird. Der obige Vorgang wiederholt sich nach 5 Sekunden Verzögerung immer wieder.

```
#-----------------------------------------------------------
#
#       ON-OFF TEMPERATURE CONTROLLER
#       =============================
#
# This is an ON-OFF temperature controller program.
# The meaured temperatrue is compared to the SetTemp
# and if it greater than SetTemp then the relay and LED
# are turned OFF, otherwise they are both turned ON
```

```
#
# Author: Dogan Ibrahim
# File  : AONOFF5.py
# Date  : June, 2022
#-----------------------------------------------------------
import RPi.GPIO as GPIO
import time
from RPLCD.i2c import CharLCD
import spidev
GPIO.setwarnings(False)
GPIO.setmode(GPIO.BCM)

lcd=CharLCD('PCF8574', 0x27)                   # Init LCD
spi = spidev.SpiDev()                          # Init SPI
spi.open(0, 0)
spi.max_speed_hz=4000                          # SPI speed
SetTemp = 33.0                                 # SetTemp
LED = 27                                       # LED port
RELAY = 17                                     # RELAY port

#
# This function configures the LED and RELAY and set them
# both OFF at the beginning of the program
#
def Setup():
    GPIO.setup(LED, GPIO.OUT)                  # LED is output
    GPIO.setup(RELAY, GPIO.OUT)                # RELAY is output
    GPIO.output(LED, 0)                        # LED OFF
    GPIO.output(RELAY, 0)                      # RELAY OFF

#
# This function returns the ADC result in variable rcv
#
def Get_ADC_Data(channel_no):
    ADC = spi.xfer2([1, (2 + channel_no) << 6, 0])
    rcv = ((ADC[1] & 15) << 6) + (ADC[2] >> 2)
    return rcv

Setup()
while True:                                    # Do Forever
    adc = Get_ADC_Data(0)                      # Read temperature
    mv = adc * 3300.0 / 1024.0                 # Convert to mV
    Temperature = (mv - 500) / 10.0            # In Degrees C
    lcd.clear()                                # Clear LCD
    lcd.home()                                 # Home LCD
    head1 = "SetTemp = " + str(SetTemp)        # Heading
```

```
    lcd.write_string(head1)                         # Write top row
    head2 = "Measured= " + str(Temperature)[:4] # Heading
    lcd.cursor_pos = (1, 0)                         # Bottom row
    lcd.write_string(head2)                         # Write bottom row

    if Temperature < SetTemp:                       # If Temp < SetTEmp
        GPIO.output(RELAY, 1)                       # RELAY ON
        GPIO.output(LED, 1)                         # LED ON
    else:                                           # ELSE
        GPIO.output(RELAY, 0)                       # RELAY OFF
        GPIO.output(LED, 0)                         # LED OFF
    time.sleep(5)                                   # Wait 5 sec
```

*Abbildung 7.24: Programm: AONOFF5.py.*

Abbildung 7.26 zeigt eine Beispielanzeige des LCDs. Abbildung 7.26 zeigt das auf einem Steckbrett aufgebaute Projekt.

*Abbildung 7.25: Beispiel-LCD-Anzeige*

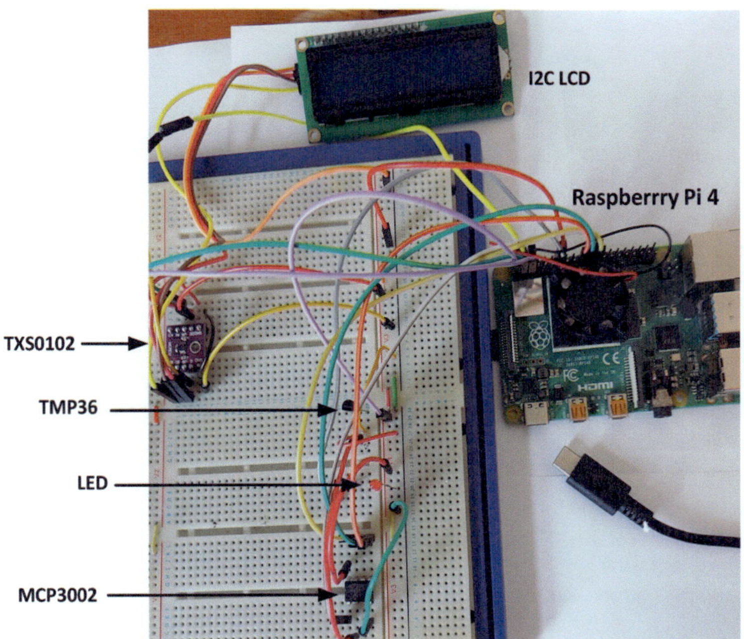


*Abbildung 7.26: Auf einem Steckbrett aufgebautes Projekt (Relais und Heizung sind nicht dargestellt)*

# Kapitel 8 • PID-Temperaturregelung mit dem Raspberry Pi

## 8.1 Überblick

Im vorigen Kapitel haben wir uns mit dem Entwurf von EIN-AUS-Temperaturregelungssystemen unter Verwendung von Arduino- und Raspberry Pi-Boards beschäftigt. In diesem Kapitel erfahren Sie, wie man PID-basierte Temperaturregelungssysteme mit dem Raspberry Pi 4 entwickeln kann.

## 8.2 Projekt 1 – Temperaturbestimmung mit einem Thermistor

In diesem Kapitel soll die Druckbett-Temperatur eines 3D-Drucker geregelt werden. Abbildung 8.1 zeigt das Druckbett, das im Wesentlichen aus einem 12 cm × 12 cm großem Drucktisch mit eingebauter Heizung und Thermistor-Temperatursensor besteht. Die grundlegenden Spezifikationen dieses Druckbetts sind:

- Stromversorgung: 12 V, 120 W
- Eingebauter 100-K-Thermistor vom Typ NTC 3950
- Größe: 12 × 12 × 3 cm
- Gewicht: 80 g
- Arbeitstemperatur: Bis zu 200 °C
- Hergestellt aus strapazierfähigem Silikonkautschuk
- Selbstklebende Rückseite

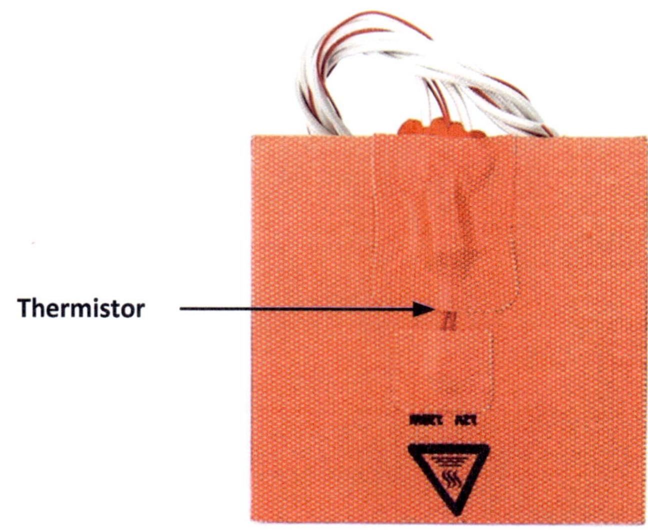


*Abbildung 8.1: Druckbett des 3D-Druckers mit eingebautem Thermistor*

Das Druckbett ist auf einer Aluminiumplatte befestigt, damit es Wärme abgeben kann. Bevor die PID-Controller-Software für das Druckbett entwickelt wird, erfahren Sie im Folgenden, wie Sie die Temperatur des Druckbetts über den eingebauten Thermistor messen können.

**Der NTC 3950 Thermistor**

Abbildung 8.2 zeigt den Thermistor vom Typ NTC 3950. Die Spezifikationen dieses Thermistors lauten wie folgt:

- Widerstandswert bei 25 °C: 100 kΩ
- B-Wert des Thermistors: 3950
- Betriebstemperatur: –55 °C bis +125 °C

Das Druckbett verfügt über 4 Anschlussdrähte: 2 für die Heizung und 2 für den Thermistor. Die Thermistordrähte sind leicht zu identifizieren, da sie viel dünner sind als die Heizdrähte.

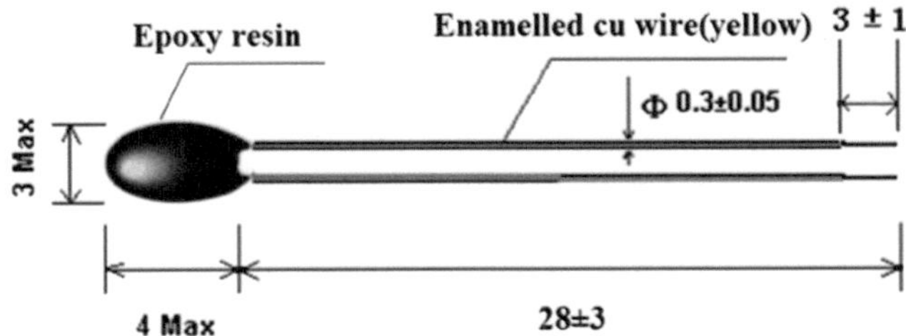


*Abbildung 8.2: NTC 3950 Thermistor*

**Temperaturmessung**

Die Temperaturmessung mit einem Thermistor erfordert es, den Widerstand des Thermistors  zu erfassen und dann die Steinhart-Hart-Gleichung zu anzuwenden (siehe Abschnitt 2.2.1). Der Widerstand des Thermistors wird ermittelt, indem ein Widerstand in Reihe mit dem Thermistor geschaltet wird, um so einen Spannungsteiler zu bilden. Dann wird die Spannung über dem Reihenwiderstand (oder dem Thermistor) gemessen. Abbildung 8.3 zeigt die Schaltung zur Messung des Thermistorwiderstands.

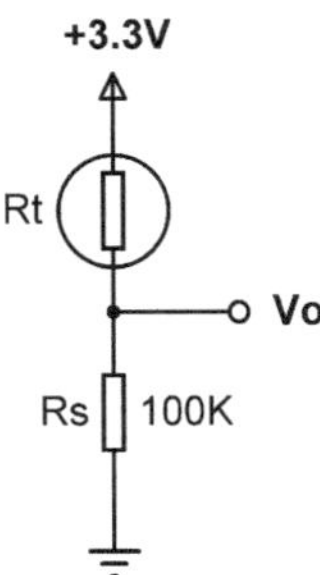


*Abbildung 8.3: Spannungsteilerschaltung*

Bei einer Versorgungsspannung von +3,3 V ist die Spannung $V_0$ über dem Vorwiderstand gegeben durch:

$$V_o = \frac{3.3R_s}{R_t + R_s},$$

wobei der Serienwiderstand, und der Widerstand des Thermistors ist.

Aus dieser Gleichung ergibt sich der Widerstand des Thermistors wie folgt:

$$R_t = \frac{R_s(3.3 - V_o)}{V_o}$$

Wenn man einen 100-kΩ-Vorwiderstand wählt, ergibt sich:

$$R_t = \frac{100000(3300 - V_o)}{V_o}$$, mit $V_o$ in Millivolt.

Man kann nun die Steinhart-Hart-Gleichung verwenden, um die Temperatur zu ermitteln, so wie in Kapitel 2 beschrieben:

$$T = \frac{1}{1/B\,Ln(R/R_0) + 1/T_0}$$

Die Ausgangsspannung des Spannungsteilers ist mit CH0 des MCP3002 ADC verbunden, so wie in Abbildung 8.4 gezeigt.

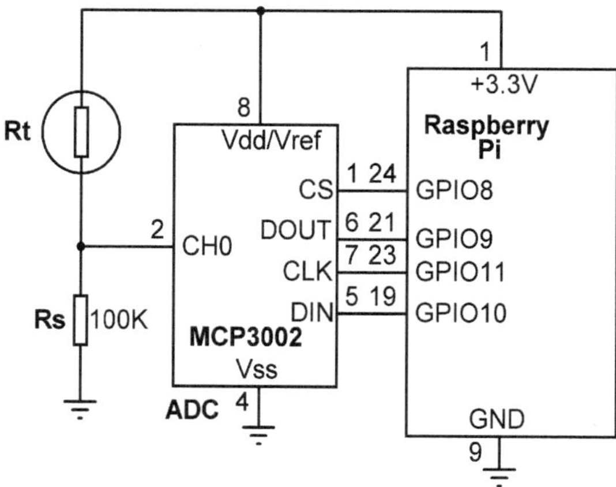


*Abbildung 8.4: Schaltplan zur Messung der Temperatur*

**Programmlisting:** Abbildung 8.5 zeigt das Programmlisting (Programm: **thermistor**). Zu Beginn des Programms werden die verwendeten Bibliotheken in das Programm importiert, Die Widerstandswerte werden initialisiert. Die Funktion Get_ADC_Data() gibt den vom Thermistor gelesenen analogen Wert zurück. Die Funktion Calc_Temperature() berechnet die Temperatur mithilfe der Steinhart-Hart-Gleichung. Diese wird alle 2 Sekunden auf dem Bildschirm angezeigt. Abbildung 8.6 zeigt die auf dem Bildschirm angezeigten Temperaturmesswerte.

```
#-----------------------------------------------------------
#
#      THERMISTOR TEMPEARTURE SENSOR
#      =============================
#
# This program measures the temperature of a thermistor
#
# Author: Dogan Ibrahim
# File  : thermistor.py
# Date  : June, 2022
#-----------------------------------------------------------
import RPi.GPIO as GPIO
import time
import spidev
import math
GPIO.setwarnings(False)
GPIO.setmode(GPIO.BCM)

spi = spidev.SpiDev()                              # Init SPI
spi.open(0, 0)
spi.max_speed_hz=4000                              # SPI speed
B = 3950                                           # Thermistor B
R0 = 100000                                        # Thermistor R0
Rs = 100000                                        # Rs
T0 = 298.15                                        # T0 temp

#
# This function returns the ADC result in variable rcv
#
def Get_ADC_Data(channel_no):
    ADC = spi.xfer2([1, (2 + channel_no) << 6, 0])
    rcv = ((ADC[1] & 15) << 6) + (ADC[2] >> 2)
    return rcv

#
# This function calculates the temperature
#
def Calc_Temperature(Vo):
    Rt = Rs * (3300 - Vo) / Vo                     # Find Rt
    R = math.log(Rt / R0)                          # Find temperature
    R = R / B                                      # ...
    T = R + 1 / T0                                 # ...
    T = 1 / T                                      # ...
    T = T - 273.15                                 # ...
    return T
```

```
while True:                                    # Do Forever
    adc = Get_ADC_Data(0)                      # Read temperature
    Vo = adc * 3300.0 / 1024.0                 # Convert to mV
    T = Calc_Temperature(Vo)                   # Temperature
    Temperature = str(T)[:6]                   # As a string
    print(Temperature)                         # Display temperature
    time.sleep(2)                              # Wait 5 sec
```

*Abbildung 8.5: Programm: Thermistor*

```
pi@raspberrypi:~ $ python3 thermistor.py
27.215
27.215
27.305
26.413
27.484
27.037
27.484
28.113
27.574
27.574
```

*Abbildung 8.6: Auf dem Bildschirm angezeigte Temperaturmesswerte*

## 8.3 Projekt 2: Open-Loop-Zeitantwortfunktion für einen Eingangssprung

**Beschreibung:** In diesem Projekt wird das Sprungeingangs-Zeitverhalten der Druckbettheizung berechnet. Anschließend wird die zugehörige Übertragungsfunktion ermittelt, um einen geeigneten PID-Regler entwerfen zu können.

**Blockdiagramm:** Abbildung 8.7 zeigt das Open-Loop-Blockdiagramm des Projekts. Die Temperatur des Druckbetts wird mit dem eingebauten Thermistor gemessen, so wie in Projekt 1 beschrieben. Der MOSFET-Schalter wird vom Raspberry Pi PWM (Pulse Width Modulated)-Ausgangssignal angesteuert. Dieser steuert eine externe Stromversorgung mit hoher Leistung, um den erforderlichen Strom bereit zu stellen. Da das Druckbett mit 12 V und 120 W betrieben wird, muss das externe Netzteil mindestens 10 A Strom bei 12 V liefern können.

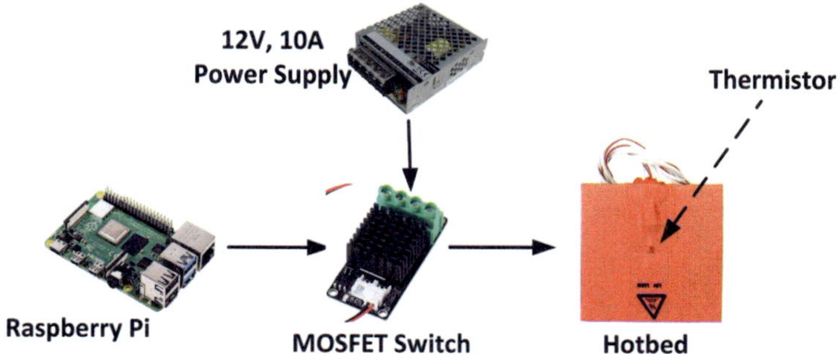


*Abbildung 8.7: Blockdiagramm des Projekts*

Bevor wir näher auf das Design eingehen, lohnt es sich, die Grundprinzipien der PWM-Steuerung zu betrachten und den in diesem Projekt verwendeten MOSFET-Schalter zu überprüfen.

**PWM**

Pulsweitenmodulation (PWM) ist eine häufig verwendete Technik zur Steuerung analoger Lasten. Die erforderliche Leistung wird dabei über digitale Wellenformen gesteuert. Die rein analoge Steuerung von Spannungen (und Strömen) hätte mehrere Nachteile. Die Steuerung großer analoger Lasten erfordert große Spannungen und Ströme, die mit standardmäßigen analogen Schaltungen und DACs nicht ohne weiteres erreicht werden können. Große analoge Spannungsregler können schwer, groß und teuer sein und sie sind auch empfindlich gegenüber Rauschen. Durch die Verwendung der PWM-Technik wird der Mittelwert der zugeführten Spannung (und des Stroms) gesteuert, indem die Versorgungsspannung schnell ein- und ausgeschaltet wird. Je länger die Einschaltzeit, desto höher ist die effektive Spannung, die der Last zugeführt wird.

Abbildung 8.8 zeigt eine typische PWM-Wellenform. Das Signal wird durch einen sich wiederholenden, positiven Impuls erzeugt. Die Periode T, die EIN-Zeit $T_{ON}$ und die AUS-Zeit von T – $T_{ON}$ wird in Sekunden angegeben. Die minimalen und maximalen Werte der zugeführten Spannung liegen zwischen 0 bzw. $V_P$. Die PWM-Schaltfrequenz wird normalerweise sehr hoch eingestellt (meist in der Größenordnung von mehreren kHz), damit sie die Last nicht beeinflusst. Der Hauptvorteil des PWM-Verfahrens besteht darin, dass die Verlustleistung im Schaltgerät sehr gering ist: Wenn der Schalter eingeschaltet ist, gibt es praktisch keinen Spannungsabfall über dem Schalter, und wenn der Schalter ausgeschaltet ist, wird der Last kein Strom zugeführt.

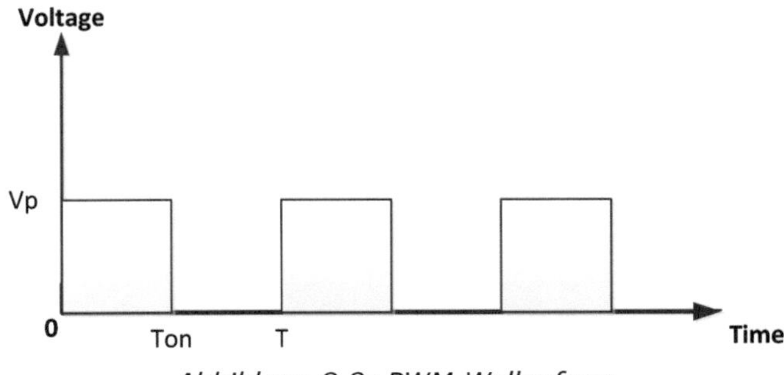


*Abbildung 8.8: PWM-Wellenform*

Das Tastverhältnis (oder D für „Duty Cycle“) einer PWM-Wellenform ist definiert als das Verhältnis der Einschaltzeit zu ihrer Periode. Mathematisch ausgedrückt,

$$\text{Duty Cycle } (D) = T_{ON} / T$$

Die Tastverhältnis wird normalerweise in Prozent ausgedrückt:

$$D = (T_{ON} / T_{OFF}) \times 100\ \%$$

Indem das Tastverhältnis zwischen 0 % und 100 % variieret wird, kann die durchschnittliche Spannung, die der Last zugeführt wird, effektiv zwischen 0 und $V_p$ gesteuert werden.

Der Durchschnittswert der an die Last angelegten Spannung kann berechnet werden, indem eine allgemeine PWM-Wellenform betrachtet wird, wie sie in Abbildung 8.8 gezeigt ist. Der Mittelwert A der Wellenform f(t) mit Periode T und Spitzenwert $y_{max}$ und Minimalwert $y_{min}$ errechnet sich wie folgt:

$$A = \frac{1}{T}\int_0^T f(t)\,dt$$

oder

$$A = \frac{1}{T}\left(\int_0^{T_{ON}} y_{\max}\,dt + \int_{T_{ON}}^{T} y_{\min\,dt}\right)$$

Gilt bei einer PWM Wellenform, $y_{min} = 0$ vereinfacht sich dies zu

$$A = \frac{1}{T}(T_{ON}\; y_{\max})$$

oder $$A = D\,y_{\max}$$

Wie aus der obigen Gleichung hervorgeht, ist der Durchschnittswert der an die Last gelieferten Spannung direkt proportional zum Tastverhältnis der PWM-Wellenform, und so kann durch Variieren des Tastverhältnisses die durchschnittliche Lastspannung gesteuert werden. Abbildung 8.9 zeigt die durchschnittliche Spannung für verschiedene Werte des Arbeitszyklusses.

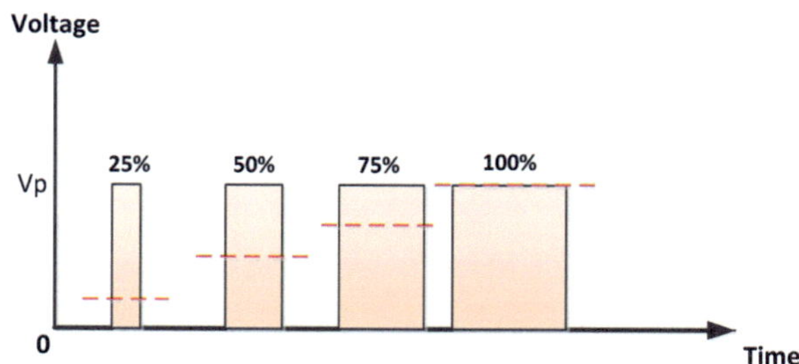


*Abbildung 8.9: Durchschnittliche Spannung (dargestellt als gestrichelte Linie), die einer Last zugeführt wird*

Durch Variieren des Arbeitszyklus kann die durchschnittliche analoge Spannung, die an die Last geliefert wird, z. B. an eine Heizung, effektiv variieren und die Heizleistung wird steuerbar.

Raspberry Pi 4 hat 2 PWM-Pins, wie in Tabelle 8.1 gezeigt.

| GPIO Pin | PWM |
|---|---|
| GPIO12 | PWM0 |
| GPIO18 | PWM0 |
| GPIO13 | PWM1 |
| GPIO19 | PWM1 |

*Tabelle 8.1: Raspberry Pi 4 PWM-Pins*

Der PWM-Pin muss als Ausgang konfiguriert werden, bevor er zur Erzeugung von PWM-Signalen verwendet werden kann. Die folgenden integrierten Funktionen sind mit Python verfügbar, um die PWM zu steuern:

| | |
|---|---|
| pwm = GPIO.PWM(pwm_pin, freq): | PWM-Instanz mit angegebener Frequenz erstellen |
| pwm.start(0): | PWM mit Tastverhältnis 0 starten |
| pwm.ChangeDutyCycle(duty): | PWM-Arbeitszyklus einstellen |
| pwm.stop(): | PWM stoppen |

Das PWM-Tastverhältnis liegt im Bereich von 0 bis 100, was 0 % (keine Ausgangsspannung) bis 100 % (volle Ausgangsspannung) entspricht.

**MOSFET-Schalter**

Das Druckbett wird mit 12 V betrieben und verbraucht ca. 120 Watt. Das bedeutet, dass für seinen Betrieb etwa 10 A Strom benötigt werden. In diesem Projekt wird ein externes 12-V-Netzteil verwendet, das die erforderliche Leistung liefern kann. Eine MOSFET-Schaltbaugruppe mit großem Kühlkörper versorgt das Druckbett mit Strom. Dieses Modul wird als Heizungsregler für 3D-Drucker verkauft. Das Eingang für diesen Schalter ist die PWM-Wellenform des Raspberry Pi, sein Ausgang steuert das Druckbett an. Abbildung 8.10 zeigt das verwendete MOSFET-Schaltmodul. Dieses Modul hat folgende Eigenschaften:

- Maximale Strombelastbarkeit 30 A
- Steuersignal +5 V bis +24 V
- Größe 66,6 × 32 mm
- Großer Kühlkörper

*Abbildung 8.10: MOSFET-Schaltmodul*

Der MOSFET-Schalter arbeitet mit +5 V bis +12 V, die Ausgangsspannung des Raspberry Pi beträgt jedoch nur +3,3 V. Daher wird ein Logikpegelwandler von +3,3 V auf +5 V (Abbildung 8.11) verwendet, um die erforderliche Spannung bereitzustellen.

*Abbildung 8.11: Logikpegelwandler von +3,3 V auf +5 V*

**Schaltplan:** Abbildung 8.12 zeigt den Schaltplan des Projekts. Die Thermistorspannung wird mit dem ADC-Chip MCP3002 ausgelesen und die Temperatur wie im vorherigen Projekt beschrieben berechnet. GPIO12 wird als PWM-Ausgang verwendet und ist mit dem SIG-Eingang des MOSFET-Schalters verbunden. An diesen Schalter wird eine externe 12 V 10 A DC-Stromversorgung angeschlossen. Die anderen beiden Pins des MOSFET-Schalters sind mit dem beheizbaren Druckbett des 3-D-Druckers verbunden. Es ist darauf zu achten, dass die Polarität des externen Netzteils beim Anschluss an den MOSFET-Schalter korrekt ist. Das Druckbett hat keine Polarität.

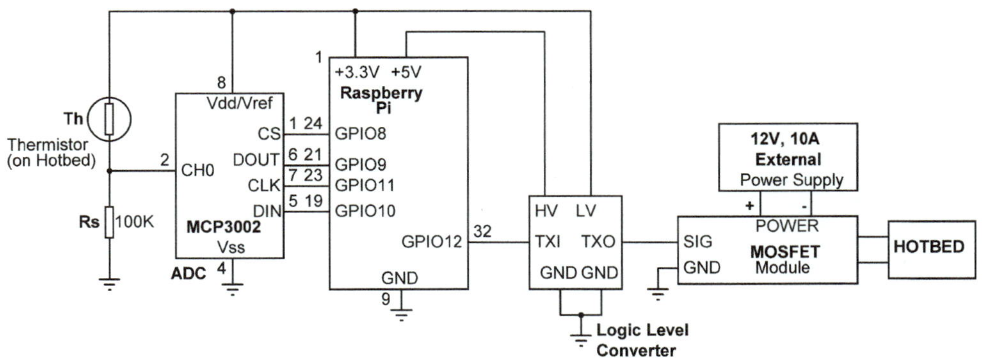


*Abbildung 8.12: Schaltplan des Projekts*

**Programmlisting:** Abbildung 8.13 zeigt das Programmlisting (Programm: **StepResponse.py**). In diesem Programm werden mithilfe der Matplotlib-Bibliothek des Raspberry Pi die Temperaturmesswerte in Echtzeit in einem Diagramm angezeigt. Zu Beginn des Programms werden die im Programm verwendeten Bibliotheken importiert und die Parameter des Thermistors und der Vorwiderstand festgelegt. Die Funktion Get_ADC_Data() liest die Spannung am Vorwiderstand und berechnet dann den Widerstand des Thermistors. Dann wird die Steinhart-Hart-Gleichung wie zuvor verwendet, um die Temperatur des Druckbetts zu berechnen. Danach wird eine Rechteckspannung an das Druckbett angelegt, indem das PWM-Tastverhältnis auf 25 % voreingestellt wird. Die Temperatur des Druckbetts wird dann in Echtzeit aufgezeichnet, so wie in Abbildung 8.14 dargestellt.

```
#------------------------------------------------------------
#
#                       PID TEMPERATURE CONTROLLER
#                       ==========================
#
# This is the step response program display
#
# Author: Dogan Ibrahim
# File  : StepResponse.py
# Date  : June, 2022
#------------------------------------------------------------
import matplotlib
matplotlib.use('TkAgg')
import matplotlib.pyplot as plt
import numpy as np
import RPi.GPIO as GPIO
import time
import spidev
import math
GPIO.setwarnings(False)
GPIO.setmode(GPIO.BCM)
```

```
spi = spidev.SpiDev()                                # Init SPI
spi.open(0, 0)                                       # USing CE0
spi.max_speed_hz=4000                                # SPI speed

B = 3950                                             # Thermistor B
R0 = 100000                                          # Thermistor R0
Rs = 100000                                          # Rs
T0 = 298.15                                          # T0

MOSFET = 12                                          # MOSFET
GPIO.setup(MOSFET, GPIO.OUT)                         # PWM port
GPIO.output(MOSFET, 0)
pwm = GPIO.PWM(MOSFET, 100)                          # PWM at 100 Hz

#
# Setup real time plot
#
def SetupPlot():
    plt.axis([0,400, 0,100])                         # Axes limits
    plt.title('Temperature')                         # Graph title
    plt.xlabel('Time (seconds)')                     # X label
    plt.ylabel('Temperature')                        # Y label
    plt.ion()
    return
#
# This function returns the ADC result in variable rcv
#
def Get_ADC_Data(channel_no):
    ADC = spi.xfer2([1, (2 + channel_no) << 6, 0])
    rcv = ((ADC[1] & 15) << 6) + (ADC[2] >> 2)
    return rcv

#
# This function calculates and returns the thermistor temperature
#
def Calc_Temperature():
    adc = Get_ADC_Data(0)                            # Read voltage
    Vo = adc * 3300.0 / 1024.0                       # in millivolts
    Rt = Rs * (3300 - Vo) / Vo                       # Find Rt
    R = math.log(Rt / R0)
    R = R / B
    T = R + 1 / T0
    T = 1 / T                                        # Temperature
    T = T - 273.15                                   # In Centigrade
    return T
```

```
SetupPlot()                                     # Initialize plot
i = 0
#
# Send Step input to the hotbed
#
pwm.start(25)                                   # Send 10% PWM step
while i < 450:                                  # Do for 100 secs
    T = Calc_Temperature()                      # Get the temperature
    i = i + 1
    x = i
    plt.scatter(x, T,color='red')
    plt.show()
    plt.pause(0.0001)
    time.sleep(1)
pwm.stop()
```

*Abbildung 8.13: Programm: StepResponse.py*

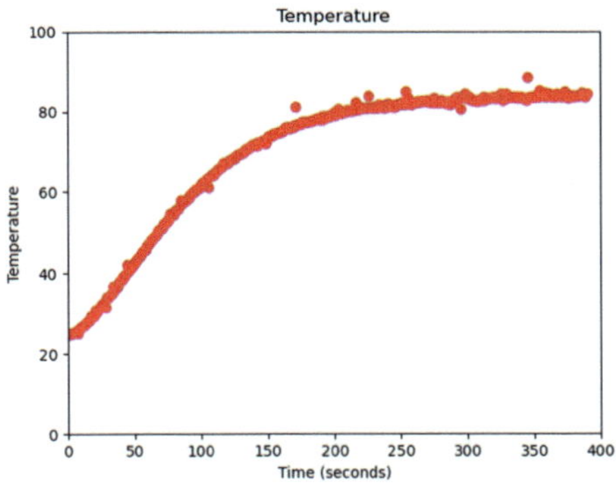


*Abbildung 8.14: Open-Loop-Sprungzeitantwort des Systems*

Beachten Sie, dass die Verzögerungszeit des Systems gering ist, da der Thermistor in das Druckbett eingebettet ist und schnell auf Temperaturänderungen reagiert. Unter Bezugnahme auf Abbildung 8.14 kann die Übertragungsfunktion des Open-Loop-Systems entweder grafisch, oder wie in Kapitel 3 beschrieben berechnet werden. Die Zeitkonstante ist der Wert, bei welchem Antwortfunktion 63 % des Endwerts annimmt. Daraus ergibt sich 24 + (84 – 24) × 0,63 = 52,92. Wenn Sie von diesem Punkt eine horizontale Linie zur Antwortkurve ziehen, sehen Sie, dass die Systemzeitkonstante 78 Sekunden beträgt. Dies ist in Abbildung 8.15 dargestellt. Daraus ergibt sich:

$$G(s) = \frac{2.4e^{-3s}}{1+78s}$$

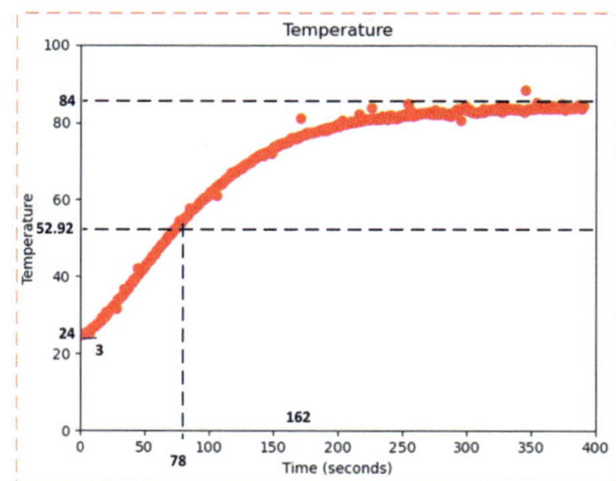


*Abbildung 8.15: Berechnung der Parameter des Open-Loop-Systems*

**Hinweis:** Das Programm muss von der Thonny IDE im Desktop-Modus und nicht im Befehlsmodus ausgeführt werden, da Grafiken nur im Desktop-Modus gezeichnet werden können.

## 8.4 Project 3: PI Temperaturregelung

**Beschreibung:** PI-Regelungsprojekt zur Temperaturregelung des beheizten Druckbetts des 3D-Druckers, so wie in Abbildung 8.1 gezeigt.

**Blockdiagramm:** Abbildung 8.16 zeigt das Blockdiagramm des Projekts. Die Druckbett-Temperatur wird mit dem eingebauten Thermistor gemessen, so wie in Projekt 1 beschrieben. Diese Temperatur wird dann an den Raspberry Pi gemeldet, wo der PI-Algorithmus die Temperatur so steuert, dass sie dauerhaft mit der Solltemperatur SetTemp übereinstimmt. In diesem Projekt ist SetTemp auf 50 °C eingestellt und im Programm fest codiert, was auch auf dem LCD angezeigt wird. Der MOSFET-Schalter wird durch das PWM-Ausgangssignal (Pulse Width Modulated) des Raspberry Pi angesteuert. Er liefert den hohen Strom, der vom Druckbett benötigt wird, indem er die externe Stromversorgung ansteuert.

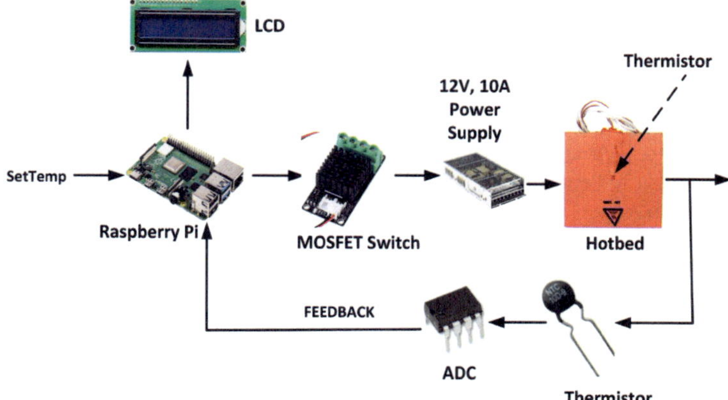


*Abbildung 8.16: Blockdiagramm des Projekts*

**Schaltplan:** Abbildung 8.17 zeigt den Schaltplan des Projektes. Beachten Sie, dass der MOSFET-Schalter für seinen Betrieb +5 V benötigt und ein Logikpegelwandler verwendet wird, um die Ausgangsspannung des Raspberry Pi auf +5 V zu erhöhen.

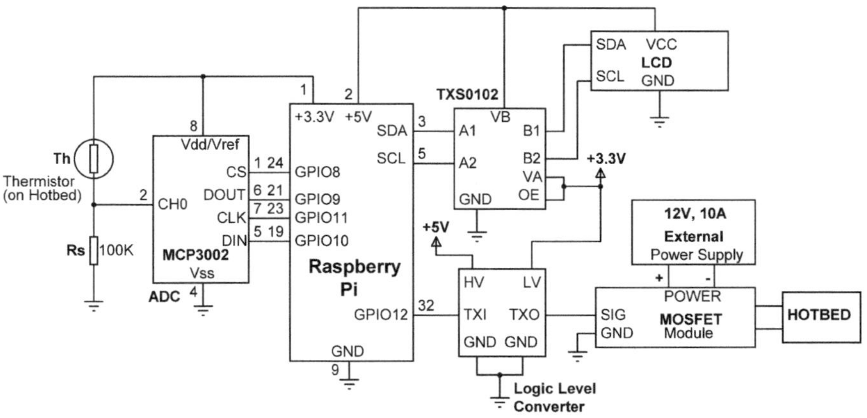


*Abbildung 8.17: Schaltplan des Projekts*

**Proportional + Integral (PI) Reglerparameter**

Bezugnehmend auf Abbildung 8.15 und die PI-Einstellungstabelle von Ziegler und Nichols findet man die folgenden P- und I-Reglerparameter:

$$K_p = \frac{0.9T_1}{KT_D} = \frac{0.9 \times 78}{2.4 \times 3} = 9.75$$

$$T_i = 3.3T_D = 3.3 \times 3 = 9.9$$

In diesem Projekt wurde die in Abbildung 6.1 gezeigte Parallel-PI-Schaltung verwendet.

**Programmlisting:** Abbildung 8.18 zeigt das Programmlisting (Programm: **PItemp.py**). Zu Beginn des Programms werden die verwendeten Bibliotheken in das Programm importiert, das I²C LCD und der SPI-Bus initialisiert. Dann werden die Thermistorparameter definiert und der PWM-Ausgang an dem der MOSFET-Schalter angeschlossen ist, wird dem GPIO12 zugewiesen.

Die Funktion SetupPlot() initialisiert die grafischen Zeichenparameter für die Echtzeitdarstellung. Die Funktion Get_ADC_Data() liest die analogen Daten vom Thermistor. Die Funktion Calc_Temperature() liest die Thermistordaten und gibt die Temperatur in Grad Celsius zurück. In der Funktion Init() werden die PI-Parameter definiert und das LCD so konfiguriert, dass es den SetTemp-Wert anzeigt, der im Programm als sk bezeichnet wird.

Die Funktion PI() implementiert den PI-Algorithmus wie in Abbildung 6.2 beschrieben. Der Fehlerwert $e_k$ wird berechnet als $e_k = s_k - y_k$, wobei $s_k$ dem SetTemp-Wert und $y_k$ dem Ausgabewert (d. h. der Druckbetttemperatur) entspricht. Dann wird der Reglerausgangwert $u_k$

berechnet und an die PWM-Einheit gesendet, um so den MOSFET-Schalter zu anzusteuern. Beachten Sie, dass PWM nur Werte zwischen 0 und 100 annehmen kann und daher die $u_k$-Werte auf diesen Bereich beschränkt sind.

Innerhalb des Hauptprogramms wurde eine „while"-Schleife implementiert. In dieser Schleife wird die Temperatur des heißen Druckbetts ausgelesen. Anschließend wird PI()-Funktion aufgerufen, um die Reglerwerte zu berechnen und auszugeben. Das Zeitverhalten des Systems (d. h. die Änderung der Druckbettemperatur) wird vom Programm in Echtzeit aufgezeichnet.

**Es ist wichtig, dass das Programm im Desktop-Modus ausgeführt und die Thonny-IDE zum Ausführen des Programms verwendet wird, damit die Systemantwort in Echtzeit dargestellt werden kann. Das Programm funktioniert NICHT, wenn es im Befehlsmodus ausgeführt wird. Außerdem kann der Echtzeit-Plot zusätzliche Verzögerungen in die Schleifenzeit einbringen, die auch die PID-Abtastzeit beeinflussen. Wenn die Echtzeit-Anzeige ein Problem darstellt, kann die Antwortfunktion in einer Liste gespeichert werden (z. B. jede Sekunde) und dann am Ende des Programms offline geplottet werden. Außerdem sollte erwähnt werden, dass die Zeitskala des Diagramms nicht sehr genau ist.**

Das Programm wird nach einer Verzögerung von einer Sekunde wiederholt. d. h. für die Abtastzeit wurde eine Sekunde gewählt. Für höher Genauigkeit hätte man auch einen 1-Sekunden-Timer-Interrupt einrichten und den PI-Algorithmus innerhalb der Timer-Interrupt-Serviceroutine ausführen können.

```
#----------------------------------------------------------
#
#                      PI TEMPERATURE CONTROLLER
#                      ========================
#
# This is the PI temperature controller program
#
# Author: Dogan Ibrahim
# File  : PItemp.py
# Date  : June, 2022
#----------------------------------------------------------
import matplotlib
matplotlib.use('TkAgg')
import matplotlib.pyplot as plt
import numpy as np
import RPi.GPIO as GPIO
import time
from RPLCD.i2c import CharLCD
import spidev
import math
```

```
GPIO.setwarnings(False)
GPIO.setmode(GPIO.BCM)

lcd=CharLCD('PCF8574', 0x27)                          # Init LCD
spi = spidev.SpiDev()                                 # Init SPI
spi.open(0, 0)                                        # Using CE0
spi.max_speed_hz=4000                                 # SPI speed

B = 3950                                              # Thermistor B
R0 = 100000                                           # Thermistor R0
Rs = 100000                                           # Rs
T0 = 298.15                                           # T0
MOSFET = 12                                           # MOSFET
GPIO.setup(MOSFET, GPIO.OUT)
pwm = GPIO.PWM(MOSFET, 100)                           # PWM port
global sk, Kp, T, Ti, pk, pk_1, b, yk

#
# Setup real time plot
#
def SetupPlot():
    plt.axis([0,400, 0,100])                          # Axes limits
    plt.title('Temperature')                          # Title
    plt.xlabel('Time (seconds')                       # X label
    plt.ylabel('Temperature')                         # Y label
    plt.ion()
    return

#
# This function returns the ADC result in variable rcv
#
def Get_ADC_Data(channel_no):
    ADC = spi.xfer2([1, (2 + channel_no) << 6, 0])
    rcv = ((ADC[1] & 15) << 6) + (ADC[2] >> 2)
    return rcv

#
# This function calculates and returns the temperature in C
#
def Calc_Temperature():
    adc = Get_ADC_Data(0)                             # Get ADC value
    Vo = adc * 3300.0 / 1024.0                        # in millivolts
    Rt = Rs * (3300 - Vo) / Vo                        # Calculate Rt
    R = math.log(Rt / R0)
    R = R / B
    T = R + 1 / T0
```

```
    T = 1 / T                                   # T in Kelvin
    T = T - 273.15                              # In Degrees C
    return T

#
# This function initializes the LCD and displays SetTemp
#
def Init():
    global sk, b, Kp, T, Ti, pk, pk_1
    sk = 50                                     # SetTemp
    Kp = 2.0
    T = 1.0
    Ti = 50.0
    b = Kp*T/Ti
    pk = 0.0
    pk_1 = 0.0
    lcd.clear()                                 # Clear LCD
    lcd.home()                                  # Home cursor
    lcd.cursor_pos = (0, 0)                     # At 0,0
    lcd.write_string("SetTemp:")                # Heading
    lcd.cursor_pos = (1, 0)                     # At 1,0
    lcd.write_string(str(sk))                   # SetTEmp
    return

#
# This is the Proportional+Integral algorithm function
#
def PI():
    global yk, pk_1
    ek = sk - yk
    pk = b*ek + pk_1
    wk = Kp*ek
    uk = wk + pk                                # PI output
    if uk > 100.0:                              # Limit uk for PWM
        uk = 100.0
    if uk < 0.0:                                # Limit uk for PWM
        uk = 0.0
    pwm.ChangeDutyCycle(uk)                     # To PWM
    pk_1 = pk                                   # Update pk_1
    return


Init()                                          # Init LCD
SetupPlot()                                     # Setup plot
i = 0
pwm.start(0)
```

```
while i < 400:                                    # Do Forever
    yk = Calc_Temperature()
    PI()
    i = i + 1
    plt.scatter(i, yk,color='red')
    plt.pause(0.00001)
    EndTime = time.time() + 1
    while time.time() - EndTime < 0:
       pass
pwm.stop()
```

*Bild 8.18: Programm: PItemp.py*

Abbildung 8.19 zeigt das Zeitverhalten des Regelkreis-Ausgangs, bei einem SetTemp-Wert (Sollwert) von 50 °C. Obwohl der stationäre Fehler null ist und sich die Regeltemperatur bei 50 °C einpendelt, zeigt sich ein großes Überschwingen, das in vielen Prozesssteuerungssystemen nicht akzeptabel ist. Großes Überschwingen ist eines der Ergebnisse der Abstimmung eines Systems unter Verwendung des Ziegler- und Nichol-Algorithmus.

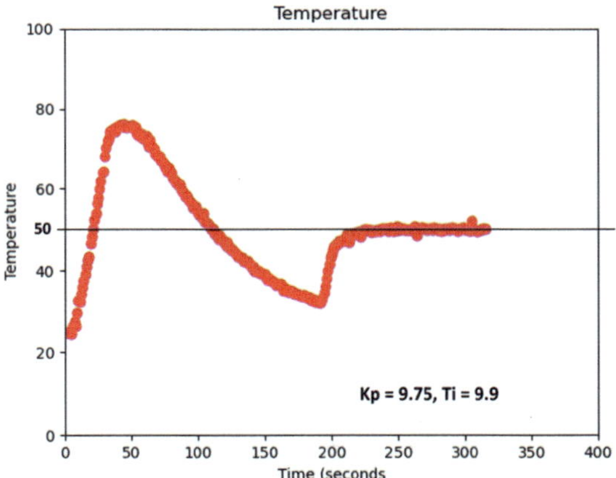


*Abbildung 8.19: Zeitverhalten des Regelkreises*

Die Integrationszeit $T_i$ wurde erhöht und die Proportionalkonstante verringert, um das Überschwingen zu verringern und ein akzeptableres Ergebnis zu erhalten. Abbildung 8.20 zeigt das Ergebnis bei $K_p$ = 2,0 und $T_i$ = 35,0.

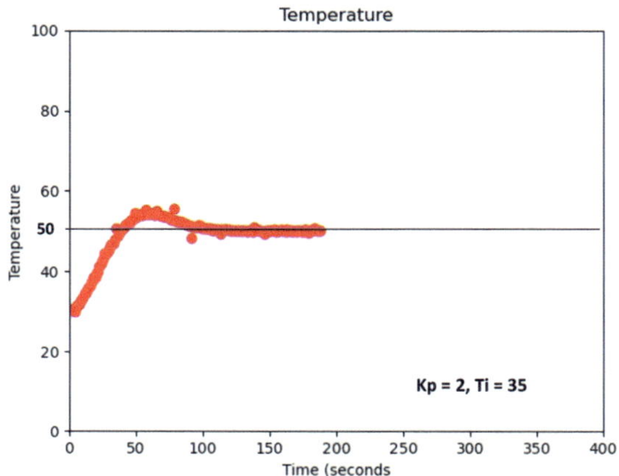


*Abbildung 8.20: Verbessertes Regelungsverhalten*

Schließlich wurde durch weiteres Erhöhen von $T_i$ ein akzeptables und angemessenes Regelverhalten erzielt. Abbildung 8.21 zeigt die Antwort mit $K_p$ = 2,0 und $T_i$ = 50. Bei diesem Regelverhalten ist das Überschwingen gering und das System pendelt sich schnell auf die gewünschte Temperatur ein.

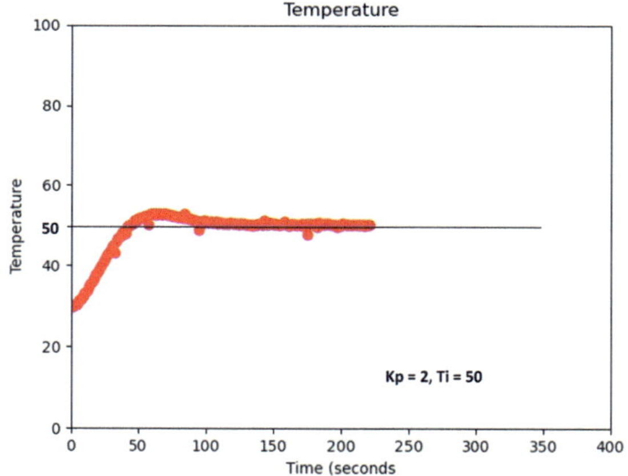


*Abbildung 8.21: Guter Regelungsverlauf*

Man beachte, dass die wirklich akzeptablen PI-Parameter erst nach einigen Trial-and-Error-Runden gefunden wurden. Die Abstimmungsparameter von Ziegler und Nichol geben lediglich einen ersten Ausgangspunkt für die Abstimmung des Systems.

## 8.5 Projekt 4: PID-Temperaturregelung

**Beschreibung:** Dieses Projekt ähnelt Projekt 2, hier wird dem Regler jedoch noch ein Ableitungsterm hinzugefügt, um einen kompletten PID-Regler zu erstellen. Beachten Sie, dass in vielen Prozesssteuerungsanwendungen nur der PI-Algorithmus verwendet wird und der Vorteil des Hinzufügens eines Ableitungsterms sehr gering ist. Dies gilt insbesondere, wenn das System Rauschen aufweist. In diesem Fall kann die Regelantwort inakzeptabel werden, wenn der Ableitungsterm verwendet wird. Die Solltemperatur wird wie im vorherigen Projekt auf 50 °C eingestellt.

**Blockdiagramm und Schaltplan:** Das Blockdiagramm und der Schaltplan des Projekts sind in Abbildung 8.16 bzw. Abbildung 8.17 dargestellt.

**Proportional + Integral + Differential (PID) Reglerparameter**

Unter Bezugnahme auf Abbildung 8.15 und die PID-Einstellungstabelle von Ziegler und Nichols finden sich die folgenden P-, I- und D-Regelparameter:

$$K_p = \frac{1.2T_1}{KT_D} = \frac{1.2 \times 78}{2.4 \times 3} = 13$$

$$T_i = 2T_D = 2 \times 3 = 6$$

$$T_d = 0.5T_D = 0.5 \times 3 = 1.5$$

In diesem Projekt wurde die in Abbildung 6.1 gezeigte Parallel-PID-Variante verwendet.

**Programmlisting:** Abbildung 8.22 zeigt das Programmlisting (Programm: **PIDtemp.py**). Wie im vorherigen Programm werden zu Beginn des Programms die verwendeten Bibliotheken in das Programm importiert und das I²C-LCD und der SPI-Bus initialisiert. Dann werden die Thermistorparameter definiert und der PWM-Ausgang wird GPIO12 zugewiesen. Dort ist wieder der MOSFET-Schalter angeschlossen.

Die einzige Änderung gegenüber Abbildung 8.18 ist der Regelalgorithmus. Hier wird die Funktion PI() durch die Funktion PID() ersetzt dem Regler ein Ableitungsterm hinzugefügt wird.

```
#------------------------------------------------------------
#
#                      PID TEMPERATURE CONTROLLER
#                      ==========================
#
# This is the PID temperature controller program
#
# Author: Dogan Ibrahim
# File  : PIDtemp.py
# Date  : June, 2022
#------------------------------------------------------------
import matplotlib
matplotlib.use('TkAgg')
import matplotlib.pyplot as plt
import numpy as np
import RPi.GPIO as GPIO
```

```
import time
from RPLCD.i2c import CharLCD
import spidev
import math

GPIO.setwarnings(False)
GPIO.setmode(GPIO.BCM)

lcd=CharLCD('PCF8574', 0x27)                      # Init LCD
spi = spidev.SpiDev()                             # Init SPI
spi.open(0, 0)                                    # Using CE0
spi.max_speed_hz=4000                             # SPI speed

B = 3950                                          # Thermistor B
R0 = 100000                                       # Thermistor R0
Rs = 100000                                       # Rs
T0 = 298.15                                       # T0
MOSFET = 12                                       # MOSFET
GPIO.setup(MOSFET, GPIO.OUT)
pwm = GPIO.PWM(MOSFET, 100)                       # PWM port
global sk, Kp, T, Ti, pk, pk_1, ek_1, a, b, yk

#
# Setup real time plot
#
def SetupPlot():
    plt.axis([0,400, 0,100])                      # Axes limits
    plt.title('Temperature')                      # Title
    plt.xlabel('Time (seconds')                   # X label
    plt.ylabel('Temperature')                     # Y label
    plt.ion()
    return

#
# This function returns the ADC result in variable rcv
#
def Get_ADC_Data(channel_no):
    ADC = spi.xfer2([1, (2 + channel_no) << 6, 0])
    rcv = ((ADC[1] & 15) << 6) + (ADC[2] >> 2)
    return rcv

#
# This function calculates and returns the temperature in C
#
def Calc_Temperature():
    adc = Get_ADC_Data(0)                         # Get ADC value
```

```
    Vo = adc * 3300.0 / 1024.0                      # in millivolts
    Rt = Rs * (3300 - Vo) / Vo                      # Calculate Rt
    R = math.log(Rt / R0)
    R = R / B
    T = R + 1 / T0
    T = 1 / T                                       # T in Kelvin
    T = T - 273.15                                  # In Degrees C
    return T

#
# This function initializes the LCD and displays SetTemp
#
def Init():
    global sk, a, b, Kp, T, Ti, pk, pk_1, ek_1
    sk = 50                                         # SetTemp
    Kp = 2.0
    T = 1.0
    Ti = 45.0
    Td = 5.0
    a = Kp*T/Ti
    b = Kp*Td/T
    pk = 0.0
    pk_1 = 0.0
    ek_1 = 0.0
    lcd.clear()                                     # Clear LCD
    lcd.home()                                      # Home cursor
    lcd.cursor_pos = (0, 0)                         # At 0,0
    lcd.write_string("SetTemp:")                    # Heading
    lcd.cursor_pos = (1, 0)                         # At 1,0
    lcd.write_string(str(sk))                       # SetTEmp
    return

#
# This is the Proportional+Integral+Derivative algorithm function
#
def PID():
    global yk, pk_1, ek_1
    ek = sk - yk
    pk = a*ek + pk_1
    wk = Kp*ek
    qk = b*(ek-ek_1)
    uk = wk + pk + qk                               # PID output
    if uk > 100.0:                                  # Limit uk for PWM
        uk = 100.0
    if uk < 0.0:                                    # Limit uk for PWM
        uk = 0.0
```

```
    pwm.ChangeDutyCycle(uk)                     # To PWM
    pk_1 = pk                                   # Update pk_1
    ek_1 = ek                                   # Update ek_1
    return


Init()                                          # Init LCD
SetupPlot()                                     # Setup plot
i = 0
pwm.start(0)
while i < 400:                                  # Do Forever
    yk = Calc_Temperature()
    PID()
    i = i + 1

    x = i
    plt.scatter(x, yk,color='red')
    plt.show()
    plt.pause(0.0001)
    time.sleep(1)
pwm.stop()
```

*Bild 8.22: Programm: PIDtemp.py.*

Abbildung 8.23 zeigt das Zeitverhalten des Ausgangs bei geschlossenem Regelkreis. Die Solltemperatur (SetTemp) ist auf 50 °C eingestellt. Beachten Sie auch hier, dass der stationäre Fehler null ist und sich die Antwortfunktion auf 50 °C einpendelt. Dennoch weist das Regelverhalten ein großes Überschwingverhalten auf, das in vielen Prozesssteuerungssystemen nicht akzeptabel ist. Großes Überschwingen eine Folge der Anwendung des Ziegler- und Nichol-Algorithmus.

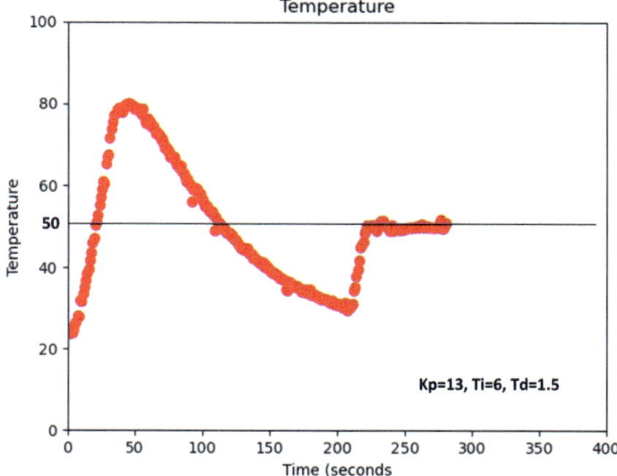


*Abbildung 8.23: Zeitverhalten des Regelkreises*

Die Integrationszeit $T_i$ wurde erhöht und die Proportionalkonstante verringert, um das Überschwingen zu verringern und ein akzeptableres Ergebnis zu erhalten. Gleichzeitig wurde der Ableitungsterm erhöht, um jegliches Überschwingen zu vermeiden. Abbildung 8.24 zeigt das Ergebnis bei $K_p$ = 2,0 und $T_i$ = 45,0, $T_d$ = 3.

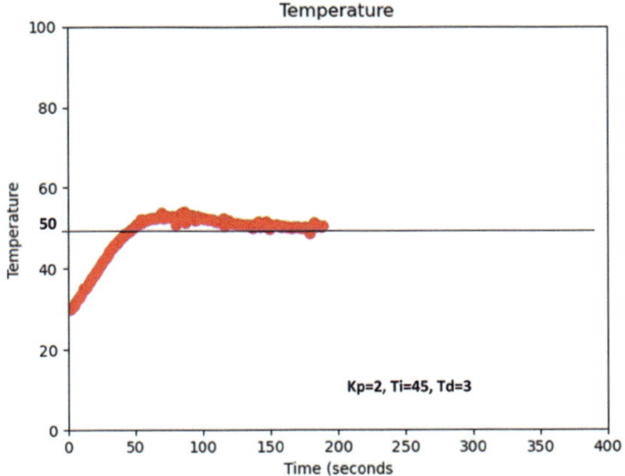


*Abbildung 8.24: Verbesserte Regelleistung*

Abschließend wurde das Störverhalten aufgezeichnet, indem der Regler kurzzeitig geöffnet und wieder geschlossen wurde. Abbildung 8.25 zeigt das Störverhalten des Systems. Die Steady-State-Temperatur erreichte wieder 50 °C, nachdem die Störung ausgeregelt wurde.

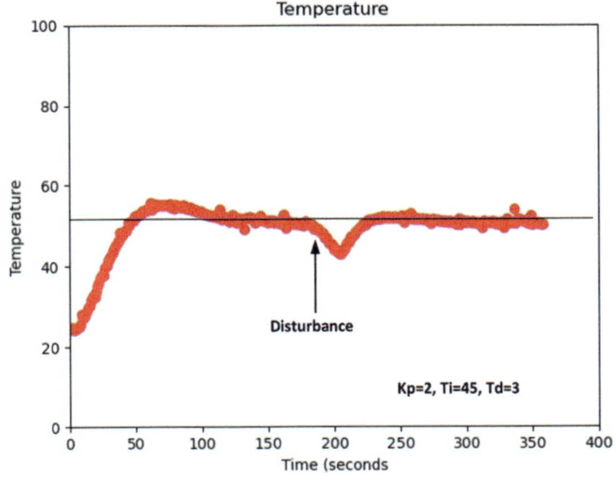


*Abbildung 8.25: Verhalten bei Störungen*

Beachten Sie, dass die verbesserten PID-Parameter erst nach einigen Trial-and-Error-Runden gefunden wurden. Die Abstimmungsparameter von Ziegler und Nichol geben nur einen ersten Ausgangspunkt für die Abstimmung des Systems.

Abbildung 8.26 zeigt das auf einem Steckbrett aufgebaute Projekt.

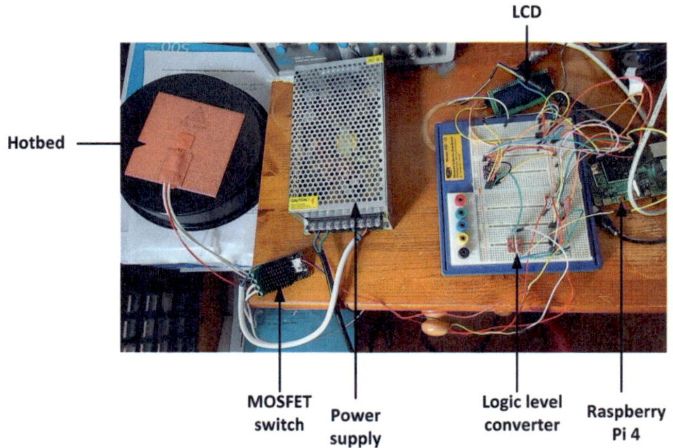


*Abbildung 8.26: Auf einem Steckbrett aufgebautes Projekt*

Die Abtastzeit der PID basiert auf der in Python integrierten Verzögerungsfunktion time. sleep(). Die durch diese Funktion eingeführte Verzögerung ist nicht sehr genau. Infolgedessen sind die in diesem Kapitel gezeichneten Echtzeitdiagramme ebenfalls nicht sehr präzise. Genauere Abtastzeiten und exaktere Echtzeit-Plots sind möglich, wenn der PID-Algorithmus innerhalb einer Timer-Interrupt-Serviceroutine platziert wird.

## 8.6 Benutzung von PID Regelschleifen-Simulatoren

Der in Kapitel 5 beschriebene PID-Schleifen-Simulator kann verwendet werden, um das Zeitverhalten des Regelkreises mit PID-Regler zu überprüfen. Der Simulator kann auch verwendet werden, um die Anfangswerte der PID-Parameter abzuschätzen. Am Simulator können verschiedene Parameter ausprobiert werden, bis eine gute Regelcharakteristik erzielt wird. Anschließend können diese Parameter in der realen Regelung verwendet werden.

Die gewählten PID-Reglerparameter lauten:

$$K_\mathrm{p} = 2.0,\ \ T_\mathrm{i} = 45.0 \text{ und } T_\mathrm{d} = 3.0$$

Damit lautet die Reglerübertragungsfunktion: $C(s) = 2\left[1 + \frac{1}{45s} + 3s\right]$

Der Vergleich mit der Simulatorübertragungsfunktion von: $C + \frac{1}{Is} + Ds$

liefert: C = 2, I = 22.5 und D = 6. Die Eingabe der Anlagen- und Reglerparameter in den Simulator ergibt die in Abbildung 8.27 dargestellte Antwortfunktion. Diese ist der Funktion, die in Abbildung 8.24 dargestellt ist, sehr ähnlich.

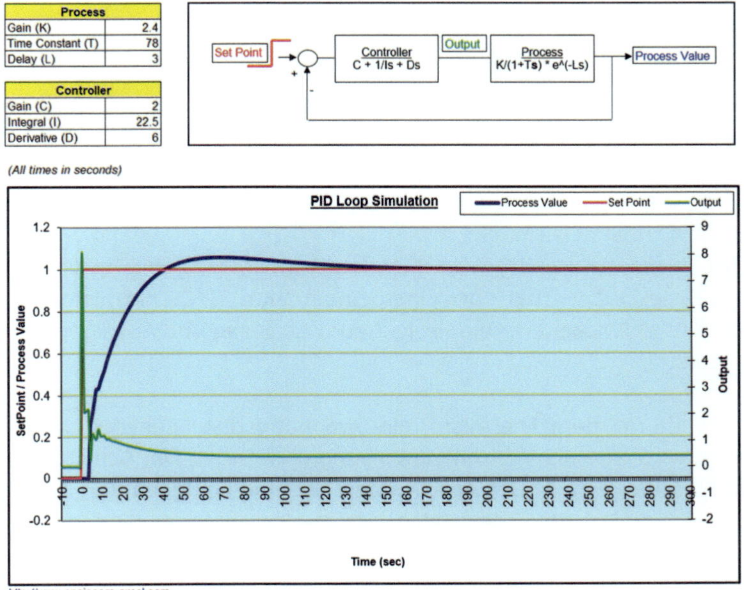


Abbildung 8.27: Antwort des Simulators

# Kapitel 9 • PID-Temperaturregelung mit dem Arduino Uno

## 9.1 Überblick

Im vorherigen Kapitel haben Sie gelernt, wie man die Temperatur eines Thermistors ausliest und wie man einen PID-Regler für ein Temperaturregelsystem mit einem Raspberry Pi entwirft. In diesem Kapitel lernen Sie, wie Sie PID-basierte Temperaturregelungssysteme mit einem Arduino Uno entwerfen.

## 9.2 Projekt 1: Auslesen der Temperatur eines Thermistors

**Beschreibung:** In diesem Kapitel wird das gleiche Druckbett, wie im vorherigen Kapitel verwendet. Das Druckbett verfügt über einen eingebauten NTC-Thermistor vom Typ 3950. In diesem Abschnitt entwickeln wir ein Projekt zum Auslesen und Anzeigen der Temperatur dieses Thermistors.

**Schaltplan:** Obwohl mit dem Thermistor ein Spannungsteiler gebildet wird, wie in Abbildung 8.3 gezeigt, wird eine +5-V-Stromversorgung verwendet. Der Schaltplan des Projekts ist in Abbildung 9.1 dargestellt. Der Arduino Uno hat einen eingebauten ADC, es wird also kein externer ADC benötigt. Der Thermistor wird an den analogen Eingang A0 des Arduino Uno angeschlossen. Wie im vorherigen Kapitel gezeigt, ist der Widerstand des Thermistors bei Verwendung eines 100-kΩ-Vorwiderstands gegeben durch:

$$R_t = \frac{100000(5000 - V_o)}{V_o}$$ , mit $V_o$ in Millivolt

Wieder wird die Steinhart-Hart-Gleichung verwendet, um die Temperatur zu erfassen, so wie im vorherigen Kapitel beschrieben:

$$T = \frac{1}{1/B\,Ln(R/R_0) + 1/T_0}$$

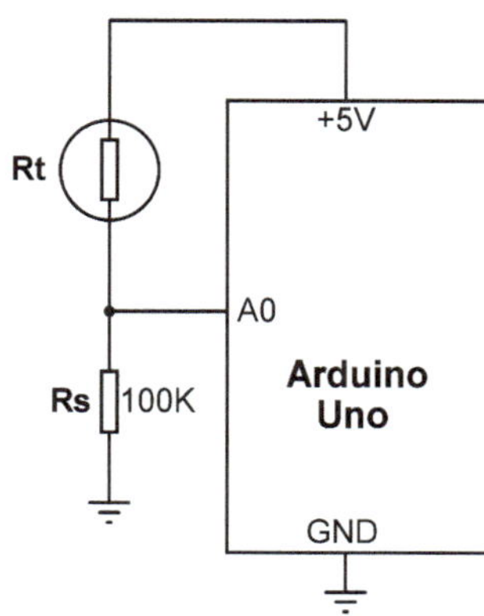


*Abbildung 9.1: Schaltplan zur Temperaturmessung mit einem Thermistor*

**Programmlisting:** Abbildung 9.2 zeigt das Programmlisting (Programm: **Thermistor2**). Am Beginn des Programms wird der Thermistor dem analogen Anschluss A0 zugewiesen. Als nächstes werden die Thermistorparameter und der Reihenwiderstandswert definiert. Innerhalb der Funktion **setup()** ist der Serial Monitor auf 9600 Baud konfiguriert. Die Funktion **Calc_Temperature()** berechnet die Thermistortemperatur und gibt sie an das Hauptprogramm zurück. Dort wird die Temperatur jede Sekunde auf dem seriellen Monitor ausgegeben, so wie in Abbildung 9.3 gezeigt.

```
//--------------------------------------------------------------------------
//          READING THE TEMPERATURE OF A THERMISTOR
//          =======================================
//
// This program reads and displays the temperature of a thermistor
//
// Author: Dogan Ibrahim
// File  : thermistor2
// Date  : June, 2022
//---------------------------------------------------------------------------
int Thermistor = A0;
int B = 3950;                                           // Thermistor B
float R0 = 100000.0;                                    // Thermistor R0
float Rs = 100000.0;                                    // Series resistor
float Vo, Rt, R, T, Temperature, T0 = 298.15;
unsigned int adc;

//
// Configure the Serial Monitor at 9600 BAud
//
void setup()
{
    Serial.begin(9600);
}

//
// This function calculates and returns the temperature in C
//
float Calc_Temperature()
{
  adc = analogRead(Thermistor);                         // Read voltage
  Vo = adc * 5000.0 / 1024.0;
  Rt = Rs * (5000.0 - Vo) / Vo;                         // Thermistor resistance
  R = log(Rt / R0);
  R = R / B;
  T = R +1 / T0;
  T = 1 / T;
  T = T - 273.15;                                       // Temperature in C
```

```
  return T;
}


void loop()
{
  Temperature = Calc_Temperature();                  // Read temperature
  Serial.println(T);                                 // Display temperature
  delay(1000);                                       // Wait 1 seconds
}
```

*Abbildung 9.2: Programm: Thermistor2*

```
23.86
24.21
24.12
24.12
23.95
23.95
24.21
23.86
24.04
24.21
24.04
24.21
24.21
23.95
23.77
23.86
23.77
```

*Abbildung 9.3: Anzeige der Temperatur*

## 9.3 Project 2: PID Temperaturregelung

**Beschreibung:** PID-Regler mit Arduino Uno-Programm zur Temperaturregelung des Druckbetts eines 3D-Druckers, wie in Abbildung 8.1 gezeigt.

**Blockdiagramm:** Abbildung 9.4 zeigt das Blockdiagramm des Projekts. Die Temperatur der Druckbetts wird mit dem eingebauten Thermistor gemessen, so wie in Projekt 1 beschrieben. Dieser Temperaturwert wird an den Arduino Uno zurückgemeldet. Dort wird der PID-Algorithmus verwendet, um die Temperatur auf den Sollwert (SetTemp) zu regeln. In diesem Projekt wird SetTemp auf 50 °C festgelegt. Der MOSFET-Schalter wird durch das PWM-Ausgangssignal (pulsweitenmoduliert) angesteuert. Dieser liefert so den erforderlichen hohen Strom für das Druckbett, indem er die externe Stromversorgung steuert.

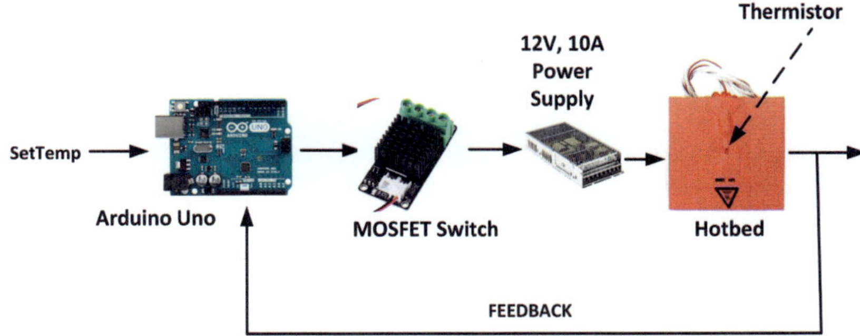


*Abbildung 9.4: Blockdiagramm des Projekts*

**Schaltplan:** Abbildung 9.5 zeigt den Schaltplan des Projektes. Da die Ausgangsspannungen des Arduino Uno +5 V beträgt, ist keinen Logikpegel-Wandler erforderlich.

Beim Arduino Uno sind die Pins mit den Nummern 3, 5, 6, 9, 10 und 11 für PWM verwendbar. Die Frequenz des PWM-Signals an den Pins 5 und 6 beträgt etwa 980 Hz, an den anderen Pins ca. 490 Hz. Die PWM-Pins sind mit einer Tilde (~) gekennzeichnet.

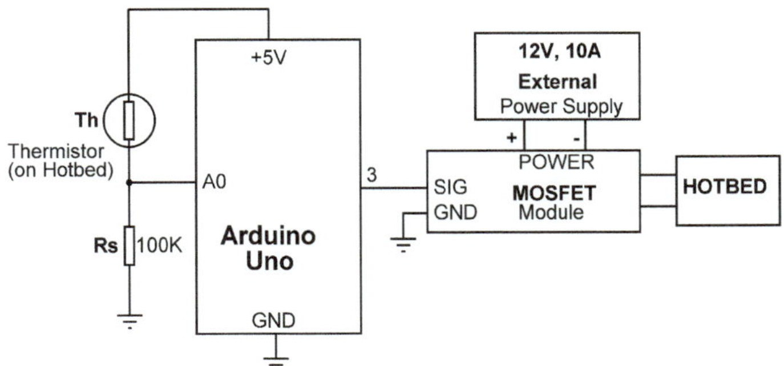


*Abbildung 9.5: Schaltplan des Projekts*

**Proportional + Integral (PI) Reglerparameter**

Es kommt ein PID-Regler zum Einsatz. Zunächst wird jedoch der Ableitungsterm auf 0 gesetzt, sodass eigentlich nur ein PI-Regler vorliegt. Die folgenden Parameter des PI-Reglers wurden gewählt, da das System demjenigen des vorherigen Kapitel ähnlich ist. Es wird allerdings ein anderer PWM-Bereich verwendet:

$$K_p = 6.5$$

$$T_i = 70.0$$

$$T_d = 0.0$$

In diesem Projekt wurde die in Abbildung 6.1 gezeigte parallele PI-Regelung verwendet.

**Programm listing:** Bein Arduino Uno liegt das PWM-Tastverhältnis zwischen 0 (0 %) und 255 (00 %). Die Anweisung **analogWrite(pin, duty cycle)** setzt den Duty Cycle Wert des angegebenen Pins auf den festgelegten Wert.

Abbildung 9.6 zeigt das Programmlisting (Programm: **PIDtemp2**). Innerhalb der Funktion setup() werden der Serielle Monitor auf 19200 Baud initialisiert, der MOSFET-Schalter-Pin als Ausgang konfiguriert und schließlich die PID-Parameter definiert. Die Funktion Calc_ Temperature() berechnet die Thermistortemperatur und gibt sie an die Hauptprogrammschleife zurück.

In der Funktion **PID()** ist der PID-Algorithmus implementiert. Innerhalb der Hauptprogrammschleife wird die Temperatur ausgelesen und die Funktion **PID()** aufgerufen. Das Zeitverhalten des Systems kann über **Tools → Serial Plotter** in der Arduino IDE geplottet werden. Es ist darauf zu achten, dass die Laufzeit der Schleife eine Sekunde nicht überschreitet, da die Abtastzeit auf eine Sekunde eingestellt ist. Das Antwortsignal wird in Echtzeit aufgezeichnet. Wenn die Abtastzeit sehr kurz sein soll, kann das Plotten einen erheblichen verzögernden Einfluss haben. Es ist dann auch möglich, die Werte in einem Array zu speichern und sie anschließend offline aufzuzeichnen.

```
//------------------------------------------------------------------------------
//          TEMPERATURE PID CONTROLLER
//          ==========================
//
// This is teh Arduino Uno PID temperature controller. The desired temperature
// is set to 50 Degrees C
//
// Author: Dogan Ibrahim
// File  : PIDtemp2
// Date  : June, 2022
//-------------------------------------------------------------------------------
int Thermistor = A0;
int B = 3950;                                          // Thermistor B
float R0 = 100000.0;                                   // Thermistor R0
float Rs = 100000.0;                                   // Series resistor
float Vo, Rt, R, T, Temperature, adcconv, T0 = 298.15;
float sk, Kp, Ti, Td, pk, pk_1, ek, ek_1, a, b, yk, qk, wk, uk;
unsigned int adc;
int MOSFET = 3;

//
// Configure PWM pin and Initialize variables
//
void setup()
{
  Serial.begin(19200);
  pinMode(MOSFET, OUTPUT);
```

```
  sk = 50.0;
  Kp = 6.5;                                            // Proportional
  T = 1.0;                                             // Sample time
  Ti = 70.0;                                           // Integral
  Td = 0.0;                                            // Derivative
  a = Kp*T/Ti;
  b = Kp*Td/T;
  pk = 0.0;
  pk_1 = 0.0;
  ek_1 = 0.0;
  adcconv = 5000.0 / 1024.0;
}

//
// This function calculates and returns the temperature in C
//
float Calc_Temperature()
{
  adc = analogRead(Thermistor);                        // Read voltage
  Vo = adc * adcconv;
  Rt = Rs * (5000.0 - Vo) / Vo;                        // Thermistor resistance
  R = log(Rt / R0);
  R = R / B;
  T = R +1.0 / T0;
  T = 1.0 / T;
  T = T - 273.15;                                      // Temperature in C
  return T;
}

//
// This is the PID function
//
void PID()
{
  ek = sk - yk;
  pk = a*ek + pk_1;
  wk = Kp*ek;
  qk = b*(ek - ek_1);
  uk = wk + pk + qk;
  if(uk > 255.0)
    uk = 255;
  if(uk < 0)
    uk = 0;
  analogWrite(MOSFET, uk);
  pk_1 = pk;
  ek_1 = ek;
```

```
}

void loop()
{
  yk = Calc_Temperature();
  PID();
  Serial.println(yk);
  delay(1000);                                    // Wait 1 seconds
}
```

*Abbildung 9.6: Programm: PIDtemp2*

Abbildung 9.7 zeigt das Zeitverhalten des Systems mit dem PI-Regler, wobei der gewünschte SetTemp-Wert auf 50 °C eingestellt wurde. Die Reaktion zeigt ein kleines Überschwingen und pendelt sich auf 50 °C ein.

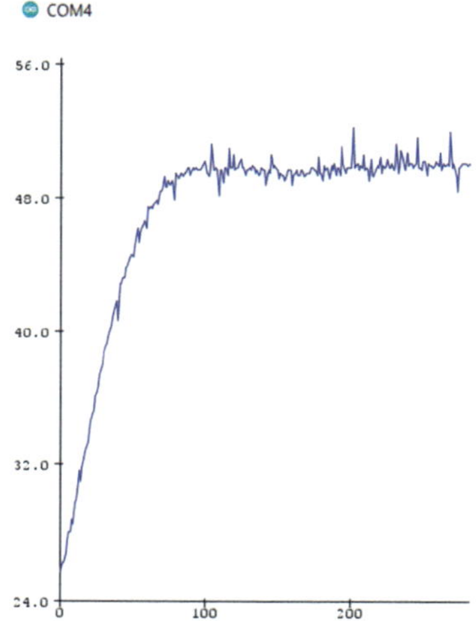


*Abbildung 9.7: Zeitverhalten mit PI-Regler in Aktion*

Abbildung 9.8 zeigt das Zeitverhalten des Systems mit:

$$K_p = 5.0$$

$$T_i = 80.0$$

$$T_d = 0.0$$

Nach Hinzufügen des folgenden Differential-Anteils sieht das Antwortsignal so wie in Abbildung 9.9 aus:

$$K_p = 6.5$$

$$T_i = 70.0$$

$$T_d = 2.0$$

Auch hier zeigt sich ein geringes Überschwingen bis sich die Temperatur bei 50 °C einpendelt.

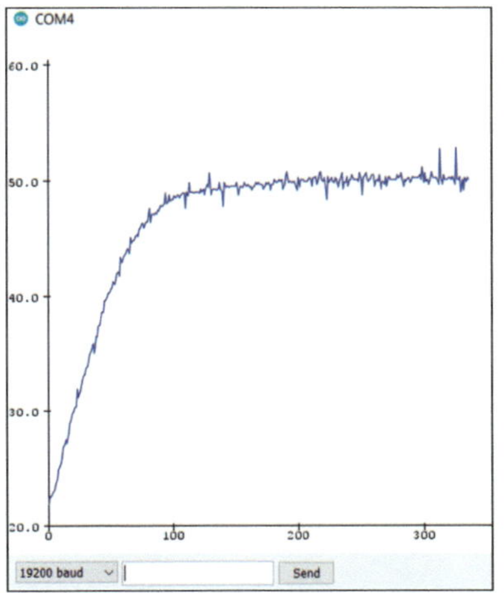


*Abbildung 9.8: Zeitverhalten mit PI-Regler*

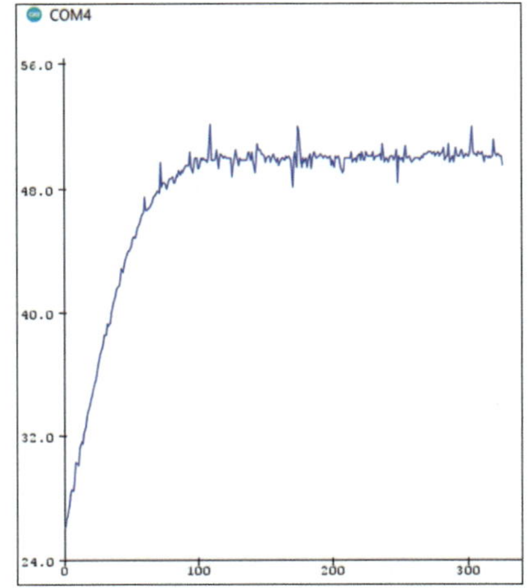


*Abbildung 9.9: Zeitverhalten mit PID-Regler*

Beachten Sie, dass die Abtastzeit auf eine Sekunde eingestellt ist. Dieser Wert ist allerdings nicht sehr genau, da die Funktion **delay()** nicht sehr präzise. Zudem wird der vor der Funktion **delay()** ausgeführte Code nicht berücksichtigt.

## 9.4 Projekt 3: PID-Temperaturregelung mit Arduino Uno und Timer-Interrupt

**Beschreibung:** Die Verzögerungszeit des Arduino ist nicht sehr genau. Dies wirkt sich auf die Abtastzeit des PID-Reglers aus. Für ein genaues Abtast-Timing können Timer-Interrupts verwendet werden um den PID-Algorithmus innerhalb einer Timer-Interrupt-Serviceroutine auszuführen.

In diesem Projekt wurde das Programm entsprechend modifiziert und Ein-Sekunden-Timer-Interrupts eingeführt. Dazu wurde der PID-Algorithmus in die Interrupt-Service-Routine verschoben.

Das Blockdiagramm und der Schaltplan des Projekts bleiben unverändert.

**Programmlisting:** Abbildung 9.10 zeigt das Programmlisting (Programm: **PIDtemp3**). Teile des Programms ähneln Abbildung 9.6, jedoch sind hier Timer-Interrupts aktiviert. In diesem Projekt wird jede Sekunde ein Timer-Interrupt erzeugt. D. h. die Frequenz der Interrupts beträgt 1 Hz. Unter Verwendung eines Prescaler-Werts von 1024 wird der Wert des Vergleichsregisters wie folgt berechnet:

$$\text{Compare match register} = [16.000.000/ (1024 * 1)] - 1 = 15624$$

Timer 1 Interrupts werden innerhalb der Funktion setup() mit den folgenden Code-Anweisungen aktiviert:

```
TCCR1A = 0;                                // Set to 0
TCCR1B = 0;                                // Set to 0
TCNT1  = 0;                                // Set counter to 0
OCR1A = 15624;                             // Compare reg value
TCCR1B |= (1 << WGM12);                    // Turn on CTC mode
TCCR1B |= (1 << CS12) | (1 << CS10);       // Set prescaler=1024
TIMSK1 |= (1 << OCIE1A);                   // Enable Timer compare interrupt
    sei();                                  // Enable all interrupts
```

Die Timer-Interrupt-Service-Routine wird durch ihren Namen **(ISR(TIMER1_COMPA_vect))** identifiziert. Abbildung 9.11 zeigt das Zeitverhalten des PID-Algorithmus unter Verwendung des Timer-Interrupts.

```
//---------------------------------------------------------------------------
//          TEMPERATURE PID CONTROLLER - USING TIMER INTERRUPTS
//          ===================================================
//
// This is the Arduino Uno PID temperature controller. The desired temperature
// is set to 50 Degrees C. PID algorithm is implemented in timer interrupt
//
// Author: Dogan Ibrahim
// File  : PIDtemp3
```

```
// Date  : June, 2022
//-------------------------------------------------------------------------
int Thermistor = A0;
int B = 3950;                                         // Thermistor B
float R0 = 100000.0;                                  // Thermistor R0
float Rs = 100000.0;                                  // Series resistor
float Vo, Rt, R, T, Temperature, adcconv, T0 = 298.15;
float sk, Kp, Ti, Td, pk, pk_1, ek, ek_1, a, b, yk, qk, wk, uk;
unsigned int adc;
int MOSFET = 3;

//
// Configure PWM pin and Initialize variables
//
void setup()
{
  Serial.begin(19200);
  pinMode(MOSFET, OUTPUT);
  sk = 50.0;
  Kp = 5.0;                                           // Proportional
  T = 1.0;                                            // Sample time
  Ti = 80.0;                                          // Integral
  Td = 0.0;                                           // Derivative
  a = Kp*T/Ti;
  b = Kp*Td/T;
  pk = 0.0;
  pk_1 = 0.0;
  ek_1 = 0.0;
  adcconv = 5000.0 / 1024.0;

//
// Timer1 configuration for 1s (1Hz) interrupts
//
    TCCR1A = 0;                                    // Set to 0
    TCCR1B = 0;                                    // Set to 0
    TCNT1  = 0;                                    // Set counter to 0
    OCR1A = 15624;                                 // Compare reg value
    TCCR1B |= (1 << WGM12);                        // Turn on CTC mode
    TCCR1B |= (1 << CS12) | (1 << CS10);           // Set prescaler=1024
    TIMSK1 |= (1 << OCIE1A);                       // Enable Timer compare
interrupt
    sei();                                         // Enable all interrupts
}

//
// This function calculates and returns the temperature in C
```

```
//
float Calc_Temperature()
{
  adc = analogRead(Thermistor);                       // Read voltage
  Vo = adc * adcconv;
  Rt = Rs * (5000.0 - Vo) / Vo;                       // Thermistor resistance
  R = log(Rt / R0);
  R = R / B;
  T = R +1.0 / T0;
  T = 1.0 / T;
  T = T - 273.15;                                     // Temperature in C
  return T;
}

//
// This is the PID timer interrupt service routine
//
ISR(TIMER1_COMPA_vect)
{
  yk = Calc_Temperature();
  ek = sk - yk;
  pk = a*ek + pk_1;
  wk = Kp*ek;
  qk = b*(ek - ek_1);
  uk = wk + pk + qk;
  if(uk > 255.0)
    uk = 255;
  if(uk < 0)
    uk = 0;
  analogWrite(MOSFET, uk);
  pk_1 = pk;
  ek_1 = ek;
  Serial.println(yk);
}

void loop()
{
}
```

*Abbildung 9.10: Programm:* **PIDtemp3**

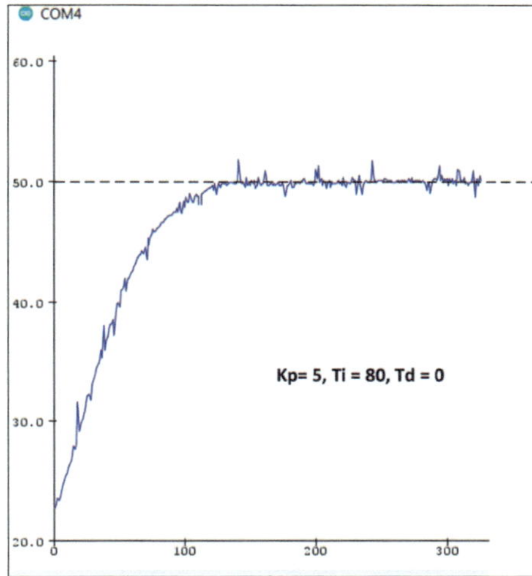


*Abbildung 9.11: Systemverhalten*

## 9.5 Projekt 4: PID-Temperaturregelung mit der Arduino Uno PID-Bibliothek

**Beschreibung:** Es gibt mehrere Bibliotheken für die Arduino IDE, welche den Entwurf von PID-Reglern vereinfachen. In diesem Abschnitt verwenden wir die bekannte PID-Bibliothek von Brett Beauregard (br3ttb@gmail.com). Details dazu sind auf der folgenden Website verfügbar:

https://playground.arduino.cc/Code/PIDLibrary/

Blockdiagramm und Schaltplan entsprechen dem vorherigen Projekt in diesem Kapitel.

**Die PID-Bibliothek**

Die PID-Bibliothek besteht aus mehreren Funktionen, die aufgerufen werden können, um das Design und die Abstimmung von PID-Reglern zu vereinfachen. Einige Einzelheiten zu den verfügbaren Funktionen finden Sie in diesem Abschnitt.

**PID(&Input, &Output, &Setpoint, Kp, Ki, Kd, Direction):** Diese Funktion erstellt einen PID-Regler in paralleler Form, der mit dem angegebenen Eingang, Ausgang und Sollwert verknüpft ist. Die Parameter sind:

| | |
|---|---|
| **Input (double):** | Die zu regelnde Eingangsvariable |
| **Output (double):** | Vom PID geregelte Größe |
| **Setpoint (double):** | Sollwert |
| **Kp, Ki, Kd (double):** | PID Parameter |

**Direction:** Hier wird festgelegt, in welche Richtung (DIRECT oder REVERSE) sich der Ausgang bewegt, wenn er mit einer bestimmten Fehlergröße konfrontiert wird (am häufigsten wird DIRECT verwendet).

**Compute()**: Diese Funktion enthält den PID-Algorithmus selbst. Sie sollte einmal pro Schleifendurchlauf (oder pro Abtastung) aufgerufen werden. Die Funktion berechnet jeweils eine neue Ausgabe. Die Funktion gibt „true" zurück, wenn die Ausgabe berechnet wird, und „false", wenn kein neuer Wert ausgewertet wird.

**SetOutputLimits(min,max):** Mit dieser Funktion werden die Grenzen der PWM eingestellt. Standardmäßig sind diese Grenzen in Arduino Uno 0 bis 255.

**SetSampleTime()**:Diese Funktion legt die PID-Abtastzeit in Millisekunden fest. D. h. hier wird definiert wie oft der PID-Algorithmus auswertet wird. Der Standardwert ist 200 ms. Die Berechnungsfunktion kehrt zum aufrufenden Programm zurück, wenn sie keine neue Ausgabe berechnet.

**SetMode()**:Diese Funktion gibt an, ob die PID-Funktion eingeschaltet (AUTOMATIC) oder ausgeschaltet (MANUAL) sein soll. Der Standardwert ist MANUAL (aus).

**SetTunings(Kp,Ki,Kd)**: Die Start-Parameter der PID werden normalerweise angegeben, wenn die PID erstellt wird. Diese Funktion kann aufgerufen werden, um diese Parameter zu ändern.

Zusätzlich werden die folgenden Anzeigefunktionen bereitgestellt. Diese Funktionen geben die PID-Parameter für Anzeigezwecke zurück:

GetKp()
GetKi()
GetKd()
GetMode()
GetDirection()

Bevor die PID-Bibliothek verwendet wird, muss sie in die IDE eingebunden werden. Die Schritte dazu sehen so aus:

- Laden Sie die neueste Version von der folgenden Website herunter:
  https://www.arduino.cc/reference/en/libraries/pid/
- Zum Zeitpunkt der Erstellung dieses Buchs hatte die neueste Version den Namen: **PID-1.2.0.zip.**
- Starten Sie die IDE
- Klicken Sie auf **Sketch ->àInclude Library -> Add .zip Library**, navigieren Sie zur heruntergeladenen Bibliothek und klicken Sie auf Öffnen.
- Die Bibliothek sollte jetzt verfügbar sein.
  Hinweis: Die ZIP-Datei enthält auch Beispiele, die beim PID-Design nützlich sein können.

Nun kann der PID-Regler für das Druckbett entworfen werden. Die Programmdetails dazu sind weiter unten angegeben.

**Programmlisting:** Abbildung 9.12 zeigt das Programmlisting (Programm: **PIDlibtemp**). Zu Beginn des Programms wird die Header-Datei PID_v1.h in das Programm eingebunden, die Thermistorparameter und der Serienwiderstand werden definiert und der MOSFET wird dem Port 3 zugewiesen. Anschließend werden die PID-Parameter als Double-Variablen definiert. Innerhalb der setup()-Funktion wird die gewünschte Temperatur auf 50 °C, die Abtastzeit auf 1000 ms (1 Sekunde) und der serielle Monitor auf 19200 Baud eingestellt. Die Programmschleife ruft die Funktion Calc_Temperature() auf, um die Temperatur zu berechnen, dann wird die Funktion "**Compute**" der PID-Bibliothek aufgerufen, um die PID auszuwerten. Die Ausgabe wird als PWM-Wert an den MOSFET-Schalter gesendet.

Die in der Bibliothek verwendete PID-Gleichung hat die folgende Form:

$$c(t) = K_p e(t) + K_i \int e(t)dt + K_d \frac{de(t)}{dt}$$

Bislang wurde die PID-Gleichung in der folgenden Form verwendet:

$$c(t) = K_p e(t)\left[1 + \frac{1}{T_i}\int e(t)dt + T_d \frac{de(t)}{dt}\right]$$

Es gilt also

$$K_i = K_p / T_i \quad \text{und} \quad K_i = K_p T_d$$

Unter Verwendung der bewährten PID-Parameter ergibt sich also:

$$K_p = 2.0,\ T_i = 50.0,\ T_d = 0$$

Für die Bibliotheksversion der PID können also die folgenden Parameter verwendet werden:

$$K_p = 2.0 \quad K_i = K_p / T_i = 2.0/50.0 = 0.04 \quad \text{und} \quad K_d = 0$$

```
//------------------------------------------------------------------------
//          TEMPERATURE PID CONTROLLER - USING PID LIBRARY
//          ==============================================
//
// This is the Arduino Uno PID temperature controller. The desired temperature
// is set to 50 Degrees C. PID library is used in this program
//
// Author: Dogan Ibrahim
// File  : PIDlibtemp
// Date  : June, 2022
//-------------------------------------------------------------------------
#include <PID_v1.h>
```

```
int Thermistor = A0;
int B = 3950;                                           // Thermistor B
float R0 = 100000.0;                                    // Thermistor R0
float Rs = 100000.0;                                    // Series resistor
float Vo, Rt, R, T, Temperature, adcconv, T0 = 298.15;
unsigned int adc;
int MOSFET = 3;

//
//Define Variables we will be connecting to
//
double Setpoint, Input, Output;

//
//Specify the PID tuning parameters
//
double Kp=2.0, Ki=0.022, Kd=0;
PID myPID(&Input, &Output, &Setpoint, Kp, Ki, Kd, DIRECT);

//
// Configure PWM pin and Initialize variables
//
void setup()
{
  Setpoint = 50.0;
  myPID.SetSampleTime(1000);
  Serial.begin(19200);
  pinMode(MOSFET, OUTPUT);
  myPID.SetMode(AUTOMATIC);
  adcconv = 5000.0 / 1024.0;
}

//
// This function calculates and returns the temperature in C
//
float Calc_Temperature()
{
  adc = analogRead(Thermistor);                        // Read voltage
  Vo = adc * adcconv;
  Rt = Rs * (5000.0 - Vo) / Vo;                        // Thermistor resistance
  R = log(Rt / R0);
  R = R / B;
  T = R +1.0 / T0;
  T = 1.0 / T;
  T = T - 273.15;                                      // Temperature in C
  return T;
```

```
}


void loop()
{
  Input = Calc_Temperature();                    // Calculate temperature
  boolean flag = myPID.Compute();                // Compute PID
  analogWrite(MOSFET, Output);                   // Send to MOSFET switch
  if(flag)Serial.println(Input);                 // Plot (Serial Plotter)
}
```

*Abbildung 9.12: Programm* **PIDlibtemp**

Abbildung 9.13 zeigt das Zeitverhalten des Systems bei geschlossenem Regelkreis. Die Temperatur pendelt sich nach einem kleinen Überschwingen auf 50 °C ein. Dieses Diagramm erhalten Sie, indem Sie den Serial Plotter aus dem Tools-Menü aktivieren. In Abbildung 9.14 wurde der $K_i$ Term auf 0,028 verkleinert, um das Überschwingen zu reduzieren.

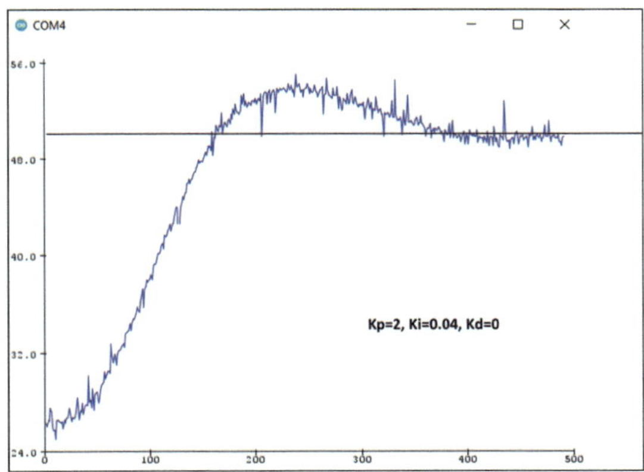


*Abbildung 9.13: Systemreaktion mit geringem Überschwingen*

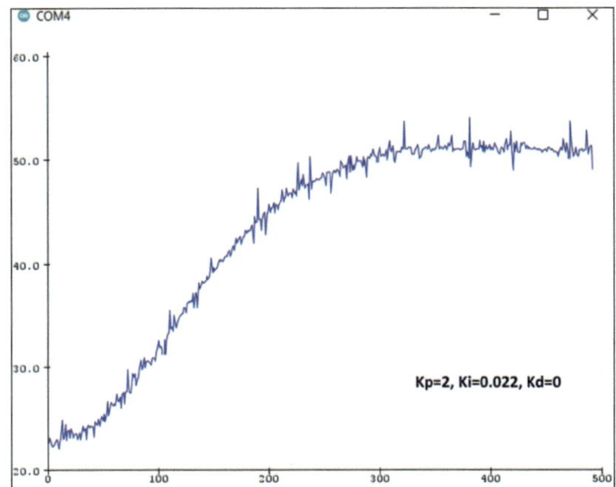


*Abbildung 9.14: Systemreaktion mit weiter reduziertem Überschwingen*

# Kapitel 10 • Drehzahlregelung von Gleichstrommotoren mit Arduino und Raspberry Pi

## 10.1 Überblick

Im letzten Kapitel wurde gezeigt, wie man Temperaturen mit einem auf dem Arduino Uno implementierten PID-Regler regelt. Dieses Kapitel behandelt die Grundprinzipien von Gleichstrommotoren und ihre Regelung mit PID-Systemen. Dafür werden sowohl der Arduino als auch der Raspberry Pi eingesetzt.

## 10.2 Elektromotortypen

Ein Elektromotor ist eine Maschine, die elektrische Energie in mechanische Energie in Form einer linearen oder rotierenden Bewegung (oder eines Drehmoments) umwandelt. Elektromotoren arbeiten mit Magnetfeldern. Diese erzeugen eine Kraftwirkung zwischen einem festen Magnetfeld und von Strom durchflossenen Drahtwicklungen. So wird eine lineare oder rotierende Bewegung erzeugt.

Elektromotoren werden in zwei Kategorien eingeteilt:

- Wechselstrommotoren
- Gleichstrommotoren

Innerhalb dieser Hauptkategorien gibt es wiederum verschiedene Unterkategorien, wie in Abbildung 10.1 dargestellt.

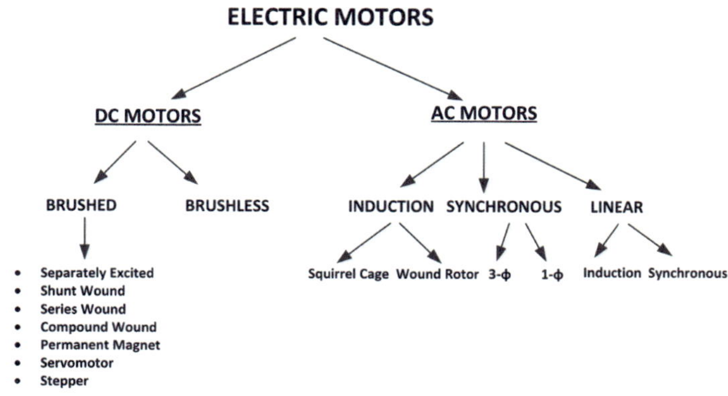


*Abbildung 10.1: Elektromotortypen*

Wechselstrommotoren (AC) werden in der Robotik eher selten verwendet, da die meisten Roboter mit Batterien, also mit Gleichspannung (DC) betrieben werden. Wechselstrommotoren werden im Allgemeinen in industriellen Automatisierungsanwendungen eingesetzt, wo sehr große Drehmomente erforderlich sein können, wie z. B. in Förderbändern, Kränen usw.

Dieses Buch behandelt nur klassische Gleichstrommotoren. Zu ihren Vorteilen gehören:

- Sie sind kostengünstig
- Betrieb mit niedrigen DC-Spannungen
- Kleine Baugröße
- Einfache Geschwindigkeitssteuerung
- In allen Größen und Stärken verfügbar
- Gutes Drehmoment- und Drehzahl-Verhalten

Die Nachteile von klassischen, Bürsten-Gleichstrommotoren sind:

- Die Bürsten nutzen sich ab und müssen eventuell von Zeit zu Zeit ersetzt werden
- Die Bürsten erzeugen elektrische Funken, die in bestimmten Umgebungen Feuer oder Explosionen verursachen können
- Die Bürsten erzeugen HF-Rauschen, das in der Nähe befindliche elektronische Geräte wie Fernseher, Radios usw. stören kann.
- Hochwertige Gleichstrommotoren für professionelle Anwendungen sind teuer

## 10.3 Bürsten-Gleichstrommotoren

Bürsten-Gleichstrommotoren haben in der Regel zwei Anschlussklemmen. Wenn eine Spannung an diese Klemmen angelegt wird, beginnt sich der Motor zu drehen. Bürsten-Gleichstrommotoren (BDC) werden meist in elektrischen Spielzeugen und in anderen preisgünstigen Anwendungen verwendet. Sie sind sehr kostengünstig, einfach zu betreiben, in vielen Größen und Formen sowie mit und ohne Getriebe erhältlich. Im Gegensatz zu anderen Motortypen (z. B. bürstenlose Gleichstrom- und Wechselstrommotoren) benötigen Bürsten-Gleichstrommotoren keine speziell Ansteuerung, um den Strom in den Motorwicklungen zu schalten. Alle BDC-Motoren setzen sich zusammen aus:

- einem Stator;
- einem Rotor;
- den Bürsten sowie einem Kommutator.

Der Stator erzeugt ein stationäres Magnetfeld, das den Rotor umgibt. Dieses Feld wird entweder durch Permanentmagnete, die um den Rotor herum angeordnet sind, oder durch elektromagnetische Wicklungen, die den Rotor umgeben, erzeugt.

Der Rotor wird auch als Anker bezeichnet und enthält die Wicklungen, die ein Magnetfeld erzeugen, wenn eine Gleichspannung angelegt wird. Die Magnetpole des Rotors werden von den entgegengesetzten Magnetpolen des Stators angezogen, wodurch der Rotor in Drehung versetzt wird.

Der Kommutator befindet sich auf der Achse des Motors. Während sich der Motor dreht, leiten Kohlebürsten über den Kommutator die Versorgungsspannung an die Rotorwicklungen. Die Bürsten kommen mit verschiedenen Segmenten des Kommutators in Kontakt und liefern so die erforderliche Versorgungsspannung an verschiedene Wicklungen des Rotors. Beachten Sie, dass der Kommutator ein Teil des Rotors ist, d. h. wenn sich der Rotor dreht, dreht sich auch der Kommutator.

### 10.3.1 Gleichstrommotoren mit Permanentmagneten

Bei einem Permanentmagnet-Motor wird das Statorfeld durch Permanentmagnete erzeugt (siehe Abbildung 10.2). Der Stator enthält also Permanentmagnete. Diese Motoren haben den Vorteil, dass sie sehr klein sein können und keine Kupferverluste im Feldkreis auftreten. Auf der anderen Seite ist das erzeugte Drehmoment gering, da die Permanentmagnete im Vergleich zu elektrisch erzeugten externen Magnetfeldern schwache Flussdichten aufweisen. Zudem besteht die Gefahr der Entmagnetisierung, welche den Motor funktionsunfähig machen kann. Abbildung 1.3 zeigt das Schaltbild eines Permanentmagnet-Motors.

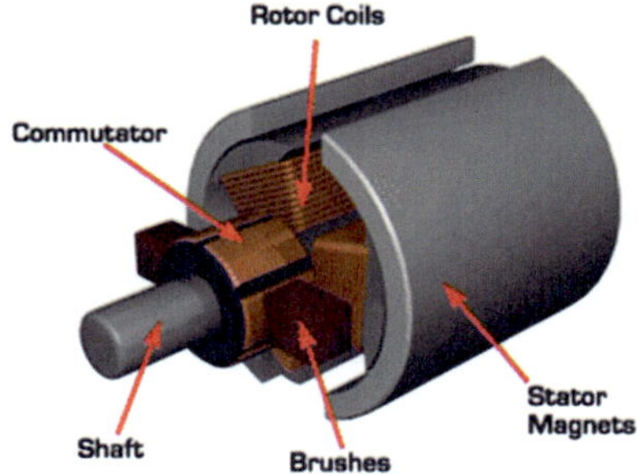


*Abbildung 10.2: Permanentmagnet-BDC-Motor*

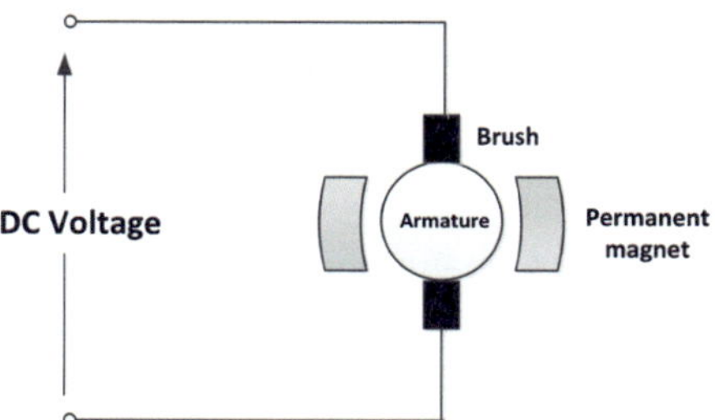


*Abbildung 10.3: Schaltplan eines Permanentmagnet-BDC-Motors*

### 10.3.2 Gleichstrommotoren mit Serienwicklung

Bei einem Gleichstrommotor mit Serienwicklung ist die Feldspule mit dem Anker in Reihe geschaltet. Dadurch sind Feld- und Ankerstrom gleich groß. Der Vorteil dieser Motoren ist, dass sie ein hohes Drehmoment erzeugen. Diese Motoren haben den Nachteil, dass ihre Drehzahl schwer zu kontrollieren ist. Außerdem ist die maximale Drehzahl auf etwa 5000 U/min begrenzt. Abbildung 10.4 zeigt das Schaltbild eines solchen Reihenschlussmotors.

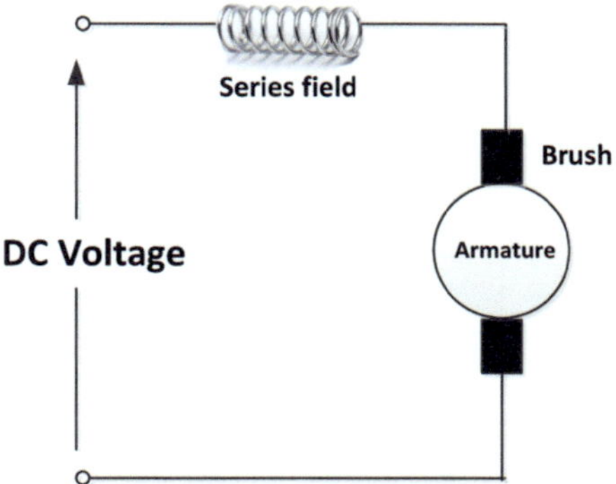


*Abbildung 10.4: Schaltplan des Reihenschluss-BDC-Motors*

### 10.3.3 Nebenschluss-Motoren

Bei Nebenschluss-Motoren ist die Feldspule parallel zum Anker geschaltet, wodurch die Ströme in der Feldspule und im Anker voneinander unabhängig sind. Der Vorteil dieser Motoren ist, dass sie hervorragende Drehzahlregelungseigenschaften haben. Die Drehzahl kann einfach geändert werden, indem ein Widerstand in Reihe mit dem Anker oder mit der Feldspule geschaltet wird. Abbildung 10.5 zeigt das Schaltbild eines Nebenschluss-Motors.

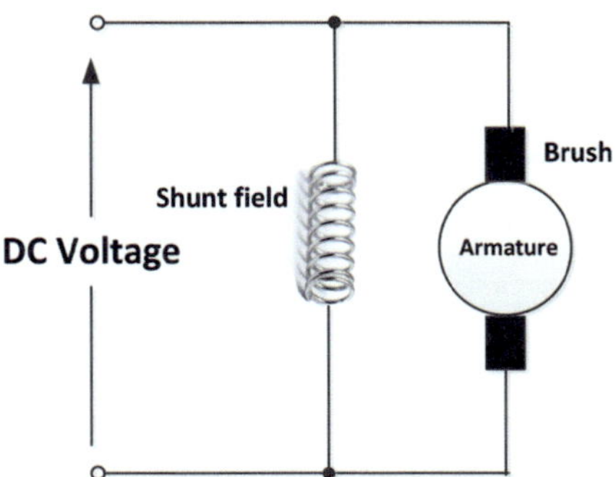


*Abbildung 10.5: Schaltbild eines Nebenschluss-BDC-Motors*

### 10.3.4 Doppelschluss-Motoren

Diese Motoren stellen eine Kombination aus Nebenschluss- und Reihenschlussmotoren dar. Ihre Vorteile sind vor allem ein höheres Drehmoment als bei Reihenschlussmotoren und eine stabile Drehzahl. Abbildung 10.6 zeigt das Schaltbild eines doppelt gewickelten Gleichstrommotors.

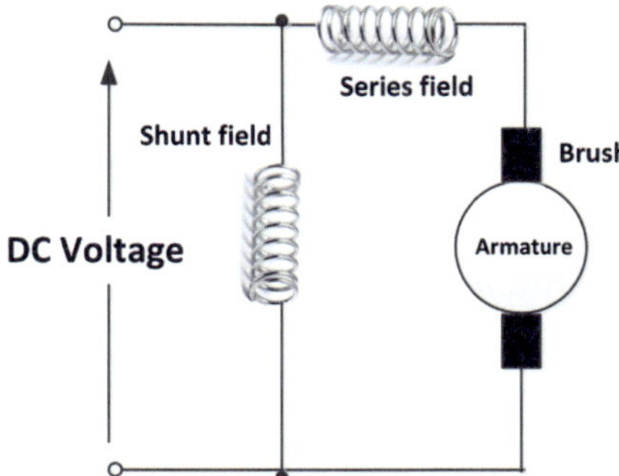


*Abbildung 10.6: Schaltplan eines doppelt gewickelten BDC-Motors*

### 10.3.5 Fremderregte BDC-Motoren

Bei fremderregten Motoren werden die Feldspulen von einer unabhängigen Quelle gespeist, wodurch der Feldstrom unabhängig von Änderungen des Ankerstroms wird. Diese Motoren erzeugen ein hohes Drehmoment und haben stabile Drehzahlregelungseigenschaften. Bild 10.7 zeigt das Schaltbild eines fremderregten BDC-Motors.

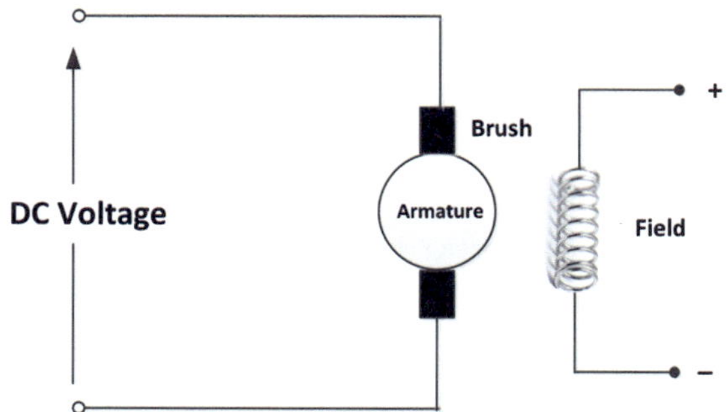


*Bild 10.7: Schaltbild eines fremderregten BDC-Motors*

### 10.3.6 Servomotoren

Servomotoren ermöglichen die präzise Steuerung der Winkelposition ihrer Rotoren. Sie bestehen normalerweise aus einem Gleichstrommotor, der mit einem Sensor als Rückmeldungselement gekoppelt ist, so dass die Drehposition des Motors genau angesteuert werden kann. Servomotoren laufen im Closed-Loop-Modus, um eine hohe Leistung und Genauigkeit zu gewährleisten. Diese Motoren werden üblicherweise in ferngesteuerten Autos, Booten, Hubschraubern, Flugzeugen usw. verwendet.

Servomotoren werden normalerweise mit PWM-Impulsen (positiv verlaufende rechteckige Impulse) mit einer Periode von 50 Hz (20 ms-Periode) betrieben. Bei den meisten Typen bringt ein 1,5-ms-Impuls den Motor in die Mittelposition, ein 1-ms-Impuls dreht den Motor um 90 Grad in eine Richtung und ein 2-ms-Impuls dreht den Motor um 90 Grad in die entgegengesetzte Richtung. Einige Arten von Servomotoren sind so modifiziert, dass sie sich kontinuierlich drehen. Abbildung 10.8 zeigt einen kleinen Servomotor.

*Abbildung 10.8: Kleiner Servomotor*

### 10.3.7 Schrittmotoren

Schrittmotoren (Abbildung 10.9) drehen sich in einzelnen Schritten, wenn elektrische Impulse in der richtigen Reihenfolge an ihre Anschlüsse angelegt werden. Die Abfolge der angelegten Impulse bestimmt die Drehrichtung. Die Drehzahl der Motorwelle hängt direkt von der Frequenz der Eingangsimpulse ab. Der Drehwinkel wird über die Anzahl der angelegten Impulse gesteuert. Schrittmotoren sind ideal für Open-Loop-Positionierungssanwendungen in Druckern, Plottern, PCB-Bohrmaschinen und allen anderen Anwendungen, die eine präzise Steuerung der Rotorposition erfordern. Schrittmotoren verfügen jedoch nur über ein relativ geringes Drehmoment.

*Abbildung 10.9: Kleiner Schrittmotor*

Grundsätzlich gibt es zwei Arten von Schrittmotoren: unipolar und bipolar. Der Hauptunterschied zwischen diesen beiden Typen liegt in den angelegten Spannungspegeln. Unipolare Schrittmotoren arbeiten ausschließlich mit positiven Spannungen (z. B. 0 und +12 V). Bipolare Motoren hingegen arbeiten mit positiven und negativen Spannungen (z. B. -5 V und +5 V). Wie in den Bildern gezeigt, benötigen unipolare Motoren einen zusätzlichen Anschluss in der Mitte jeder Spule. Bipolarmotoren haben den Vorteil, dass sie größere Drehmomente erzeugen (da der Strom in der gesamten Spule fließt und ein stärkeres elektromagnetisches Feld erzeugt) und einen Anschlussdraht weniger für den Betrieb benötigen.

## 10.4 Bürstenlose Gleichstrommotoren

Bei einem bürstenlosen Gleichstrommotor (BLDC) besteht der Rotor aus einem Permanentmagnet und der Stator hat Wicklungen. Er arbeitet im Grunde wie ein Gleichstrommotor mit Bürsten, dessen Inneres nach außen gedreht wurde. In einem bürstenlosen Gleichstrommotor finden sich keine Bürsten und kein Kommutator und folglich halten diese Motoren länger und erfordern wenig oder keine Wartung. Darüber hinaus erzeugen bürstenlose Motoren keine elektrischen Funken. Sie arbeiten daher sauberer, leiser und zuverlässiger. Auf der anderen Seite sind diese Motoren teurer. Die an die Statorwicklungen angelegte Spannungsfolge ersetzt die Funktion des Kommutators und dreht so den Motor. Die Steuerung eines bürstenlosen Gleichstrommotors unterscheidet sich stark von der eines normalen Bürsten-Gleichstrommotors. Es sind spezielle Sensoren erforderlich, um die Winkelposition des Rotors zu erkennen bevor die Spannungsimpulse angelegt werden. Die Drehzahlregelung von bürstenlosen Gleichstrommotoren erfolgt über elektronische Drehzahlregelungsmodule (ESC).

## 10.5 Auswahl von Motoren

Die Auswahl eines Elektromotors für eine Anwendung ist eine wichtige Aufgabe bei der Entwicklung eines mobilen Roboters oder eines Elektroautos. Einige der wichtigen Auswahlkriterien sind:

- Drehmoment
- Geschwindigkeit
- Genauigkeit
- Betriebsspannung
- Kosten
- Größe und Gewicht

## 10.6 Übertragungsfunktion eines Gleichstrom-Bürstenmotors

Die Übertragungsfunktion eines Systems stellt das Verhältnis seiner Ausgabe- zu seinen Eingabewerten unter Verwendung der Laplace-Transformation dar. Es ist wichtig, die Übertragungsfunktion eines Systems zu kennen, bevor irgendeine Form von Rückkopplung darauf angewendet werden kann. Erst wenn die Übertragungsfunktion bekannt ist, kann eine Regelung mit geschlossenem Regelkreis entworfen werden. In diesem Abschnitt wird die Ableitung der Übertragungsfunktion eines Bürsten-Gleichstrommotors mit Permanentmagneten (oder eines fremderregten Gleichstrommotors) vorgestellt. Hierbei handelt es sich um einer der am häufigsten verwendeten Motortypen in Roboteranwendungen.

Abbildung 10.10 zeigt das Schaltbild des Motors, wobei R (in Ohm) und L (in Henry) der Widerstand und die Induktivität der Motorwicklungen sind. V (in Volt) ist die angelegte Gleichspannung, J (in kg·m2/s2 ) ist die Trägheit der am Motor angebrachten Last, und Ve (in Volt) ist die vom Motor erzeugte Elektromotorische Gegenkraft (Gegen-EMK).

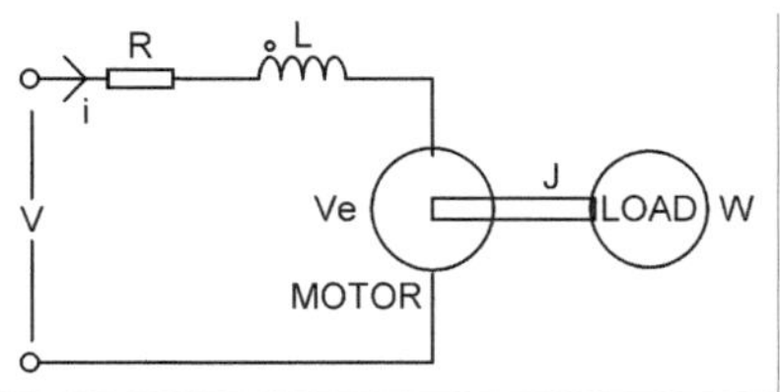


*Abbildung 10.10: Permanentmagnet-Gleichstrommotor*

Das vom Motor erzeugte Drehmoment ist proportional zum Strom durch die Motorwicklungen und kann geschrieben werden als:

$$T = K_T I \tag{10.1}$$

Wobei KT die Motordrehmoment-Konstante und I (in Ampere) der Motorstrom ist. Die Gegen-EMK ist proportional zur Motorwinkelgeschwindigkeit W (in rad/s) und ist gegeben durch:

$$V_e = K_E W \tag{10.2}$$

Es gilt W = dΘ/dt mit Θ als Motordrehwinkel (in Radian). KE ist die Gegen-EMK-Konstante des Motors.

Unter Verwendung des Kirchoffschen Gesetzes kann man die folgende Gleichung für den Motorkreis schreiben:

$$V - V_e = Ri + L\, di/dt \tag{10.3}$$

oder,

$$V = Ri + Ldi\,/\,dt + K_E W \tag{10.4}$$

und

$$T = J\, dW\,/\,dt \tag{10.5}$$

Mit (10.1) und (10.2) kann man schreiben:

$$i = J\,/\,K_T dW\,/\,dt \tag{10.6}$$

mit den Gleichungen (10.6) und (10.4) somit:

$$V = \frac{RJ}{K_T}\frac{dW}{dt} + \frac{LJ}{K_T}\frac{d^2W}{dt^2} + K_E W \tag{10.7}$$

Bei kleinen Motoren ist die Induktivität L sehr klein und kann vernachlässigt werden. Gleichung (10.7) wird dann zu:

$$V = \frac{RJ}{K_T}\frac{dW}{dt} + K_E W \qquad (10.8)$$

Gleichung (10.8) ist eine Gleichung erster Ordnung. Mit den Laplace-Transformation, wobei s der Laplace-Operator ist, kann sie wie folgt umgeschrieben werden:

$$\frac{W(s)}{V(s)} = \frac{1}{K_E + sRJ / K_T} \qquad (10.9)$$

oder

$$\frac{W(s)}{V(s)} = \frac{K_T}{K_T K_E + sRJ} \qquad (10.10)$$

Wenn eine Stufenspannung VO an die Motorklemmen angelegt wird, steigt die Motordrehzahl exponentiell an, bis sie sich auf einen Endwert einpendelt. Die Sprungantwort des Motors (d. h. die Motorgeschwindigkeit, wenn ein plötzlicher sprunghafter Spannungsanstieg angelegt wird) kann abgeleitet werden, indem die Übertragungsfunktion mit 1/s multipliziert und dann die inverse Laplace-Transformation berechnet wird. Das Ergebnis sieht so aus:

$$W(t) = \frac{V_o}{K_E}\left(1 - e^{-\frac{K_T K_E t}{RJ}}\right) \qquad (10.11)$$

Anfangs ist die Geschwindigkeit 0. Sie steigt dann exponentiell an, wobei ein Endwert von $W(t) = V_O / K_E$ erreicht wird. Abbildung 10.11 zeigt die typische Sprungantwort eines Bürsten-Gleichstrommotors.

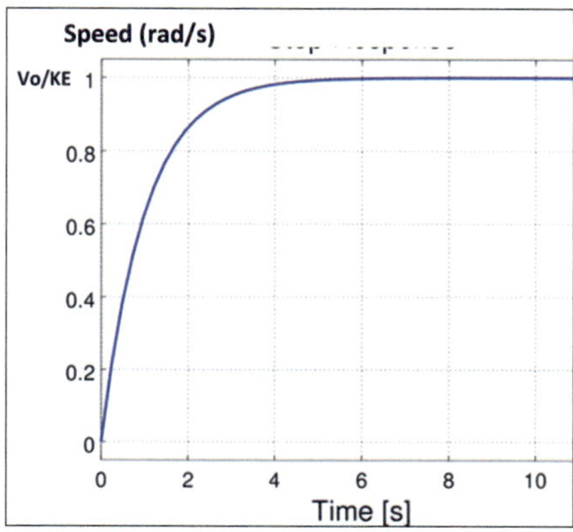


*Abbildung 10.11: Sprungantwort eines Gleichstrommotors*

Beachten Sie, dass der Term $T = R\,J\,/\,K_T\,K_E$ die Zeitkonstante des Motors ist. Diese liefert die Zeit, die der Motor benötigt, um 63 % seiner Enddrehzahl zu erreichen.

## 10.7 Der in den Projekten verwendete Gleichstrommotor

In den Projekten dieses Buches wird ein Bürsten-Motor vom Typ EMG30 verwendet (Bild 10.12). Dies ist ein DC-Getriebemotor mit einem eingebauten Hallsensor-Encoder und den folgenden Spezifikationen:

- Betriebsspannung: 12 V
- Getriebeübersetzung: 30:1
- Nenndrehmoment: 1,5 kg/cm
- Nenndrehzahl 170 U/min
- Nennstrom: 530 mA
- Leerlaufdrehzahl: 216 U/min
- Leerlaufstrom: 150 mA
- Blockierstrom: 2,5 A
- Der Encoder liefert 360 Impulse pro Umdrehung der Motorwelle

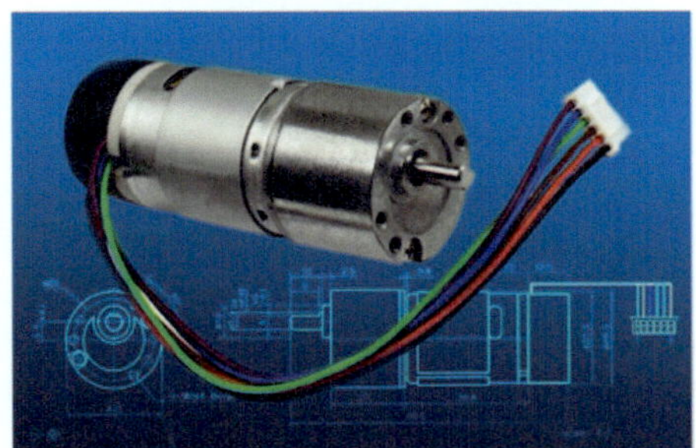

*Abbildung 10.12: Der Gleichstrommotor vom Typ EMG30.*

Passend zum Motor ist eine kleine Halterung beim Hersteller erhältlich. Für die Projekte in diesem Buch wird der Motor mit dem Montagewinkel auf einer kleinen Holzplatte montiert. Mit seiner Welle ist ein Kunststoffrad verbunden, sodass die Drehung der Motorwelle gut beobachtet werden kann (siehe Abbildung 10.13).

*Abbildung 10.13: Mit Hilfe der Halterung montierter Motor*

Der Motor wird mit einem kleinen 6-poligen JST-Stecker mit sechs farbigen Drähten mit den folgenden Funktionen geliefert:

| Aderfarbe | Anschluss |
|---|---|
| Lila (1) | Hallsensor B Vout |
| Blau (2) | Hallsensor A Vout |
| Grün (3) | Masse des Hallsensors |
| Braun (4) | Hallsensor Vcc |
| Rot (5) | Motorversorgung (+) |
| Schwarz (6) | Motorversorgung (-) |

**Der Hall-Sensor-Encoder**

Ein Encoder ist eine elektromechanische Komponente, die ein elektrisches Signal zur Geschwindigkeits- und/oder Positionssteuerung liefert. Encoder wandeln die mechanische Bewegung einer Motorwelle in ein elektrisches Signal um, das von einem Steuerungssystem verwendet wird, um bestimmte Parameter wie die Geschwindigkeit oder die Position des Motors, an dem sie angebracht ist, zu überwachen.

Der in diesem Projekt verwendete Hallsensor-Encoder arbeitet zwischen +3,5 V und +20 V. Seine Ausgänge sind vom Open-Collector-Typ und erfordern daher Pull-up-Widerstände an den Signalausgängen. Der Encoder detektiert die Änderungen des Magnetfelds eines Magneten der an der Motorwelle befestigt ist. Wenn sich der Motor dreht, werden die Encoder-Ausgänge periodisch getriggert.

Ein Inkrementalgeber liefert eine bestimmte Anzahl von Impulsen bei einer Drehung des Gebers. Bei einem zweiphasigen Encoder, wie dem hier verwendeten, besteht der Ausgang aus zwei Impulskanälen (einem „A"- und einem „B"-Kanal), die so versetzt sind, dass die Drehrichtung bestimmt werden kann (Abbildung 10.14). Diese Phasenlage zwischen den beiden Signalen wird Quadratur genannt. Die Drehzahl eines Motors kann bestimmt werden, indem die Anzahl der Impulse gezählt wird, die von einer Phase des Encoders erzeugt werden. Die Drehrichtung des Motors wird aus der Phasendifferenz der beiden Encoderausgänge bestimmt (Bild 10.15).

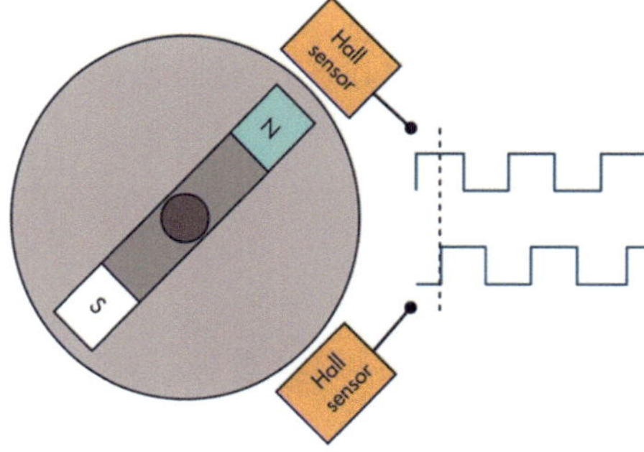


*Abbildung 10.14: Funktionsweise eines Encoders*

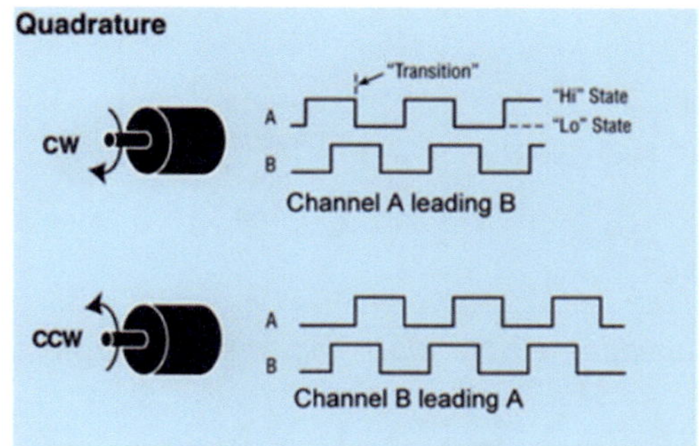


*Abbildung 10.15: Zwei Phasen eines Drehgebers*

## 10.8 Projekt 1: Motorgeschwindigkeits- und Richtungssteuerung unter Verwendung einer integrierten H-Brücke

Dieses Projekt zeigt, wie die Geschwindigkeit und Richtung eines Gleichstrommotors einfach geändert werden kann. Es wird eine integrierte H-Brücken-Motorsteuerung in Verbindung mit dem Arduino Uno verwendet. In diesem Projekt wird der Motor wie folgt angesteuert:

- 5 Sekunden lang mit halber Geschwindigkeit im Uhrzeigersinn drehen
- 5 Sekunden lang mit einem Viertelgeschwindigkeit im Uhrzeigersinn drehen
- 5 Sekunden mit halber Drehzahl gegen den Uhrzeigersinn drehen.
- 5 Sekunden lang mit Viertelgeschwindigkeit gegen den Uhrzeigersinn drehen

Der obige Vorgang wird solange wiederholt, bis er manuell gestoppt wird.

Blockdiagramm: Das Blockdiagramm des Projekts ist in Abbildung 10.16 dargestellt. In diesem Projekt wird ein Motor Controller Modul Typ LMD18200 H verwendet. Das Modul (Abbildung 10.17) stellt eine H-Brücke dar, mit der die Drehzahl und die Drehrichtung eines Motors gesteuert werden können. Die Geschwindigkeit wird durch Senden von PWM-Signalen an den Chip gesteuert. Die Drehrichtung wird durch Setzen oder Löschen eines Richtungsbits bestimmt.

Das LMD18200-Modul weist die folgenden Spezifikationen auf:

- Bis zu 3 A Dauerstrom
- Versorgungsspannung bis 55 V
- TTL- und CMOS-kompatible Eingänge
- Motorgeschwindigkeits- und Richtungssteuerung
- Thermische Abschaltung
- Motorstopp-Eingang (Motorbremse)

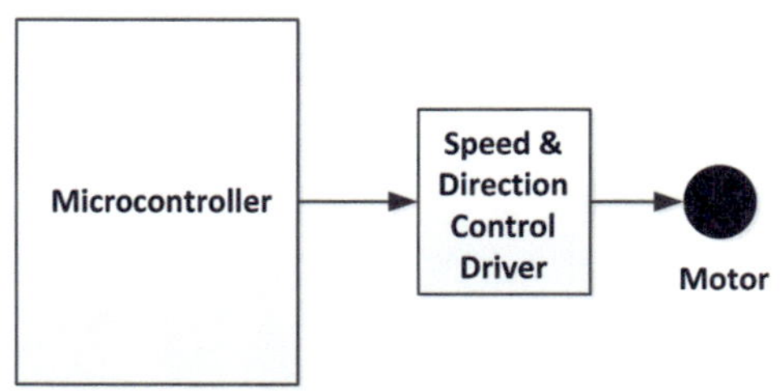


*Abbildung 10.16: Blockdiagramm des Projekts*

*Abbildung 10.17: Motorsteuerungsmodul LMD18200*

Das Controller-Modul LMD18200 hat die folgende Schraubklemmenkonfiguration:

**Linke Schraubklemme (J2)**

| | |
|---|---|
| GND: | Masse der Stromversorgung des Mikrocontrollers |
| PWM: | Geschwindigkeitssteuereingang (mit Logikpegeln) |
| DIR: | Richtungssteuerungseingang |
| MOTORBREMSE: | Bremssteuereingang (logisch 1 für Bremse) |

**Rechte Schraubklemme (J3)**

| | |
|---|---|
| V+: | Externe Motorversorgung |
| GND: | Masse der Stromversorgung |
| OUT1: | Motoranschluss |
| OUT2: | Motoranschluss |

Tabelle 10.1 zeigt die Betriebslogiktabelle des LMD18200-Controllers.

| PWM | DIR | BREMSE | FUNKTION |
|---|---|---|---|
| 1 | 1 | 0 | Vorwärts |
| 1 | 0 | 0 | Rückwärts |
| 1 | 1 | 1 | Bremse |
| 1 | 0 | 1 | Bremse |
| 0 | X | 1 | Bremse |

*Table 10.1: LMD18200 operational logic table.*

**Schaltplan mit Arduino Uno**

Abbildung 10.18 zeigt den Schaltplan des Projektes. Der Motor wird an die Schraubklemmen OUT1 und OUT2 angeschlossen. Eine externe +12-V-Stromversorgung wird an den V+-Eingang angeschlossen. Die Port-Pins 2 und 3 sind mit den DIR- und PWM-Eingängen des LMD18200-Moduls verbunden. Abbildung 10.19 zeigt die Schaltung, die mit Jumpern aufgebaut wurde, um den Arduino Uno mit den Schraubklemmen des LMD18200-Moduls zu verbinden.

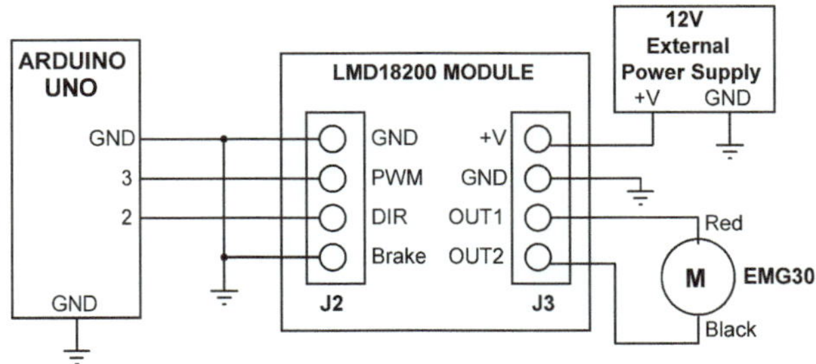


*Abbildung 10.18: Arduino Uno Schaltplan*

*Abbildung 10.19: Arduino Uno-Verbindung zum LMD18200-Modul*

### Schaltplan mit Raspberry Pi

Abbildung 20.20 zeigt den Schaltplan für die Raspberry-Pi-Version des Projekts. Auch hier kommt das Modul LMD18200 zum Einsatz. Die Port-Pins GPIO2 und GPIO3 sind mit den DIR- und PWM-Eingängen des LMD18200-Moduls verbunden. Der Motor wird von einer externen +12-V-Stromversorgung gespeist. Abbildung 20.21 zeigt die Schaltung, die ebenfalls mit Jumpern aufgebaut wurde, um den Raspberry Pi mit den Schraubklemmen des LMD18200-Moduls zu verbinden.

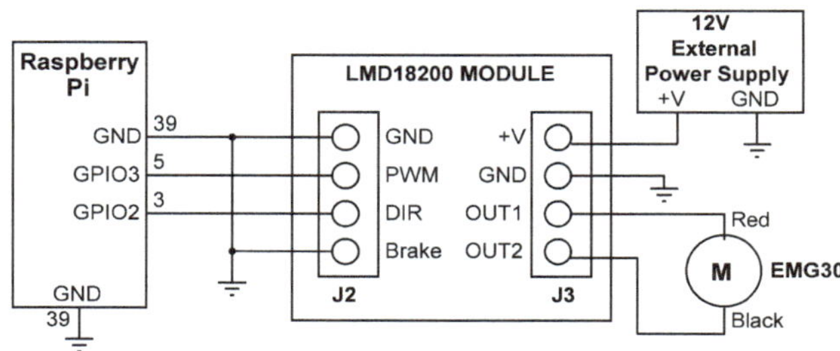


*Abbildung 10.20: Raspberry Pi Schaltplan*

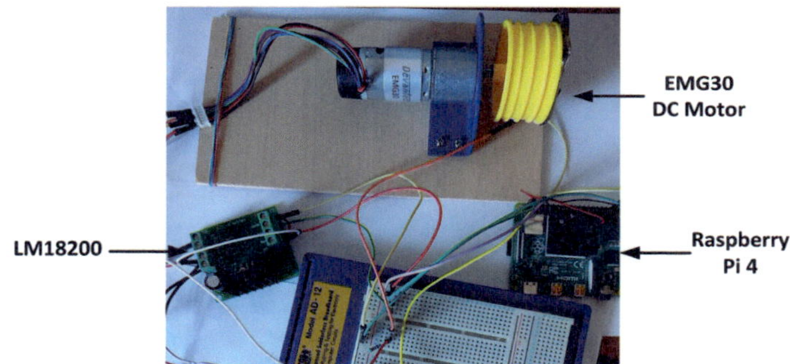


*Abbildung 10.21: Raspberry Pi-Verbindung zum LMD18200-Modul*

### Programmlisting für Arduino Uno

Der Arduino Uno bietet sechs PWM-Ausgänge, die mit drei Timern auf dem Prozessor verbunden sind. Diese sind:

Pin 5 und 6 - verbunden mit Timer0
Pin 9 und 10 - verbunden mit Timer1
Pin 11 und 3 - verbunden mit Timer2

Die Frequenz der PWM hängt von der Einstellung des Timer/Counters, also vom Takt des Controllers geteilt durch einen Prescaler-Wert ab. Der Prescaler ist 3 Bit breit und wird in den drei niederwertigsten Bits (LSB) der Timer/Counter-Register CS02, CS01 und CS00 gespeichert. Die Timer/Counter-Register sind TCCR0B, TCCR1B und TCCR2B. Beachten Sie, dass die PWM-Pins paarweise die gleiche Frequenz haben. Zum Beispiel werden PWM-Signale an den Pins 11 und 3 von Timer/Counter TCCR2B gesteuert, die Pins 9 und 10 werden von TCCR1B gesteuert und die Pins 5 und 6 von TCCR0B.

Die Standardwerte der PWM-Frequenzen nach dem Booten sind wie folgt:

Pin 5 und 6: 976,56 Hz
Pin 9 und 10: 490,20 Hz
Pin 11 und 3: 490,20 Hz

Um die PWM-Frequenz zu ändern, müssen die drei niederwertigsten Bits der entsprechenden Timer/Counter-Register neu geladen werden. Die Werte und dei zugehörigenm PWM-Frequenzen für die PWM-Pins 11 und 3 sind unten angegeben (diese Anweisungen müssen in die Funktion setup() des Programms aufgenommen werden):

```
TCCR2B = TCCR2B & B11111000 | B00000001 frequency = 31372.55 Hz
TCCR2B = TCCR2B & B11111000 | B00000010 frequency = 3921.16 Hz
TCCR2B = TCCR2B & B11111000 | B00000011 frequency = 980.39 Hz
TCCR2B = TCCR2B & B11111000 | B00000100 frequency = 490.20 Hz (DEFAULT)
TCCR2B = TCCR2B & B11111000 | B00000101 frequency = 245.10 Hz
TCCR2B = TCCR2B & B11111000 | B00000110 frequency = 122.55 Hz
TCCR2B = TCCR2B & B11111000 | B00000111 frequency = 30.64 Hz
```

Um beispielsweise die PWM-Frequenz auf 980,39 Hz einzustellen, kann die folgende Anweisung innerhalb der Funktion setup() verwendet werden:

```
        TCCR2B = TCCR2B & B11111000 | B00000011
```

Das Programmlisting ist in Abbildung 10.22 dargestellt (Programm: Motor1). Zu Beginn des Programms werden DIR und PWM jeweils den Port-Pins 2 bzw. 3 zugewiesen. Innerhalb der Funktion setup() werden die Ports als Ausgang konfiguriert. Die Funktion „Rotate“ hat zwei Argumente: Richtung und Geschwindigkeit. Wenn die Richtung c (“clockwise“ - im Uhrzeigersinn) ist, wird der DIR-Pin des LMD18200-Moduls auf LOW gesetzt. Wenn andererseits die Richtung a („anticlockwise“ - gegen den Uhrzeigersinn) ist, dann wird der DIR-Pin des LMD18200-Moduls auf HIGH gesetzt. Wenn die Geschwindigkeit f („fast“ - schnell) ist, wird eine PWM-Spannung mit einem Arbeitszyklus von 50 % (d. h. einem Wert von 128) an den PWM-Pin gesendet. Wenn andererseits die Geschwindigkeit s („slow“ - langsam) ist, dann wird das PWM-Tastverhältnis auf 25 % gesetzt (d. h. ein Wert von 64).

```
/*****************************************************************
*         MOTOR SPEED AND DIRECTION CONTROL USING AN IC
*         ==============================================
*
* This is a simple motor speed and direction control project
* using the LMD18200 motor control module. Pins 3 and 2 of the
* Arduino Uno are connected to pins PWM and DIR of the LMD18200
* respectively. A +12V external power supply is used to power the
* motor.
*
* File   : Motor1
```

```
* Date  : July 2022
* Author: Dogan Ibrahim
*****************************************************************/
#define PWM 3                                   // PWM pin
#define DIR 2                                   // DIR pin

//
// Configure DIR as output
//
void setup()
{
  pinMode(DIR, OUTPUT);                          // Direction is output
  pinMode(PWM, OUTPUT);                          // PWM is output
}

//
// This function rotates the motor. Argument direction can be 'c'
// for clockwise or 'a' for anticlockwise. Argument speed can be
// 'f' for fast or 's' for slow
//
void Rotate(char direction, char speed)
{
  if(direction == 'c')
    digitalWrite(DIR, LOW);                      // Direction control
  else
    if(direction == 'a')digitalWrite(DIR, HIGH);

  if(speed == 'f')                               // Speed control
    analogWrite(PWM, 128);                       // HALF FULL speed
  else
    if(speed == 's')analogWrite(PWM, 64);        // QUARTER FULL speed
}

//
// The motor is rotated as follows:
// 5 seconds clockwise and fast
// 5 seconds clockwise and slow
// 5 seconds anticlockwise and fast
// 5 seconds anticlockwise and slow
//
void loop()
{
     Rotate('c', 'f');                          // clockwise, fast
     delay(5000);
     Rotate('c', 's');                          // clockwise, slow
     delay(5000);
```

```
     Rotate('a', 'f');                          // anticlockwise, fast
     delay(5000);
     Rotate('a', 's');                          // anticlockwise, slow
     delay(5000);
}
```

*Figure 10.22: Arduino Uno Programmlisting*

**Programmlisting für den Raspberry Pi**

Das Programmlisting ist in Abbildung 10.23 dargestellt (Programm: Pimotor1.py). Zu Beginn des Programms werden RPi.GPIO- und Time-Module in das Programm importiert. DIR und PWM sind den Port-Pins 2 bzw. 3 zugewiesen. Diese Pins sind als Ausgänge konfiguriert. Die Funktion Rotate hat zwei Character-Argumente: Richtung und Geschwindigkeit. Wenn die Richtung c ("clockwise" - im Uhrzeigersinn) ist, wird der DIR-Pin des LMD18200-Moduls auf LOW gesetzt. Wenn andererseits die Richtung a ("anticlockwise" - gegen den Uhrzeigersinn) ist, dann wird der DIR-Pin des LMD18200-Moduls auf HIGH gesetzt. Wenn die Geschwindigkeit f ("fast" — schnell) ist, wird eine PWM-Spannung mit 50 % Tastverhältnis (d. h. ein Wert von 128) an den PWM-Pin gesendet. Wenn andererseits die Geschwindigkeit s ("slow" — langsam) ist, dann wird das PWM-Tastverhältnis auf 25 % (d. h. ein Wert von 64) gesetzt. Zwischen jeder Ausgabe werden fünf Sekunden Verzögerung eingefügt.

```
#-------------------------------------------------------------------
#              MOTOR SPEED AND DIRECTION CONTROL
#              =================================
#
# This is a simple motor speed and direction control project
# using the LMD18200 motor control module. Pins 2 and 3 of the
# Raspberry Pi are connected to pins DIR and PWM of the
# LMD18200 respectively. A +12V external power supply is used
# to power the motor.
#
# File  : Pimotor1.py
# Date  : July 2022
# Author: Dogan Ibrahim
#----------------------------------------------------------------------
import RPi.GPIO as GPIO
import time

GPIO.setwarnings(False)
GPIO.setmode(GPIO.BCM)
DIR = 2                                         # DIR port
PWM = 3                                         # PWM port

GPIO.setup(DIR, GPIO.OUT)                       # DIR is output
GPIO.setup(PWM, GPIO.OUT)                       # PWM is output
```

```
#
# Generate PWM waveform at PWM pin with frequency of 1000 Hz
#
p = GPIO.PWM(PWM, 1000)
p.start(0)                                      # Start PWM

#
# This function rotates the motor with the given direction and speed
#
def Rotate(direction, speed):
  if direction == 'c':
    GPIO.output(DIR, 0)
  else:
    if direction == 'a':
      GPIO.output(DIR, 1)

  if speed == 'f':
   p.ChangeDutyCycle(50)                        # HALF FULL speed
  else:
   if speed == 's':
     p.ChangeDutyCycle(25)                      # QUARTER FULL SPEED
  return

while True:
  Rotate('c', 'f')
  time.sleep(5)
  Rotate('c', 's')
  time.sleep(5)
  Rotate('a', 'f')
  time.sleep(5)
  Rotate('a', 's')
  time.sleep(5)
```

*Abbildung 10.23: Raspberry Pi-Programmlisting*

## 10.9 Projekt 2: Anzeige der Motordrehzahl mit Arduino Uno

**Beschreibung:** Dieses Projekt zeigt, wie der eingebaute Encoder verwendet werden kann, um die Drehzahl des EMG30-Gleichstrommotors zu erfassen. Die Geschwindigkeit wird dann auf dem Serial Monitor der Arduino IDE angezeigt.

**Blockdiagramm:** Das Blockdiagramm des Projekts entspricht wieder der Abbildung 10.16. Die Drehzahl des Motors lässt sich leicht ermitteln, indem entweder die Anzahl der Impulse von einem oder von beiden Encodern innerhalb einer bestimmten Zeit gezählt wird. Wenn beispielsweise jede Sekunde nur die steigenden Flanken der Phase A gezählt werden, kann die Drehzahl der Motorwelle nach dem Getriebe berechnet und in U/min ausgedrückt werden.

**Schaltplan:** Abbildung 10.24 zeigt den Schaltplan des Projekts. In diesem Projekt wird der Ausgang B des Hall-Sensors (violetter Draht) mit einem Pull-up-Widerstand an die MCU angeschlossen, sodass die Sensorimpulse gezählt und die Motordrehzahl berechnet werden können. Darüber hinaus ist das LMD18200-Modul mit der MCU verbunden, wobei die PWM- und DIR-Pins mit den Port-Pins 3 bzw. 4 verbunden sind.

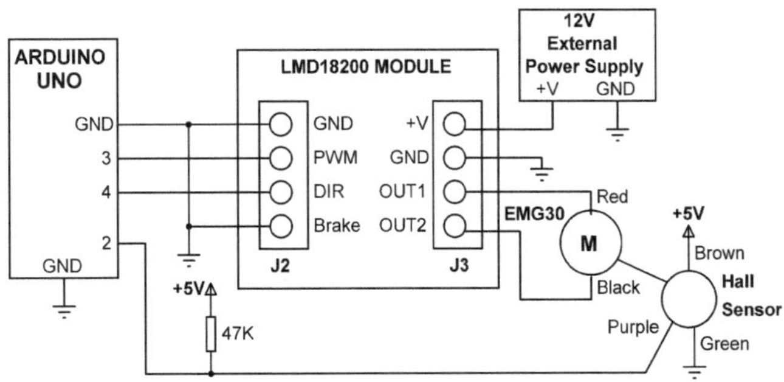


*Abbildung 10.24: Schaltplan des Projektes*

Die Encoder-Impulse werden über einen der externen Interrupt-Eingänge des Arduino Uno ausgewertet.

**Programmlisting:** Der Arduino Uno hat zwei externe Interrupt-Pins an den GPIO-Ports: 2 und 3. Pin 2 entspricht dem Interrupt Nummer 0 und Pin 3 entspricht dem Interrupt Nummer 1. Wenn die **attachInterrupt(interrupt number, ...., ....)**-Funktion verwendet wird, um einen Interrupt mit einer Funktion zu verbinden, müssen die Interrupt-Nummer als erstes Argument der Funktion angeben werden. Alternativ kann die Funktion a**ttachInterrupt(digitalPinToInterrupt(pin-Nummer), ..., ...)** verwendet und die GPIO-Pin-Nummer als externer Interrupt-Pin angeben werden.

Abbildung 10.25 zeigt das Programmlisting des Projekts (Programm: **Motor2**). Phase B ist Pin Nummer 2 zugeordnet und dieser Pin ist mit der Interrupt-Serviceroutine namens **EncoderISR** verknüpft. Die Variable "Intervall" ist auf eine Sekunde eingestellt. Innerhalb des **Encoder-ISR** wird der Wert der Variablen "**Count**" um eins erhöht.

Die Funktion **millis()** gibt die Anzahl der Millisekunden zurück, die vergangen sind, seit das Programm auf dem Arduino Uno gestartet wurde. Innerhalb der Programmschleife werden die verstrichenen Millisekunden seit dem letzten Durchlauf berechnet. Wenn dieser Wert größer oder gleich dem Intervall (eine Sekunde) ist, dann wird angenommen, dass eine Sekunde verstrichen ist. Am Ende einer Sekunde wird die Drehzahl der Motorwelle nach dem Getriebe  in RPM ermittelt und dann auf dem Serial Monitor der Arduino IDE angezeigt. Beachten Sie, dass die Arduino-Verzögerungsfunktion hier nicht verwendet wird, um ein Zeitintervall von einer Sekunde für den Count zu erstellen, da sie ungenaue Ergebnisse liefert, wenn diese Funktion durch einen externen oder einen Timer-Interrupt unterbrochen wird. Stattdessen wird die Funktion **millis()** verwendet, um ein Zeitintervall von einer Sekunde zu erzeugen. Abbildung 10.26 zeigt die Geschwindigkeit, wie sie auf dem seriellen Monitor in RPM angezeigt wird

```
/*****************************************************************
*         MOTOR SPEED SENSE USING ENCODER
*         ===============================
*
* In this project the speed of the motor is measured using the Hall
* Effect sensor with a magnetic disc attached to the shaft of the
* motor.
*
* The speed (RPM) of the motor is found by counting the number
* of encoder pulses in a given time period (e.g. in a second).
*
* The encoder ouput is connected to pin 2 of the Arduino
* Uno and the pulses generate external interrupts which are
* counted inside the interrupt service routine EncoderISR.
*
* File   : Motor2
* Date   : July 2022
* Author: Dogan Ibrahim
*****************************************************************/
#define PhaseB 2                                      // Phase A
#define PWM 3                                         // PWM pin
#define DIR 4                                         // DIR pin

volatile unsigned long Count = 0;                     // Encoder count
unsigned long Pulses;                                 // Encoder pulses
float RPM;                                            // Motor speed
unsigned long previousMillis = 0;
const long interval = 1000;                           // milliseconds
//
// This is the interrupt service routine which is called everytime
// a pulse is generated from the encoder output rising (going from
// LOW to HIGH)
//
void EncoderISR()
{
  Count++;
}

//
// Configure Encoder Phase A as input. Also, attach the Encoder A
// output to external interrupt 0 (GPIO pin 2). The interrupt
// service routine is named EncoderISR and is when an interrupt
// occurs (an encoder pulse is generated). External interrupts
// are generated on the rising edge (LOW to HIGH) of the encoder
//
void setup()
```

```
{
  pinMode(DIR, OUTPUT);                                    // Direction is output
  pinMode(PWM, OUTPUT);                                    // PWM is output
  Serial.begin(9600);
  pinMode(PhaseB, INPUT);                                  // Phase A is input
  attachInterrupt(digitalPinToInterrupt(2), EncoderISR, RISING);
  Rotate();
}

//
// Wait until a second has elapsed and then calculate the speed
// of the motor in RPM and display the speed on the Serial Monitor.
// The interval is set to 1000ms (1 second). When
//           CurrentMillis-previousMillis = interval
// then it is assumed that a second has elapsed
//

//
// This function rotates the motor so that we can measure its speed
//
void Rotate()
{
  digitalWrite(DIR, LOW);
  analogWrite(PWM, 20);                                      // Roate the motor
}


void loop()
{
     unsigned long CurrentMillis = millis();
     if(CurrentMillis - previousMillis >= interval)
     {
        Pulses = Count;                                      // Copy of Count
        previousMillis = CurrentMillis;
        Count = 0;                                           // Clear Count
        RPM = Pulses * 60.0 / 90.0;                          // Calculate RPM
        Serial.println(RPM);                                 // Display motor speed
      }
}
```

*Abbildung 10.25: Programmlisting des Projekts*

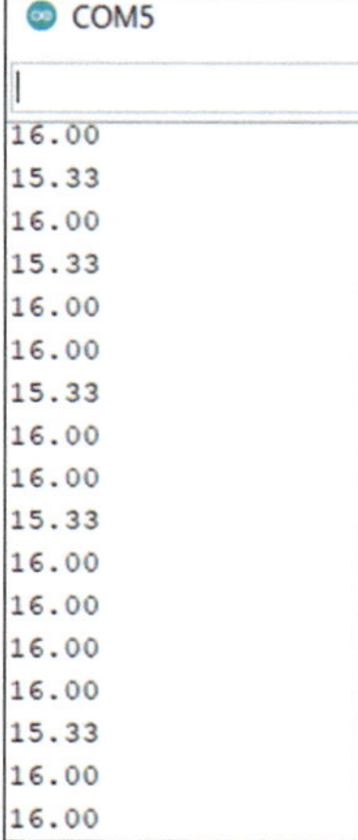


*Abbildung 10.26: Auf dem seriellen Monitor angezeigte Motordrehzahl*

## 10.10 Projekt 3: Anzeige der Motordrehzahl auf einem LCD mit Arduino Uno

Dieses Projekt ähnelt dem vorherigen, jedoch wird hier die Motordrehzahl auf einem LCD in RPM angezeigt. In diesem Projekt wird ein LCD vom Typ I²C verwendet.

**Blockdiagramm:** Abbildung 10.27 zeigt das Blockdiagramm des Projekts.

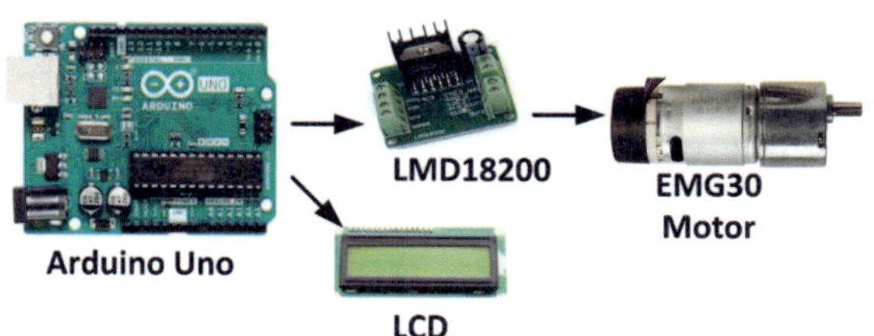


*Abbildung 10.27: Blockdiagramm des Projekts*

**Schaltplan:** Der Schaltplan ist in Abbildung 10.28 dargestellt. Das I²C LCD ist mit den Pins SDA (A4) und SCL (A5) des Arduino Uno verbunden.

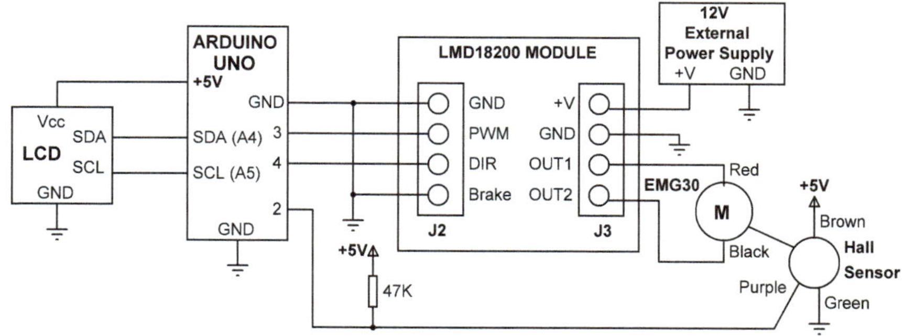


*Abbildung 10.28: Schaltplan des Projekts*

Programmlisting: Abbildung 10.29 zeigt das Programmlisting (Programm: **Motor3**). Das Programm ist Abbildung 10.25 sehr ähnlich, hier wird jedoch die Motorgeschwindigkeit jede Sekunde auf dem LCD angezeigt.

```
/*****************************************************************
*              DISPLAY MOTOR SPEED ON LCD
*              ==========================
*
* In this project the speed of the motor EMG30 is measured using
* the built-in encoder attached to the shaft of the motor and the
* speed is displayed on LCD in RPM
*
* File  : Motor3
* Date  : July 2022
* Author: Dogan Ibrahim
*****************************************************************/
#include <Wire.h>
#include <LiquidCrystal_I2C.h>
LiquidCrystal_I2C lcd(0x27, 16, 2);

#define PhaseB 2                                  // Phase A
#define PWM 3                                     // PWM pin
#define DIR 4                                     // DIR pin

volatile unsigned long Count = 0;                 // Encoder count
unsigned long Pulses;                             // Encoder pulses
float RPM;                                        // Motor speed
unsigned long previousMillis = 0;
const long interval = 1000;                       // milliseconds
//
// This is the interrupt service routine which is called everytime
// a pulse is generated from the encoder output rising (going from
// LOW to HIGH)
//
void EncoderISR()
{
  Count++;
}

//
// Configure Encoder Phase A as input. Also, attach the Encoder A
// output to external interrupt 0 (GPIO pin 2). The interrupt
// service routine is named EncoderISR and is when an interrupt
// occurs (an encoder pulse is generated). External interrupts
// are generated on the rising edge (LOW to HIGH) of the encoder
//
```

```
void setup()
{
  lcd.init();                                      // Initialize LCD
  lcd.backlight();                                 // Backlight ON
  pinMode(DIR, OUTPUT);                            // Direction is output
  pinMode(PWM, OUTPUT);                            // PWM is output
  pinMode(PhaseB, INPUT);                          // Phase A is input
  attachInterrupt(digitalPinToInterrupt(2), EncoderISR, RISING);
  Rotate();
}

//
// Wait until a second has elapsed and then calculate the speed
// of the motor in RPM and display the speed on the Serial Monitor.
// The interval is set to 1000ms (1 second). When
//          CurrentMillis-previousMillis = interval
// then it is assumed that a second has elapsed
//

//
// This function rotates the motor so that we can measure its speed
//
void Rotate()
{
  digitalWrite(DIR, LOW);
  analogWrite(PWM, 20);                              // Rotate the motor
}


void loop()
{
     unsigned long CurrentMillis = millis();
     if(CurrentMillis - previousMillis >= interval)
     {
        Pulses = Count;                              // Copy of Count
        previousMillis = CurrentMillis;
        Count = 0;                                   // Clear Count
        RPM = Pulses * 60.0 / 90.0;                  // Calculate RPM
        lcd.clear();                                 // Clear LCD
        lcd.setCursor(0,0);                          // Cursor at 0,0
        lcd.print(RPM);                              // Display RPM
      }
}
```

*Abbildung 10.29: Programm:* **Motor3**

## 10.11 Projekt 4: Anzeige der Motordrehzahl mit dem Raspberry Pi

**Beschreibung:** Dieses Projekt zeigt, wie der eingebaute Encoder verwendet werden kann, um die Drehzahl des EMG30-Gleichstrommotors zu erfassen. Die Geschwindigkeit wird dann vom Raspberry Pi auf dem Bildschirm angezeigt.

**Blockdiagramm:** Das Blockdiagramm des Projekts ist dasselbe wie in Abbildung 10.16. Die Drehzahl des Motors lässt sich leicht ermitteln, indem die Anzahl der Impulse von einem oder von beiden Encodern in einer bestimmten Zeit gezählt wird. Wenn beispielsweise jede Sekunde nur die steigenden Flanken der Phase A gezählt werden, kann die Drehzahl der Motorwelle nach dem Getriebe berechnet und in U/min (engl. RPM) ausgedrückt werden.

**Schaltplan:** Abbildung 10.30 zeigt den Schaltplan des Projektes. In diesem Projekt wird der Ausgang B des Hallsensors (violetter Draht) über einem Pull-up-Widerstand mit der MCU verbunden. So können die Sensorimpulse gezählt und die Motordrehzahl berechnet werden. Darüber hinaus ist das LMD18200-Modul mit der MCU verbunden, wobei die PWM- und DIR-Pins mit den Port-Pins 3 bzw. 2 verbunden sind. Der Encoder-Ausgang ist über einen Pull-up-Widerstand mit GPIO21 (Pin 40) verbunden.

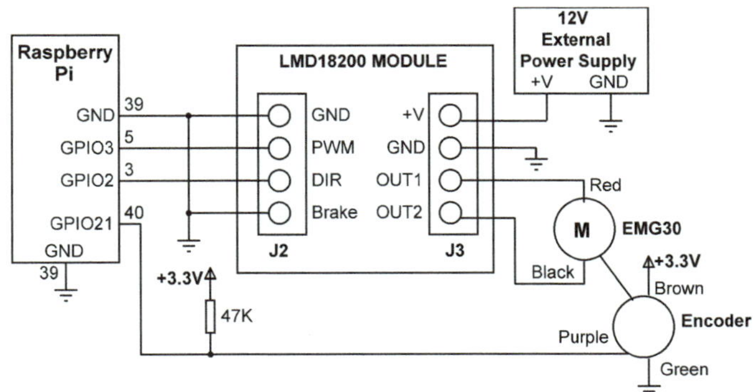


*Abbildung 10.30: Schaltplan des Projekts*

Die Encoder-Impulse werden über externe Interrupts auf dem Raspberry Pi ausgewertet.

**Programmlisting:** Abbildung 10.31 zeigt das Programmlisting (Programm: **Pimotor2**). Die Funktion **Rotate()** dreht den Motor mit fester Drehzahl. Der externe Interrupts wird an Pin GPIO21 über die ansteigende Flanke von PhaseB aktiviert. Wenn ein Interrupt ausgelöst wird, springt das Programm zur Interrupt Service Routine (ISR) namens EncoderISR. Die Variable "**Count**" wird innerhalb der ISR um eins erhöht. Der Wert von Count wird dann in RPM (U/min) umgewandelt und in der Variable RPM gespeichert, die dann jede Sekunde auf dem Bildschirm angezeigt wird.

```
#------------------------------------------------------------------
#                              DISPLAY MOTOR SPEED
#                              ===================
#
# This program displays the motor speed on the screen
```

```
#
# File   : Pimotor2.py
# Date   : July 2022
# Author: Dogan Ibrahim
#-----------------------------------------------------------------------
import RPi.GPIO as GPIO
import time

GPIO.setwarnings(False)
GPIO.setmode(GPIO.BCM)
DIR = 2                                          # DIR at port 2
PWM = 3                                          # PWM at port 3
PhaseB = 21                                      # Phase B at port 40

global Count
Count = 0

GPIO.setup(DIR, GPIO.OUT)                        # DIR is output
GPIO.setup(PWM, GPIO.OUT)                        # PWM is output
GPIO.setup(PhaseB, GPIO.IN)                      # Phase B is input

#
# Generate PWM waveform at PWM pin with frequency of 1000 Hz
#
p = GPIO.PWM(PWM, 1000)
p.start(0)                                       # Start PWM

#
# This function rotates the motor
#
def Rotate():
    GPIO.output(DIR, 0)
    p.ChangeDutyCycle(25)                        # QUARTER FULL SPEED
    return

def EncoderISR(PhaeB):
    global Count
    Count = Count + 1
    return

Rotate()
GPIO.add_event_detect(PhaseB, GPIO.RISING, callback = EncoderISR)

try:
 while True:
    EndTime = time.time() + 1
```

```
        while time.time() - EndTime < 0:
            pass

        RPM = Count * 60.0 / 90.0
        print(str(RPM)[:5])
        Count = 0

except KeyboardInterrupt:
        p.ChangeDutyCycle(0)
        p.stop()
```

*Abbildung 10.31: Programm:* **Pimotor2**

## 10.12 Projekt 5: Anzeige der Motordrehzahl auf einem LCD mit dem Raspberry Pi

**Beschreibung:** Dieses Projekt ähnelt Projekt 4, jedoch hier wird die Motordrehzahl auf dem LCD angezeigt.

**Blockdiagramm:** Das Blockdiagramm des Projekts ist in Abbildung 10.32 dargestellt.

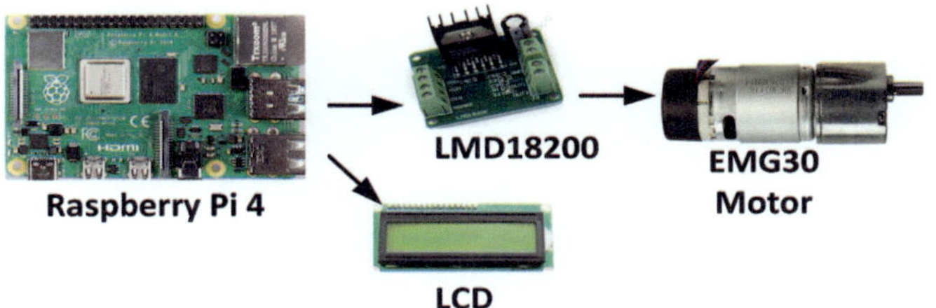


*Abbildung 10.32: Blockdiagramm des Projekts*

**Schaltplan:** Abbildung 10.33 zeigt den Schaltplan des Projekts. Beachten Sie, dass der Logikpegelwandler-Chip TXS0102 verwendet wird, um den +3,3 V-Ausgang des Raspberry Pi in +5 V umzuwandeln, um das LCD anzusteuern.

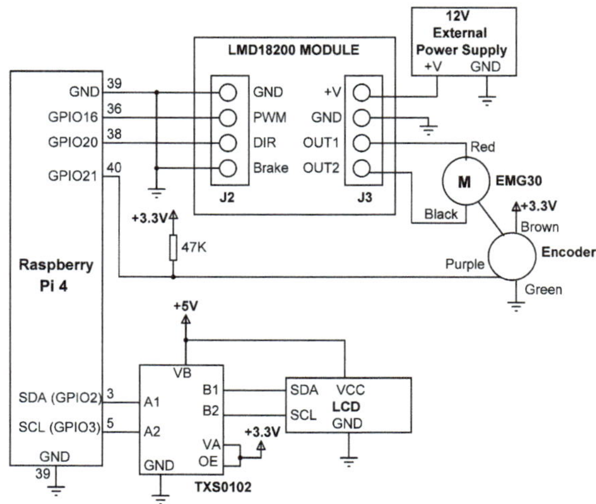


*Abbildung 10.33: Schaltplan des Projektes*

**Programmlisting:** Abbildung 10.34 zeigt das Programmlisting (Programm: **Pimotor3**). Dieses Programm ähnelt Abbildung 10.31, jedoch wird hier die Motordrehzahl auf dem LCD angezeigt.

```
#----------------------------------------------------------------------
#              DISPLAY MOTOR SPEED ON LCD
#              ==========================
#
# This program displays the EMG30 motor speed on I2C LCD
#
# File  : Pimotor3.py
# Date  : July 2022
# Author: Dogan Ibrahim
#-------------------------------------------------------------------------
import RPi.GPIO as GPIO
import time
from RPLCD.i2c import CharLCD

GPIO.setwarnings(False)
GPIO.setmode(GPIO.BCM)
lcd = CharLCD('PCF8574', 0x27)
DIR = 20                                    # DIR at port 2
PWM = 16                                    # PWM at port 3
PhaseB = 21                                 # Phase B at port 40

global Count
Count = 0

GPIO.setup(DIR, GPIO.OUT)                   # DIR is output
```

```
GPIO.setup(PWM, GPIO.OUT)                          # PWM is output
GPIO.setup(PhaseB, GPIO.IN)                        # Phase B is input

#
# Generate PWM waveform at PWM pin with frequency of 1000 Hz
#
p = GPIO.PWM(PWM, 1000)
p.start(0)                                         # Start PWM

#
# This function rotates the motor
#
def Rotate():
    GPIO.output(DIR, 0)
    p.ChangeDutyCycle(25)                          # QUARTER FULL SPEED
    return

#
# Interrupt service routine
#
def EncoderISR(PhaeB):
    global Count
    Count = Count + 1
    return

Rotate()
GPIO.add_event_detect(PhaseB, GPIO.RISING, callback = EncoderISR)

try:
 while True:
    EndTime = time.time() + 1
    while time.time() - EndTime < 0:
        pass

    RPM = Count * 60.0 / 90.0
    lcd.clear()
    lcd.write_string(str(RPM)[:5])
    Count = 0

except KeyboardInterrupt:
    p.ChangeDutyCycle(0)
    p.stop()
```

*Abbildung 10.34: Programm:* **Pimotor3**

## 10.13 Projekt 6: Charakterisierung des Gleichstrommotors mit einem Raspberry Pi

**Beschreibung:** In diesem Projekt wird die Sprungantwort des Gleichstrommotors mit Hilfe des Encoders aufgezeichnet. Daraus wird dann seine Übertragungsfunktion abgeleitet.

Blockdiagramm und Schaltbild des Projekts sind identisch mit den Abbildungen 10.16 bzw. 10.30.

Über das LMD18200-Modul wird ein PWM-Signal mit einem Taktzyklus von 50 % an den Motor angelegt. Auf diese Weise wird das Zeitverhalten des offenen Regelkreis vom Raspberry Pi aufgezeichnet.

**Programmlisting:** Abbildung 10.35 zeigt das Programmlisting (Programm: **PiStep.py**). Da die Zeitreaktion des Motors relativ schnell ist, wurde die Zeitachsenskala auf 100 ms eingestellt. Die Motorreaktion wird vom Programm in Echtzeit aufgezeichnet.

```
#--------------------------------------------------------------------
#               MOTOR OPEN-LOOP STEP RESPONSE
#               =============================
#
# This program applies a step of 50% PWM waveform to the motor.
# the open-loop time response is plotted by the program
#
# File  : PiStep.py
# Date  : July 2022
# Author: Dogan Ibrahim
#-----------------------------------------------------------------------
import matplotlib
matplotlib.use('TkAgg')
import matplotlib.pyplot as plt
import numpy as np

import RPi.GPIO as GPIO
import time

GPIO.setwarnings(False)
GPIO.setmode(GPIO.BCM)
DIR = 2                                           # DIR at port 2
PWM = 3                                           # PWM at port 3
PhaseB = 21                                       # Phase B at port 40

global Count
Count = 0

GPIO.setup(DIR, GPIO.OUT)                         # DIR is output
GPIO.setup(PWM, GPIO.OUT)                         # PWM is output
```

```
GPIO.setup(PhaseB, GPIO.IN)                        # Phase B is input
GPIO.output(DIR, 0)

#
# Generate PWM waveform at PWM pin with frequency of 1000 Hz
#
p = GPIO.PWM(PWM, 1000)
p.start(0)                                         # Start PWM

def SetupPlot():
  plt.axis([0, 20, 0, 150])
  plt.title('Speed')
  plt.xlabel('Time')
  plt.ylabel('Speed')
  plt.ion()
  return


def EncoderISR(PhaeB):
    global Count
    Count = Count + 1
    return

SetupPlot()
conv = 600.0 / 90.0

GPIO.add_event_detect(PhaseB, GPIO.RISING, callback = EncoderISR)
i=0
#
# Send step input to the motor with 50% PWM
#
try:
 while True:
    EndTime = time.time() + 0.1
    while time.time() - EndTime < 0:
        pass

    RPM = Count * conv
    plt.scatter(i, RPM, color='Red')
    i=i+1
    plt.pause(0.00001)
    p.ChangeDutyCycle(50)
    Count=0

except KeyboardInterrupt:
    p.ChangeDutyCycle(0)
```

```
p.stop()
```

*Abbildung 10.35 Programm:* **PiStep.py**

Das Zeitverhalten des Motors im offenen Regelkreis ist in Abbildung 10.36 dargestellt. Die Motordrehzahl pendelt sich bei einem 50 % PWM-Eingang auf 100 U/min ein. Die Zeitkonstante des Motors kann berechnet werden, wenn der Ausgang 63 % seines Endwerts erreicht. Dieser beträgt hier 30 ms (0,03 s). Die Übertragungsfunktion kann wie folgt abgeleitet werden:

$$G(s) = \frac{100/50}{1+0.03s}$$

oder $$G(s) = \frac{2}{1+0.03s}$$

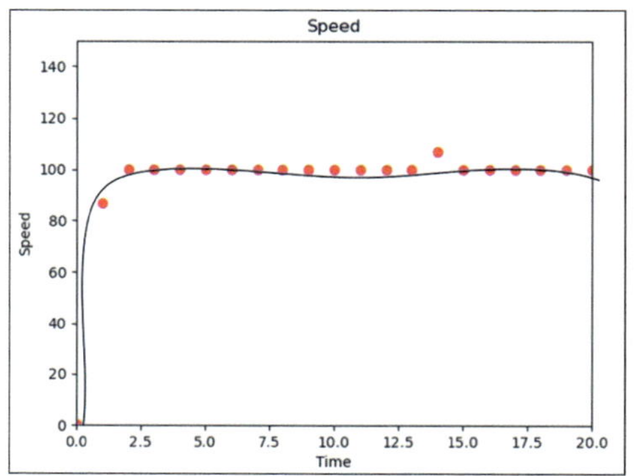


*Abbildung 10.36: Open-loop System Antwort*

## 10.14 Projekt 7: PID-Motordrehzahlregelung mit Raspberry Pi

Beschreibung: In diesem Projekt wird ein PID-Algorithmus zur Steuerung der Motordrehzahl verwendet. Der Schaltplan des Projekts stimmt Abbildung 10.30 überein.

Programmlisting: Abbildung 10.37 zeigt das PID-Regelsystem für die Motorregelung (Programm: PIDmotor.py). Zu Beginn des Programms werden die verwendeten Module in das Programm importiert, DIR-, PWM- und PhaseB-Pins konfiguriert und die Variable Count als globale Variable deklariert. Die Funktion SetupPlot() definiert die Achsen und ihre Bezeichnungen. Die Funktion Init() initialisiert den PID-Algorithmus. Der Algorithmus selbst ist in der Funktion PID() implementiert. Die Sprungantwort des Regelkreises mit dem PID-Algorithmus ist in der Hauptprogrammschleife berücksichtigt. Die Abtastzeit ist auf 0,2 Sekunden eingestellt.

```
#-----------------------------------------------------------
#
#                       PID MOTOR CONTROLLER
#                       ====================
#
# This is the PID motor controller program
#
# Author: Dogan Ibrahim
# File  : PIDmotor.py
# Date  : June, 2022
#-----------------------------------------------------------
import matplotlib
matplotlib.use('TkAgg')
import matplotlib.pyplot as plt
import numpy as np
import RPi.GPIO as GPIO
import time
import spidev
import math

GPIO.setwarnings(False)
GPIO.setmode(GPIO.BCM)
DIR = 2
PWM = 3
PhaseB = 21

GPIO.setup(PWM, GPIO.OUT)
GPIO.setup(DIR, GPIO.OUT)
GPIO.setup(PhaseB, GPIO.IN)
GPIO.output(DIR, 0)
p = GPIO.PWM(PWM, 1000)
p.start(0)

global Count
Count = 0
global sk, Kp, T, Ti, pk, pk_1, ek_1, a, b, yk

#
# Setup real time plot
#
def SetupPlot():
    plt.axis([0,100, 0,150])                        # Axes limits
    plt.title('Speed Response')                     # Title
    plt.xlabel('Time (x 0.2s)')                     # X label
    plt.ylabel('Speed')                             # Y label
    plt.ion()
```

```
        return

def EncoderISR(PhaseB):
    global Count
    Count = Count + 1
    return

#
# This function initializes the LCD and displays SetTemp
#
def Init():
        global sk, a, b, Kp, Ti, pk, pk_1, ek_1
        sk = 100                                               # SetTemp
        Kp = 0.03
        T = 0.2
        Ti = 0.05
        Td = 0
        a = Kp*T/Ti
        b = Kp*Td/T
        pk = 0.0
        pk_1 = 0.0
        ek_1 = 0.0
        return

#
# This is the Proportional+Integral+Derivative algorithm function
#
def PID():
        global yk, pk_1, ek_1
        ek = sk - yk
        pk = a*ek + pk_1
        wk = Kp*ek
        qk = b*(ek-ek_1)
        uk = wk + pk + qk                              # PID output
        if uk > 100.0:                                 # Limit uk for PWM
            uk = 100.0
        if uk < 0.0:                                   # Limit uk for PWM
            uk = 0.0
        p.ChangeDutyCycle(uk)                          # To PWM
        pk_1 = pk                                      # Update pk_1
        ek_1 = ek                                      # Update ek_1
        return


Init()                                                 # Init LCD
SetupPlot()                                            # Setup plot
```

```
conv = 300.0 / 90.0
GPIO.add_event_detect(PhaseB, GPIO.RISING, callback = EncoderISR)
i = 0

try:
 while i < 1000:                                # Do Forever
    yk = Count * conv
    PID()
    i = i + 1
    plt.scatter(i, yk,color='red')
    plt.pause(0.00001)
    Count = 0
    EndTime = time.time() + 0.2
    while time.time() - EndTime < 0:
      pass

except KeyboardInterrupt:
    p.ChangeDutyCycle(0)
    p.stop()
```

*Abbildung 10.37: Programm:* ***PIDmotor.py***

**Optimieren der PID-Parameter**

Um die PID-Parameter einzustellen, wurde das Simulationsprogramm aus Abschnitt 5.12 verwendet. Neben der Übertragungsfunktion wurden die durch Versuch und Irrtum optimierten Parameter eingegeben. Abbildung 10.38 zeigt die Simulationsergebnisse.

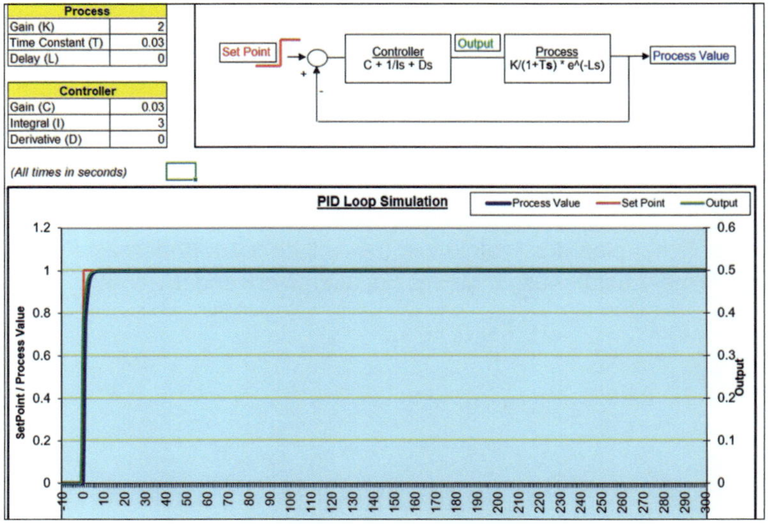


*Abbildung 10.38: Simulationsergebnisse*

Die folgenden PID-Parameter erwiesen sich als brauchbar:

$$C = 0.03, I = 3, D = 0$$

Aus diesen Werten kann man Kp = 0,03 und Ti = 0,09 berechnen. Es wurde festgestellt, dass Kp = 0,03 und Ti = 0,05 in der Praxis gute Ergebnisse lieferten. Das Einbeziehen des Differentialterms verbesserte die Antwort nicht. Abbildung 10.39 zeigt die mit dem Programm in Echtzeit aufgezeichnete Systemantwort. In diesem Programm wurde die gewünschte Drehzahl auf 100 U/min eingestellt. Es ist klar ersichtlich, dass sich die Drehzahl ohne stationären Fehler auf den gewünschten Wert einpendelt.

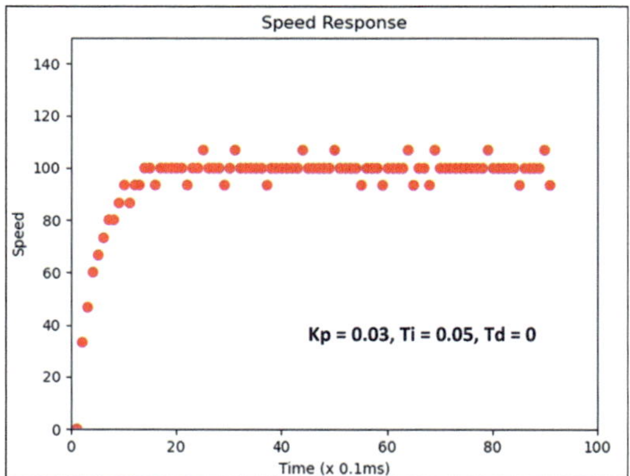


*Abbildung 10.39: Verhalten des geschlossenen Regelkreises*

Beachten Sie, dass der Encoder zwei Ausgänge hat, PhaseA und PhaseB. In diesem Programm wurde nur einen Ausgang verwendet. Es ist möglich, beide Ausgänge zu verwenden, um die Genauigkeit der Drehzahlmessung zu verbessern. Bei Verwendung beider Ausgängen verdoppeln sich die vom Encoder empfangenen Impulse (siehe nächstes Projekt).

## 10.15 Projekt 8: PID-Motordrehzahlregelung mit einem Arduino Uno

**Beschreibung:** In diesem Projekt wird ein PID-Algorithmus zur Regelung der Motordrehzahl verwendet.

**Schaltplan:** Der Schaltplan des Projekts ist in Abbildung 10.40 dargestellt. Beachten Sie, dass in diesem Projekt beide Ausgänge des Encoders verwendet werden.

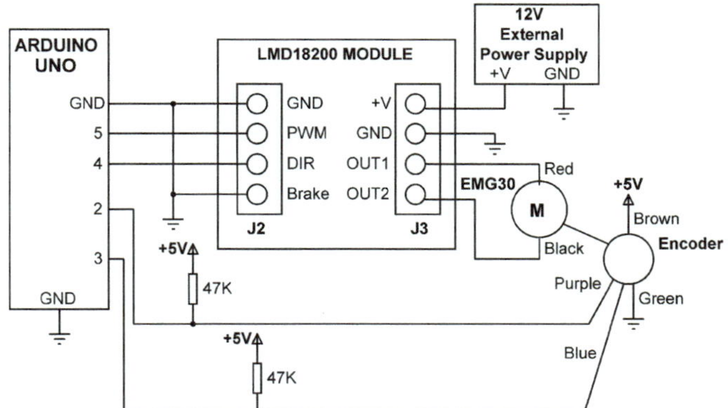


*Abbildung 10.40: Schaltplan des Projektes*

**Programmlisting:** Abbildung 10.41 zeigt das PID-Reglerprogramm für den Motor (Programm: **PIDmotor3**). Ein Timer-Interrupt wird verwendet, um die PID-Abtastzeit auf 0,2 Sekunden einzustellen. Der Vergleichsregisterwert für 0,2 Sekunden (d. h. 5 Hz) ist gegeben durch:

OCR1A = 16.000.000 / (Prescaler*f) – 1 = 16.000.000 / (1024 × 5) – 1

womit sich OCR1A = 3124 ergibt. Der PID-Algorithmus wird durch Timer-Interrupts gesteuert (Funktion: **ISR(TIMER1_COMPA_vect)**). Die Werte entsprechen einem Interrupt-Zeitintervall von 0,2 Sekunden.

Die Motordrehzahl wird durch Zählen der Encoderimpulse ermittelt. Wird nur eine Phase des Encoders verwendet und die Impulse eine Sekunde lang gezählt, ergibt sich die Drehzahl in U/min aus: Count × 60,0 / 90,0. In diesem Projekt werden die Impulse für 0,2 Sekunden gezählt. Daher ist die Motordrehzahl, wenn nur eine Phase verwendet wird, gegeben durch: Count × 300,0 / 90,0. Wenn beide Phasen verwendet werden, erhält man den doppelten Wert und daher ist die Motordrehzahl dann gegeben durch: Count × 150,0 / 90,0.

Die Encoder-Ausgänge PhaseA und PhaseB sind über Pull-up-Widerstände mit den Pins 2 und 3 des Arduino Uno verbunden. Die externen Interrupts werden für beide Pins mit der Funktion **attachInterrupt()** konfiguriert. Die Encoder-Impulse werden gezählt (Pins 2 und 3 sind externe Interrupt-Pins des Arduino Uno) und nach jeder Abtastung in der Variablen "Count" gespeichert.

```
//--------------------------------------------------------------------------
//          MOTOR PID CONTROLLER - USING TIMER INTERRUPTS
//          ========================================
//
// This is the Arduino Uno PID motor controller. The desired motor speed
// is set to 100 RPM. PID algorithm is implemented in timer interrupt
//
// Author: Dogan Ibrahim
```

```
// File  : PIDmotor3
// Date  : July, 2022
//------------------------------------------------------------------------
#define PhaseA 2                                          // Phase A
#define PhaseB 3                                          // Phase B
#define PWM 5                                             // PWM pin
#define DIR 4                                             // DIR pin

float sk, Kp, Ti, Td, pk, T, pk_1, ek, ek_1, a, b, yk, qk, wk, uk;
volatile unsigned long Count = 0;                         // Encoder count
float conv = 150.0 / 90.0;

//
// Configure PWM pin and Initialize variables
//
void setup()
{
  TCCR2B = TCCR2B & B11111000 | B00000011;
  pinMode(DIR, OUTPUT);                                   // Direction is output
  digitalWrite(DIR, LOW);
  pinMode(PWM, OUTPUT);                                   // PWM is output
  pinMode(PhaseB, INPUT);                                 // Phase B is input
  pinMode(PhaseA, INPUT);                                 // Phase A is input
  attachInterrupt(digitalPinToInterrupt(PhaseB), EncoderISR, RISING);
  attachInterrupt(digitalPinToInterrupt(PhaseA), EncoderISR2, RISING);
  Serial.begin(19200);
  sk = 100.0;                                             // Desired speed
  Kp = 0.5;                                               // Proportional
  T = 0.2;                                                // Sample time
  Ti = 3.5;                                               // Integral
  Td = 0.02;                                              // Derivative
  a = Kp*T/Ti;
  b = Kp*Td/T;
  pk = 0.0;
  pk_1 = 0.0;
  ek_1 = 0.0;
//
// Timer1 configuration for 0.2s (5Hz) interrupts
//
    TCCR1A = 0;                                      // Set to 0
    TCCR1B = 0;                                      // Set to 0
    TCNT1  = 0;                                      // Set counter to 0
    OCR1A = 3124;                                    // Compare reg value
    TCCR1B |= (1 << WGM12);                          // Turn on CTC mode
    TCCR1B |= (1 << CS12) | (1 << CS10);             // Set prescaler=1024
    TIMSK1 |= (1 << OCIE1A);                         // Enable Timer compare interrupt
```

```
    sei();                                          // Enable all interrupts
}

//
// This is the interrupt service routine which is called everytime
// a pulse is generated from the encoder PhaseB output rising (going from
// LOW to HIGH)
//
void EncoderISR()
{
  Count++;
}

//
// This is the interrupt service routine which is called everytime
// a pulse is generated from the encoder PhaseA output rising (going from
// LOW to HIGH)
//
void EncoderISR2()
{
  Count++;
}

//
// This is the PID timer interrupt service routine
//
ISR(TIMER1_COMPA_vect)
{
  yk = Count * conv;
  Count = 0;
  ek = sk - yk;
  pk = a*ek + pk_1;
  wk = Kp*ek;
  qk = b*(ek - ek_1);
  uk = wk + pk + qk;
  if(uk > 255.0)
    uk = 255;
  if(uk < 0)
    uk = 0;
  analogWrite(PWM, uk);
  pk_1 = pk;
  ek_1 = ek;
  Serial.println(yk);
}

void loop()
```

```
{
}
```

*Abbildung 10.41: Programm:* **PIDmotor3**

Die folgenden PID-Parameter haben sich nach der Methode "Versuch und Irrtum" als brauchbar erwiesen:

$$Kp = 0.5,\ Ti = 3.5,\ Td = 0.02$$

Der in Abbildung 10.42 gezeigte Zeitverlauf wurde mit der Serial Plotter Funktion der Arduino IDE aufgezeichnet. Die gewünschte Drehzahl wurde auf 100 U/min eingestellt. Das System erreicht gewünschte Rotationsgeschwindigkeit ohne Abweichung vom Sollwert.

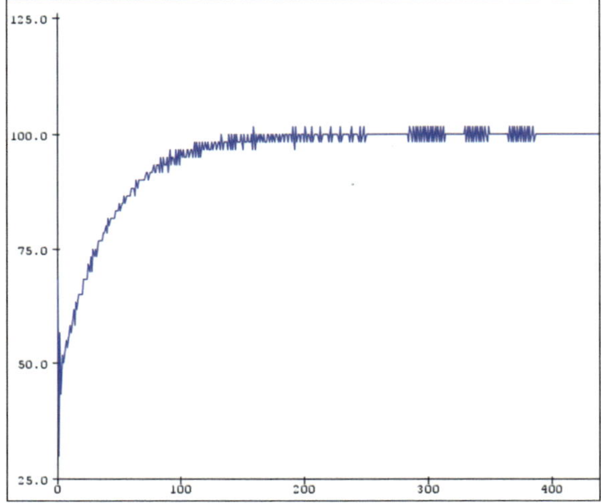


*Bild 10.42: Zeitverhalten des Systems*

# Kapitel 11 • Wasserstandskontrolle

## 11.1 Überblick

In Kapitel 2 wurden verschiedene Arten von Füllstandsensoren vorgestellt. In diesem Kapitel wird ein Ultraschall ((U/S)-Sender-Empfänger-Paar verwendet, um den Wasserstand in einem Kessel oder einem anderen Flüssigkeitsbehälter zu kontrollieren.

## 11.2 Ultraschall-Sender-Empfänger-Modul

Ultraschall-Sender-Empfänger-Module werden häufig verwendet, um den Abstand vom Modul zu einem Objekt (oder Hindernis) vor dem Modul zu messen. Diese Module werden in Roboter- und Fahrzeugsteuerungen verwendet, um Kollisionen mit einem Hindernis zu vermeiden.

Abbildung 11.1 zeigt das häufig verwendete Ultraschall-Sender-Empfänger-Modul HC-SR04.

*Abbildung 11.1: Das Ultraschall-Sende-/Empfangsmodul HC-SR04*

## 11.3 Projekt 1: Entfernungsmessung mit dem Ultraschallmodul HC-SR04 und einem Arduino Uno

**Beschreibung:** In diesem Projekt wird ein Ultraschall-Sender-Empfänger-Modul verwendet, um die Entfernung zu einem Objekt vor dem Sensor zu messen und anzuzeigen.

**Blockdiagramm:** Abbildung 11.2 zeigt das Blockdiagramm zu diesem Projekt. Die Entfernung zum Hindernis wird über den Seriellen Monitor der Arduino IDE auf dem Bildschirm angezeigt.

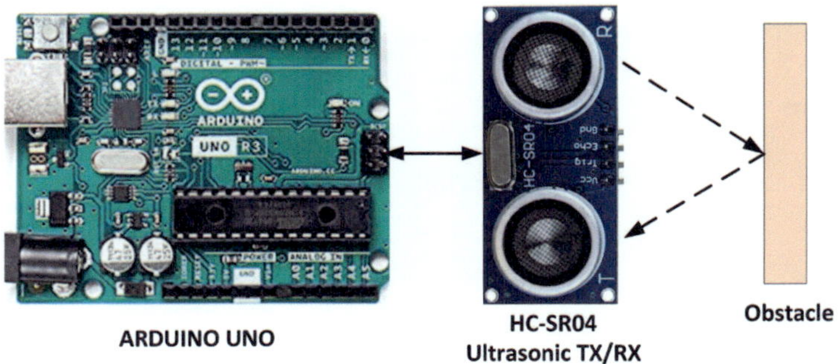


*Abbildung 11.2: Blockdiagramm des Projekts*

**Der HC-SR04 Ultraschall-TX/RX**

In den Projekten dieses Kapitels wird das beliebte Ultraschall-Sender-Empfänger-Modul HC-SR04 verwendet. Die grundlegenden Leistungsmerkmale dieses Sensormoduls sind:

- Betriebsspannung: 5 V
- Betriebsstrom: 2 mA
- Erfassungsreichweite: 2 – 450 cm
- Eingangstriggersignal: 10 µs TTL-Pegel
- Erfassungswinkel: < 15 Grad

Das HC-SR04 verfügt über die folgenden Pins:

**Vcc:** Positive Versorgungsspannung
**Trig:** Triggereingang
**Echo:** Echosignal-Ausgang
**Gnd:** Ground

Das grundlegende Funktionsprinzip des Ultraschallsensormoduls HC-SR04 zeigt Abbildung 11.3:

- Ein 10-µs-Triggerimpuls wird an das Modul gesendet
- Das Modul sendet dann acht 40-kHz-Rechteckimpulse aus und setzt den Echo-Pin auf HIGH
- Das Programm startet einen Timer
- Das Signal trifft auf das Ziel und wird zum Modul zurückgeworfen
- Wenn das Echosignal das Modul erreicht, geht der Echo-Pin auf LOW
- Der Timer wird gestoppt
- Die Dauer bis zum Empfang des Echosignals wird berechnet. Sie ist proportional zur Entfernung des Ziels

Die Entfernung zum Objekt wird wie folgt berechnet:

Entfernung zum Objekt (in Metern) = (Echolaufzeit in Sekunden × Schallgeschwindigkeit) / 2

Die Schallgeschwindigkeit beträgt 343 m/s oder 0,0343 cm/µs bei 20 °C Lufttemperatur.

Damit ergibt sich:

Abstand zum Objekt (in cm) = (Echolaufzeit in µs) × 0,0343 / 2

oder

Abstand zum Objekt (in cm) = (Echolaufzeit in µs) × 0,0171

Wenn beispielsweise die Echolaufzeit 294 Mikrosekunden beträgt, berechnet sich die Entfernung zum Objekt wie folgt:

Abstand zum Objekt (in cm) = 294 × 0,0171 = 5,03 cm

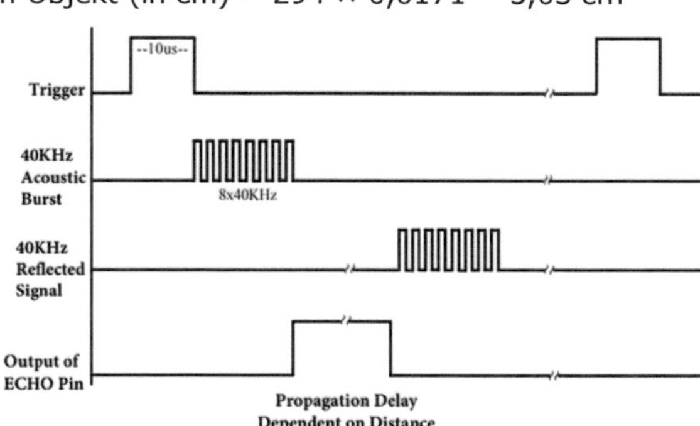


*Abbildung 11.3: Funktionsweise des Ultraschallsensormoduls*

Obwohl es sehr einfach ist, ein Programm zur Entfernungsmessung mit dem HC-SR04 zu schreiben, steht für den Arduino Uno eine Bibliothek zur Verfügung, die ebenfalls verwendet werden kann.

**Schaltplan:** Abbildung 11.4 zeigt den Schaltplan des Projekts. Die Schnittstelle zwischen dem Arduino Uno und dem Ultraschall-TX/RX-Modul sieht so aus:

| **HC-SR04** | **Arduino Uno** |
|---|---|
| Echo | 12 |
| Trigger | 13 |
| Vcc | +5 V |
| Masse | GND |

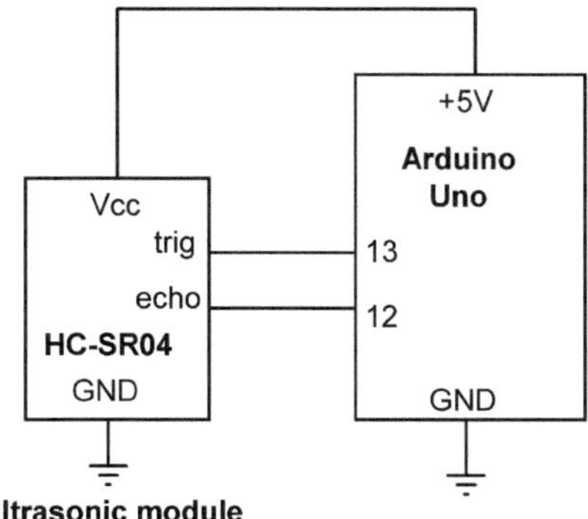


*Abbildung 11.4: Schaltplan des Projektes.*

Bevor das Programm erstellt werden kann, muss die HC-SR04-Bibliothek in der Arduino IDE installieren werden. Die Schritte sind:

- Laden Sie die Bibliothek von der folgenden Website herunter. Zum Zeitpunkt der Erstellung dieses Buches hieß die Bibliotheksdatei **Ultrasonic-3.0.0.zip**

  https://www.arduino.cc/reference/en/libraries/ultrasonic/

- Starten Sie die Arduino IDE und klicken Sie auf **Sketch → Include Library → Add .zip Library**.

- Navigieren Sie zur Bibliotheksdatei und klicken Sie auf Öffnen.

**Programmlisting:** Abbildung 11.5 zeigt das Programmlisting (Programm: **Unodistance**). Die Ultraschallbibliothek wird am Anfang des Programms eingebunden. Der Serielle Monitor wird in der Funktion **setup()** mit 9600 Baud initialisiert. Die Hauptprogrammschleife liest den Ultraschallsensor aus und zeigt den Abstand zu einem Objekt vor dem Sensormodul an.

```
//---------------------------------------------------------------------------
//          HC-SR04 ULTRASONIC DISTANCE MEASUREMENT
//          =======================================
//
// This program uses the HC-SR04 ultrasonic module to measure distance
//
// Author: Dogan Ibrahim
// File  : Unodistance
// Date  : July, 2022
//----------------------------------------------------------------------------
#include <Ultrasonic.h>
Ultrasonic ultrasonic(13, 12);                          // trig=13, echo=12
int Distance;

void setup()
{
    Serial.begin(9600);                                 // Serial Monitor
}



void loop()
{
  Distance = ultrasonic.read();                         // Get distance
  Serial.print("Distance (cm): ");                      // Heading
  Serial.println(Distance);                             // Display distance
  delay(500);                                           // 500ms delay
}
```

*Abbildung 11.5: Programm: Unodistance*

Abbildung 11.6 zeigt eine Beispielausgabe auf dem Seriellen Monitor.

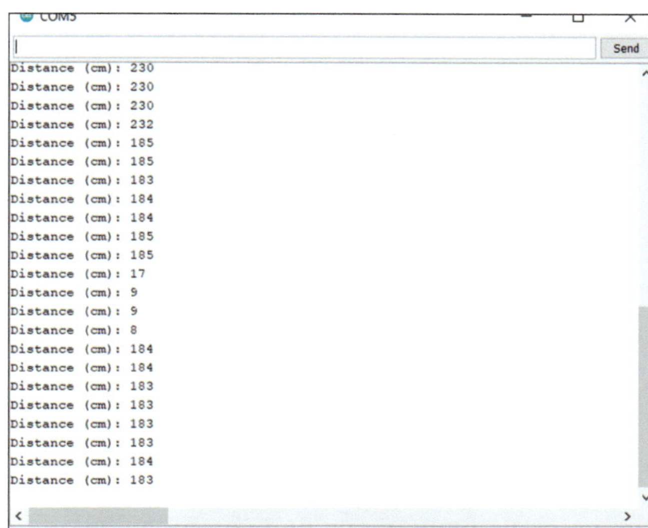


*Abbildung 11.6: Beispielausgabe*

## 11.4 Projekt 2: Entfernungsmessung mit dem Ultraschallmodul HC-SR04 und einem Raspberry Pi

**Beschreibung:** Dieses Projekt ähnelt Projekt 1, jedoch wird in dieser Version der Raspberry Pi verwendet.

**Blockdiagramm:** Abbildung 11.7 zeigt das Blockdiagramm des Projekts

*Abbildung 11.7: Blockdiagramm des Projekts*

**Schaltplan:** Der Schaltplan des Projekts ist in Abbildung 11.8 dargestellt. Beachten Sie, dass der Echo-Pin-Ausgang des Sensors +5 V führt. Dies Spannung ist nicht mit den Raspberry Pi-Eingängen kompatibel. Über eine Spannungsteilerschaltung kann diese Spannung auf +3,3 V abgesenkt werden. Außerdem wird der Trig-Eingang des HC-SR04-Moduls intern auf +5 V gezogen, was die Ausgangsschaltung des Raspberry Pi beschädigen kann. Deshalb wird ein Logikpegelwandler (Abbildung 11.9) verwendet, um die Trig- und Echo-Pins mit dem Raspberry Pi zu verbinden, ohne seine Ports zu gefährden.

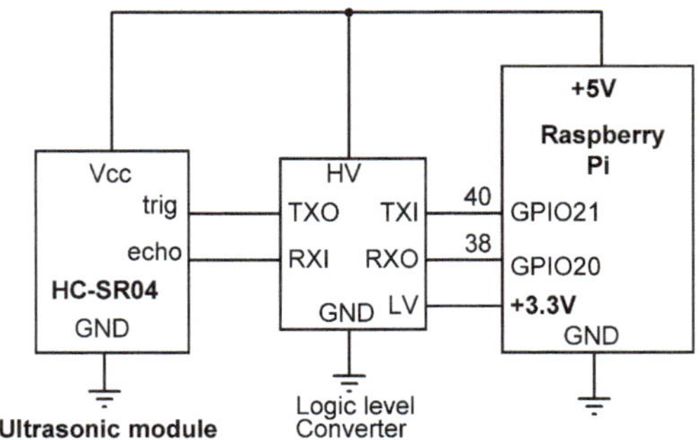


*Abbildung 11.8: Schaltplan des Projektes*

*Abbildung 11.9: Logikpegel-Wandlermodul*

Obwohl das Programm einfach ist, wird in diesem Projekt eine HC-R04-Bibliothek (genannt Bluetin_Echo-Bibliothek) verwendet, um die Entfernung vom Sensor zu einem Hindernis zu bestimmen. Die Schritte zum Installieren dieser Bibliothek auf Ihrem Raspberry Pi sind wie folgt (weitere Informationen finden Sie auf der Website):

https://www.bluetin.io/sensors/python-library-ultrasonic-hc-sr04/

Geben Sie den folgenden Befehl im Befehlsmodus ein:

```
pip install Bluetin_Echo
```

Wenn Sie die Bluetin_Echo-Bibliothek bereits auf dem Raspberry Pi haben, versuchen Sie, diese mit dem folgenden Befehl zu aktualisieren.

```
pip install --upgrade Bluetin_Echo
```

Die Bibliothek muss wie folgt in ein Programm importiert werden:

```
from Bluetin_Echo import Echo
```

Die Trigger- und Echo-Pins und optional die Schallgeschwindigkeit müssen angegeben und dann wie folgt konfiguriert werden. Wenn die Schallgeschwindigkeit nicht angegeben ist, beträgt die Voreinstellung 340 m/s:

```
echo = Echo(TRIGGER_PIN, ECHO_PIN, speed_of_sound)
```

Der Abstand wird in mm, cm oder Zoll zurückgegeben. Es ist möglich, mehr als eine Messung durchzuführen und den Durchschnitt zurückzugeben, indem Sie einen Stichprobenwert angeben. Um beispielsweise 3 Messungen durchzuführen und die durchschnittliche Entfernung in cm zurückzugeben, geben Sie Folgendes ein:

```
samples = 3
result = echo.read('cm', samples)
```

Es ist wichtig, eine ausreichende Verzögerung zwischen den Sensor-Lesevorgängen einzustellen, um konsistente Werte zu erhalten. Der Standardwert für diese Verzögerung ist 0,06 Sekunden (60 Millisekunden). Er kann mit einem „rest"-Befehl geändert werden. Um die Verzögerung beispielsweise auf 0,08 Sekunden (80 Millisekunden) zu ändern, verwenden Sie den folgenden Befehl:

```
echo.rest = 0.08
```

**Programmlisting:** Abbildung 11.10 zeigt das Programmlisting (Programm: **RPdistance**). Zu Beginn des Programms wird die Bluetin_Echo-Bibliothek importiert und die Trig- und Echo-Pins werden definiert. Dann wird die Schallgeschwindigkeit zu 340 m/s definiert und die Anzahl der aufzunehmenden Messwerte wird auf 2 gesetzt. Das Programm misst die Entfernung in cm und zeigt den Wert auf dem Bildschirm an. Eine Beispielausgabe ist in Abbildung 11.11 dargestellt.

```
#------------------------------------------------------------
#             ULTRASONIC DISTANCE MESUREMENT
#             ==============================
#
# This program measures the distance to an obstacle in-front
# of the ultrasonic sensor and displays the distance in cm
# 2 samples are taken and averaged in this program
#
# Author: Dogan Ibrahim
# File  : RPdistance.py
# Date  : July 2022
#-------------------------------------------------------------
import RPi.GPIO as GPIO
import time
from Bluetin_Echo import Echo
GPIO.setwarnings(False)
GPIO.setmode(GPIO.BCM)
```

```
trigpin = 21                                   # Trigger pin
echopin = 20                                   # Echo pin
speed_of_sound = 340
samples = 2
echo = Echo(trigpin, echopin, speed_of_sound)

while True:                                    # Do forever
    distance = echo.read('cm', samples)        # GEt distance
    print(str(distance)[:5])                   # Display distance
    time.sleep(0.1)                            # 100ms delay
```

*Abbildung 11.10: Programm:* **RPdistance**

```
pi@raspberr
16.27
15.98
14.63
17.47
19.19
17.46
15.77
16.08
13.96
13.88
15.11
197.3
217.3
182.9
185.2
219.2
220.3
221.1
```

*Abbildung 11.11: Beispielausgabe des Programms*

## 11.5 Projekt 3: Sprungantwort des Systems mit einem Raspberry Pi

**Beschreibung:** In diesem Projekt wird die Open-Loop-Sprungantwort des Systems bestimmt. Dazu wird an die Pumpe ein Einheitsstufensprung angelegt und der Wasserstand in Echtzeit aufgezeichnet.

**Blockdiagramm:** Abbildung 11.12 zeigt das Blockdiagramm des Projekts. In diesem Anwendungsbeispiel wird eine Wasserpumpe (Abbildung 11.13) verwendet. Es kommt eine Tauchpumpe, Modell DIFCUL, zum Einsatz, die mit 12 V betrieben wird und bei voller Leistung etwa 1,3 A benötigt. Das Ultraschall-TX/RX-Sensormodul misst den Abstand zur Wasseroberfläche. Aus diesen Daten kann der Wasserstand im Tank berechnet werden. Der in diesem Projekt verwendete MOSFET-Schalter ist derselbe wie in den Temperaturregelungsprojekten in den Kapiteln 8 und 9. Ein externes 12-V-, 3-A-Netzteil wird verwendet, um die Wasserpumpe mit Strom zu versorgen. Die Höhe des Tanks (D) betrug 24 cm.

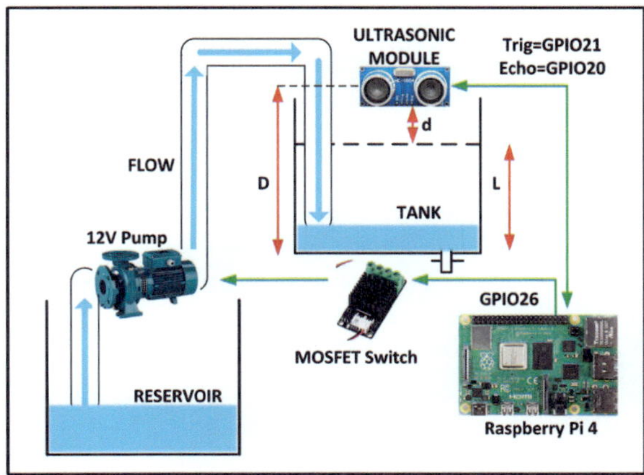


Abbildung 11.12: Blockdiagramm des Projekts

Abbildung 11.13: Im Projekt verwendete Wasserpumpe

**Schaltplan:** Der Schaltplan des Projekts ist in Abbildung 11.14 dargestellt. Die Trig- und Echo-Pins des Ultraschallsensors werden wie im vorherigen Projekt über ein Logikpegel-Wandlermodul mit dem Raspberry Pi verbunden.

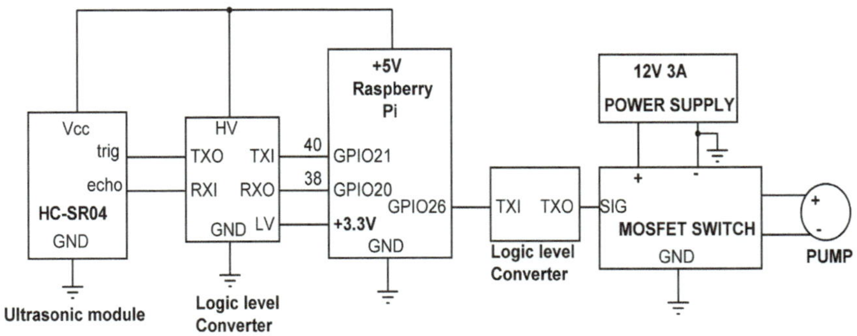


Abbildung 11.14: Schaltplan des Projektes

**Programmlisting:** Abbildung 11.15 zeigt das Programmlisting (Programm: **PiStepWater.py**). Die Bluetin_Echo-Bibliothek und andere Bibliotheken, die zum Zeichnen von Echtzeitdiagrammen verwendet werden, werden in das Programm importiert. Ein PWM-Signal mit einem Taktverhältnis von 60 % wird an die Pumpe angelegt, und der Wasserstand im Tank wird in Echtzeit aufgezeichnet. D ist die Höhe des Tanks, d der Abstand vom Ultraschallsensor zur Wasseroberfläche und L der Wasserstand im Tank, gegeben durch:

$$\mathbf{L = D - d}$$

```
#--------------------------------------------------------------------
#          WATER LEVEL CONTROL OPEN-LOOP STEP RESPONSE
#          ===========================================
#
# This program applies a step input to the pump. Then open-loop
# time response is plotted by the program
#
# File  : PiStepWater.py
# Date  : July 2022
# Author: Dogan Ibrahim
#-----------------------------------------------------------------------
from Bluetin_Echo import Echo
import matplotlib
matplotlib.use('TkAgg')
import matplotlib.pyplot as plt
import numpy as np
import RPi.GPIO as GPIO
import time

GPIO.setwarnings(False)
GPIO.setmode(GPIO.BCM)

trigpin = 21                                   # trig pin
echopin = 20                                   # echo pin
PWM = 26                                       # PWM pin
D = 24                                         # Length of tank

speed_of_sound = 340
echo = Echo(trigpin, echopin, speed_of_sound)
GPIO.setup(PWM, GPIO.OUT)

#
# Generate PWM waveform at PWM pin with frequency of 1000 Hz
#
p = GPIO.PWM(PWM, 1000)
p.start(0)                                     # Start PWM

#
# Plot the graph axes and labels
#
```

```
def SetupPlot():
  plt.axis([0, 100, 0, 10])
  plt.title('Water Level')
  plt.xlabel('Time')
  plt.ylabel('Level (cm)')
  plt.ion()
  return


SetupPlot()
i = 0

#
# Send step input to the motor with 10% PWM. Sample every second
#
try:
 while True:
    EndTime = time.time() + 1
    while time.time() - EndTime < 0:
        pass

    d = echo.read('cm', 1)                         # Dist to surface
    L = D - d                                      # Water level
    plt.scatter(i, L, color='Red')                 # Plot water level
    i = i + 1
    plt.pause(0.00001)
    p.ChangeDutyCycle(70)

except KeyboardInterrupt:
    p.ChangeDutyCycle(0)
    p.stop()
```

*Abbildung 11.15: Programm:* **PiStepWater.py**

Die Sprungantwort des Open-Loop-Systems ist in Abbildung 11.16 dargestellt. Nach drei Sekunden Verzögerung steigt der Wasserstand und pendelt sich bei 7,9 cm ein. Die Zeitkonstante des Systems ergibt sich aus dem Punkt, an dem die Sprungantwort auf 63,2 % ihres Endwerts ansteigt. In Abbildung 11.16 entspricht dies 19 Sekunden. Daher ist die Open-Loop-Übertragungsfunktion des Systems gegeben durch:

$$G(s) = \frac{7.9/60e^{-3s}}{1+19s} \quad \text{oder} \quad G(s) = \frac{0.131e^{-3s}}{1+19s}$$

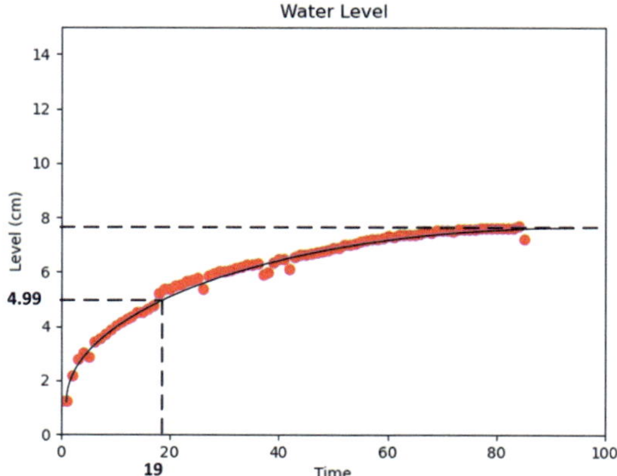


*Abbildung 11.16: Open-Loop-Sprungzeitantwort des Systems*

## 11.6 Projekt 4: PID-basierte Wasserstandsregelung mit einem Raspberry Pi

**Beschreibung:** PID-Regler für Wasserstände mit einem Raspberry Pi. Bei diesem Projekt wird angestrebt, den Wasserstand konstant auf 10 cm zu halten.

Das Blockdiagramm und das Schaltbild des Projekts sind in Abbildung 11.12 bzw. Abbildung 11.14 dargestellt.

Die Abbildungen 11.17 bis 11.20 zeigen eine mögliche Konstruktion zu diesem Projekt. Das Ultraschallsensormodul wird oben auf dem Tank platziert. Am unteren Teil des Tanks wird ein Loch gebohrt, damit das Wasser abgelassen werden kann. An die Pumpe wird ein Rohr angeschlossen und Wasser aus dem Vorratsbehälter in den Tank gepumpt. Sowohl für das Reservoir als auch für den Tank wurden Kunststoffbehälter verwendet. Unter dem Tank wurde ein weiterer Behälter aufgestellt, damit das freigesetzte Wasser aufgefangen werden kann.

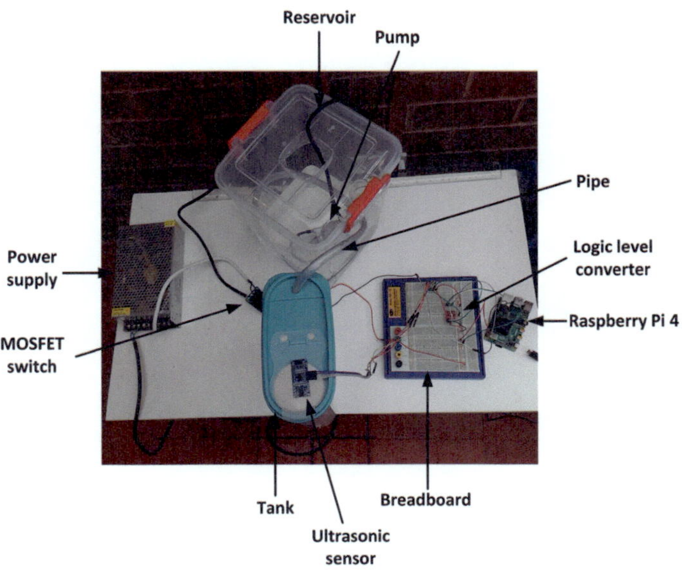


*Abbildung 11.17: Aufbau zum Projekt (Draufsicht)*

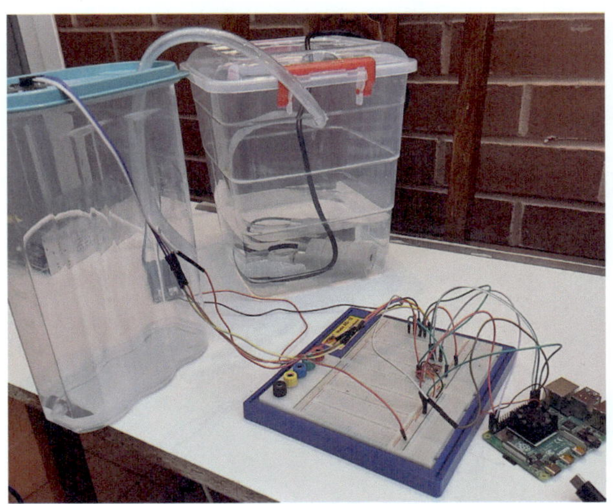

*Abbildung 11.18: Aufbau zum Projekts (Seitenansicht)*

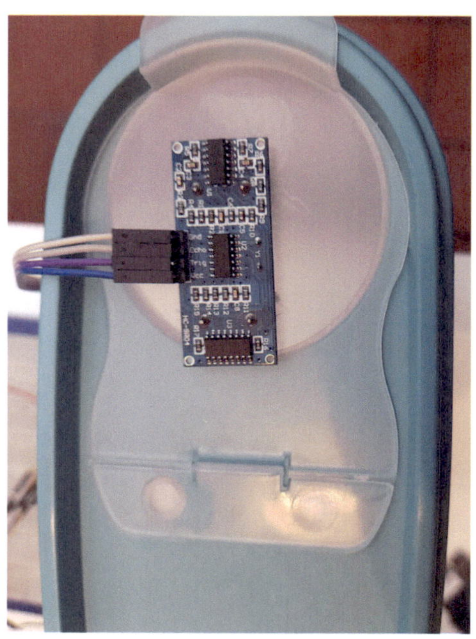

*Abbildung 11.19: Ultraschallsensor, oben am Tank montiert*

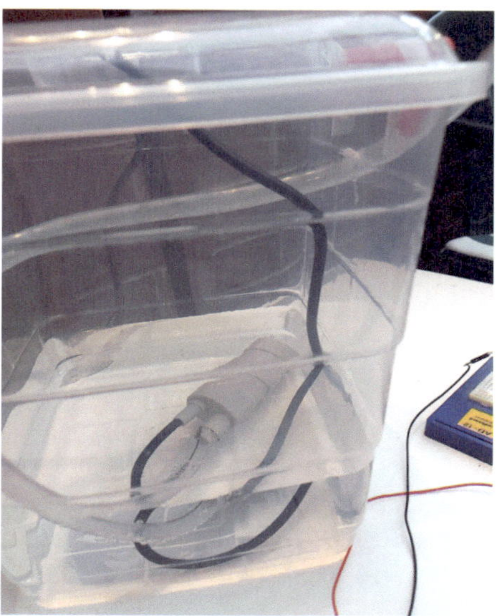

*Abbildung 11.20: Im Vorratsbehälter integrierte Pumpe*

**Programmlisting:** Abbildung 11.21 zeigt das PID-Programmlisting (Programm: **PiWater-PID.py**). Dieses Programm ähnelt der Temperaturregelung oder den PID-Programmen zur Motorregelung, jedoch wird hier der Wasserstand gemessen und geregelt.

```
#---------------------------------------------------------------------
#                    PID WATER LEVEL CONTROL
#                    =======================
#
# This is the PID water level controller program. The desired water
# level is set to 12cm
#
# File  : PiWaterPID.py
# Date  : July 2022
# Author: Dogan Ibrahim
#------------------------------------------------------------------------
from Bluetin_Echo import Echo
import matplotlib
matplotlib.use('TkAgg')
import matplotlib.pyplot as plt
import numpy as np
import RPi.GPIO as GPIO
import time

GPIO.setwarnings(False)
GPIO.setmode(GPIO.BCM)

trigpin = 21                                     # trig pin
echopin = 20                                     # echo pin
pwm = 26                                         # PWM pin
D = 24                                           # Length of tank
global sk, Kp, Ti, pk, pk_1, ek_1, a, b, yk

speed_of_sound = 340
echo = Echo(trigpin, echopin, speed_of_sound)
GPIO.setup(pwm, GPIO.OUT)

#
# Generate PWM waveform at PWM pin with frequency of 1000 Hz
#
p = GPIO.PWM(pwm, 1000)
p.start(0)                                       # Start PWM

#
# Plot the graph axes and labels
#
def SetupPlot():
  plt.axis([0, 100, 0, 20])
  plt.title('Water Level')
  plt.xlabel('Time')
  plt.ylabel('Level (cm)')
```

```
  plt.ion()
  return

#
# Initialize
#
def Init():
    global sk, a, b, Kp, Ti, pk, pk_1, ek_1
    sk = 10                                              # SetTemp
    Kp = 25.0
    T = 1.0
    Ti = 20.0
    Td = 0.0
    a = Kp*T/Ti
    b = Kp*Td/T
    pk = 0.0
    pk_1 = 0.0
    ek_1 = 0.0
    return
#
# This is the Proportional+Integral+Derivative algorithm function
#
def PID():
    global yk, pk_1, ek_1
    ek = sk - yk
    pk = a*ek + pk_1
    wk = Kp*ek
    qk = b*(ek-ek_1)
    uk = wk + pk + qk                                    # PID output
    if uk > 100.0:                                       # Limit uk for PWM
        uk = 100.0
    if uk < 0.0:                                         # Limit uk for PWM
        uk = 0.0
    p.ChangeDutyCycle(uk)                                # To PWM
    pk_1 = pk                                            # Update pk_1
    ek_1 = ek                                            # Update ek_1
    return

Init()
SetupPlot()
i = 0

#
# Send step input to the motor with 10% PWM. Sample every second
#
try:
```

```
while True:
    d = echo.read('cm', 1)                     # Dist to surface
    yk = D - d                                 # Water level
    PID()
    plt.scatter(i, yk, color='Red')            # Plot water level
    i = i + 1
    plt.pause(0.00001)

    EndTime = time.time() + 1
    while time.time() - EndTime < 0:
        pass

except KeyboardInterrupt:
    p.ChangeDutyCycle(0)
    p.stop()
```

*Abbildung 11.21:* **PiWaterPID.py**

Die PID-Parameter wurden zunächst mit der PID Loop Simulator-Software bestimmt und angepasst, um eine brauchbares Systemverhalten zu gewährleisten. Abbildung 11.22 zeigt die vom System erzeugte Regelantwort des PID-Simulators. Der PID-Simulator schlug die folgenden Werte für den PI-Regler vor:

$$K_p = 20, I = 1$$

Beachten Sie, dass festgestellt wurde, dass das Hinzufügen des Ableitungsterms die Regelungsantwort nicht wesentlich verbessert hat und daher kein Differentialanteil verwendet wurde.

Wenn diese Werte in PID-Parameter umgewandelt werden, erhält man: $K_p$ = 20 und $K_p$ / $T_i$ = 1 oder $T_i$ = 20. Dies entspricht den vom Simulatorprogramm vorgeschlagenen Anfangswerten. Eine gutes Regelverhalten wurde durch Einstellen von $K_p$ = 25 und $T_i$ = 20 erzielt.

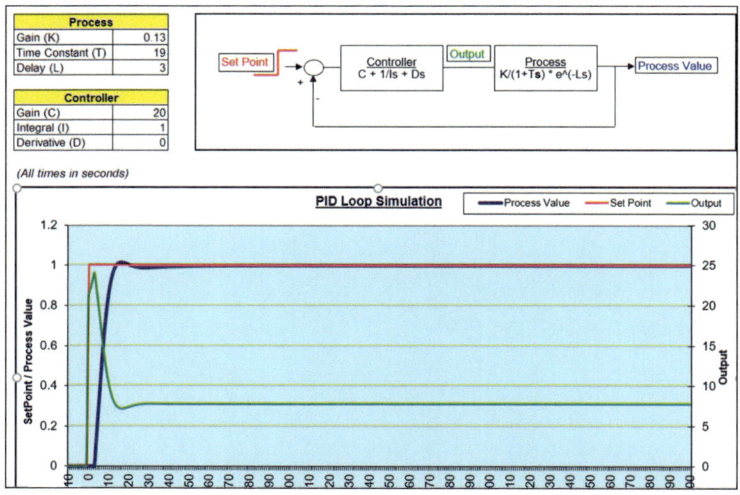


*Abbildung 11.22: Regelverhalten des PID-Regelkreissimulators*

Abbildung 11.23 zeigt das Zeitverhalten des Systems bei geschlossenen Regelkreis, so wie es vom Raspberry Pi-Programm aufgezeichnet wird. Der Wasserstand pendelt sich ohne Überschwingen auf 10 cm ein - exakt wie gewünscht.

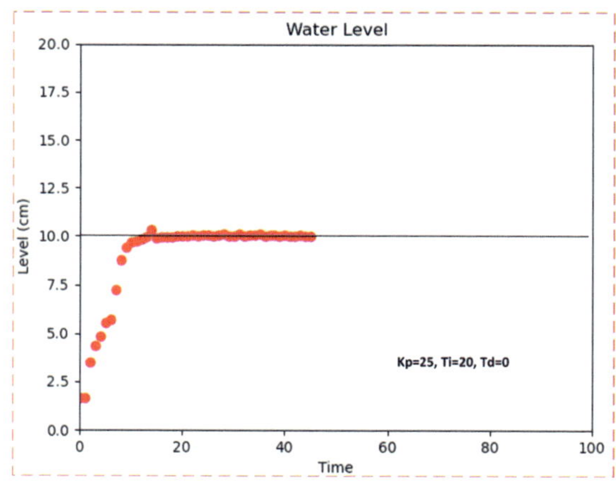


*Abbildung 11.23: Closed-Loop-Zeitverhalten des Systems*

## 11.7 Projekt 5: PID-basierte Wasserstandsregelung mit einem Arduino Uno

**Beschreibung:** Dies ist die Arduino Uno-Version des PID-gesteuerten Wasserstandsregelungssystems. In dieser Version wird angestrebt, den Wasserstand konstant auf 7 cm zu halten.

**Blockdiagramm:** Das Blockdiagramm des Projekts ist in Abbildung 11.24 dargestellt.

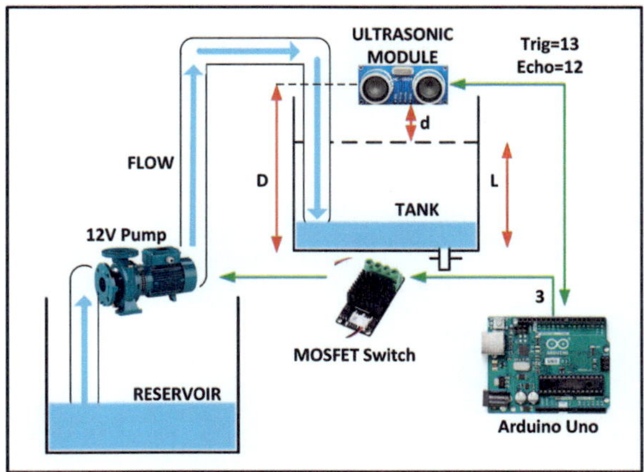


*Abbildung 11.24: Blockdiagramm des Projekts*

**Schaltplan:** Abbildung 11.25 zeigt den Schaltplan des Projekts.

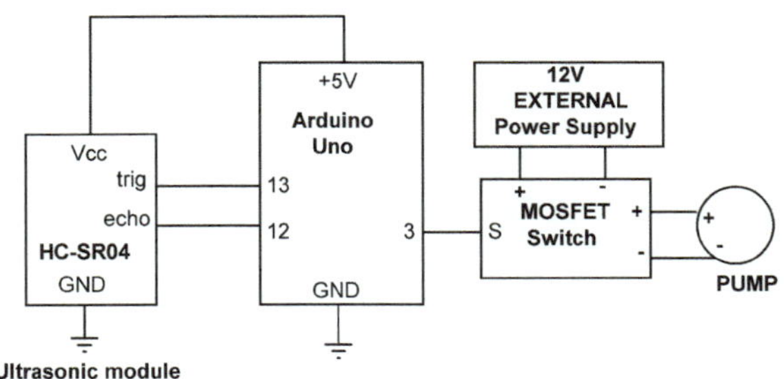


*Abbildung 11.25: Schaltplan des Projekts*

Abbildung 11.26 zeigt den Aufbau des Projekts:

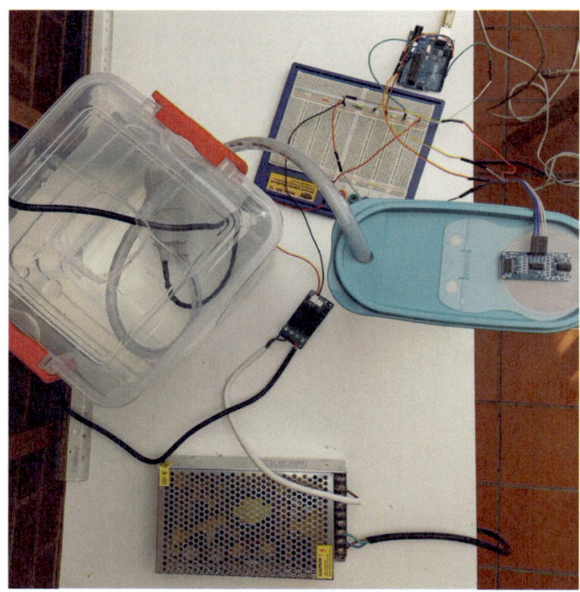

*Abbildung 11.26: Aufbauvorschlag zum Projekt*

**Programmlisting:** Abbildung 11.27 zeigt das Programmlisting (Programm: **PIDWaterL**). Dieses Programm ähnelt dem PID-Temperaturreglerprogramm, jedoch ist hier der Pegelstand die Regelgröße anstelle der Temperatur. Der PI-Regler liefert für dieses System zufriedenstellende Resultate. Das Hinzufügen des Ableitungsterms schien die Systemantwort nicht zu verbessern. Der Differenzialterm wurde folglich nicht verwendet. Die folgenden PID-Parameter erwiesen sich nach einigem Ausprobieren als zufriedenstellend:

$$K_\mathrm{p} = 20,\ T_\mathrm{i} = 11,\ T_\mathrm{d} = 0$$

In diesem Programm wird die Verzögerungsfunktion verwendet, um die Abtastzeitverzögerung von einer Sekunde zu erzeugen. Man hätte an dieser Stelle auch einen Timer-Interrupt für genauere Verzögerungszeiten verwenden können.

```
//---------------------------------------------------------------------------
//          WATER LEVEL PID CONTROLLER
//          ==========================
//
// This is the PID water level controller for the Arduino Uno. The desired
// water level is set to 10 cm
//
// Author: Dogan Ibrahim
// File  : PIDWaterL
// Date  : July, 2022
//----------------------------------------------------------------------------
#include <Ultrasonic.h>
Ultrasonic ultrasonic(13, 12);                          // trig=13, echo=12
```

```
float d, D = 24.0;
float sk, Kp, Ti, Td, pk, pk_1, ek, ek_1, a, b, yk, qk, wk, uk, T;
int MOSFET = 3;

//
// Configure PWM pin and Initialize variables
//
void setup()
{
  Serial.begin(19200);
  pinMode(MOSFET, OUTPUT);
  sk = 7.0;
  Kp = 20.0;                                                    // Proportional
  T = 1.0;                                                      // Sample time
  Ti = 11.0;                                                    // Integral
  Td = 0.0;                                                     // Derivative
  a = Kp*T/Ti;
  b = Kp*Td/T;
  pk = 0.0;
  pk_1 = 0.0;
  ek_1 = 0.0;
}


//
// This is the PID function
//
void PID()
{
  ek = sk - yk;
  pk = a*ek + pk_1;
  wk = Kp*ek;
  qk = b*(ek - ek_1);
  uk = wk + pk + qk;
  if(uk > 255.0)
    uk = 255;
  if(uk < 0)
    uk = 0;
  analogWrite(MOSFET, uk);
  pk_1 = pk;
  ek_1 = ek;
}

void loop()
{
```

```
  d = ultrasonic.read();
  yk = D - d;
  PID();
  Serial.println(yk);
  delay(1000);                                    // Wait 1 seconds
}
```

*Abbildung 11.27: Programm:* **PIDWaterL.**

Abbildung 11.28 zeigt das Zeitverhalten des geschlossenen Regelkreises. Der Wasserstand stellte sich ohne merkliches Überschwingen auf 7 cm ein.

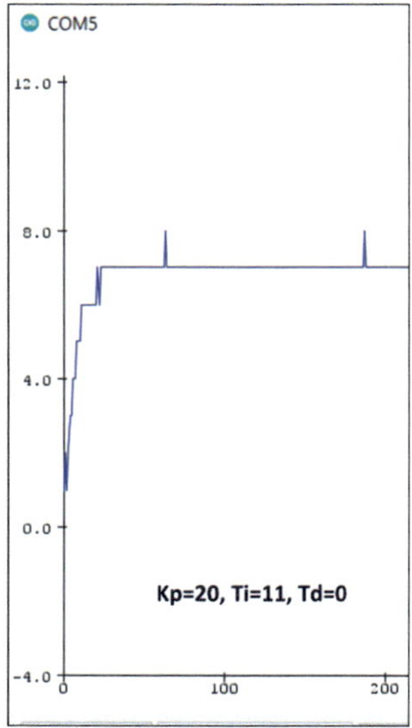


*Abbildung 11.28: Closed-Loop-Zeitverhalten des Systems.*

# Kapitel 12 • PID-basierte LED-Helligkeitsregelung

## 12.1 Überblick

In diesem Kapitel kommt eine LED und ein daneben positionierten LDR-Sensor zum Einsatz. Das Ziel ist hier, die Helligkeit der LED mit einem PID-Regler so zu steuern, dass sie unabhängig von der Umgebungshelligkeit eine konstante Beleuchtungsstärke liefert.

## 12.2 Projekt 1: Sprungantwortverhalten der LED-Helligkeitssteuerung mit einem Raspberry Pi

**Beschreibung:** In diesem Projekt wird eine leuchtstarke LED verwendet. Ein LDR-Sensor (Light Dependent Resistor — lichtabhängiger Widerstand) wird neben der LED platziert, so dass der LDR die Helligkeit der LED erfasst. In diesem Projekt wird die Sprungantwort des Systems wie folgt bestimmt:

- Schalten Sie die LED ein und legen Sie ein dunkles Papier zwischen die LED und den LDR
- Stellen Sie das Potentiometer auf einen Wert von etwa 10 kΩ ein
- Führen Sie das Programm aus, um das Zeitverhalten des Systems aufzuzeichnen
- Das Papier wird nach etwa 10 Sekunden rasch entfernt. Die Änderung des LDR-Ausgangsignals wird als Sprungantwort des Systems angezeigt.

**Blockdiagramm:** Abbildung 12.1 zeigt das Blockdiagramm des Projekts.

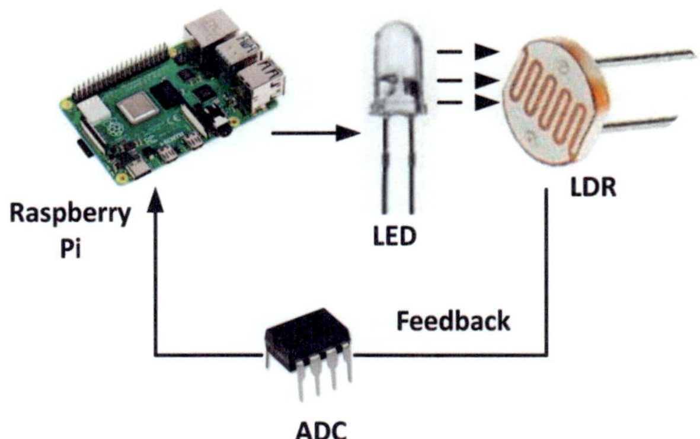


*Abbildung 12.1: Blockdiagramm des Projekts*

**Schaltplan:** Der Schaltplan des Projekts ist in Abbildung 12.2 dargestellt. Ein 100-Ω-Widerstand wird in Reihe mit der LED geschaltet. Die LED ist mit dem Port-Pin GPIO21 (Pin 40) verbunden. Die Verwendung eines niederohmigen Widerstands lässt die LED heller leuchten. Mit dem 100-Ω-Widerstand beträgt der Strom durch die LED ungefähr: 3,3 V – 2 V / 100 = 13 mA. Ein 10-kΩ-Potentiometer wird in Reihe mit dem LDR geschaltet und die Spannung über dem LDR wird vom Raspberry Pi über einen externen ADC eingelesen. Der LDR wurde in der Nähe der LED platziert, so dass die Helligkeit der LED durch den LDR gemessen werden konnte. Der ADC-Chip MCP3002 wird verwendet, um die analoge

Ausgangsspannung über dem in Reihe mit dem LDR geschalteten Widerstand zu messen. Dieser Messwert ist proportional zur Helligkeit der LED.

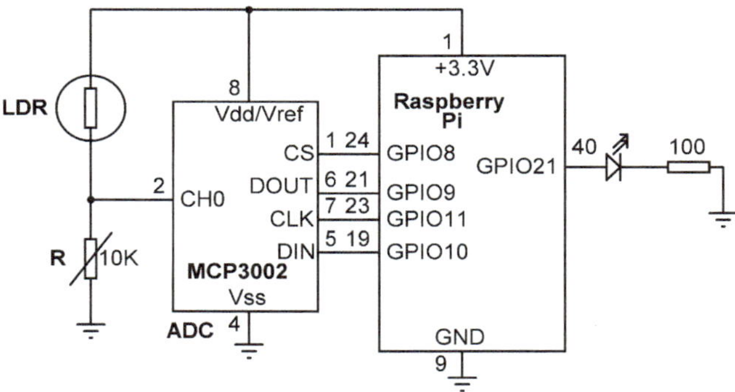


*Abbildung 12.2: Schaltplan des Projekts*

**Aufbau des Projekts:** Abbildung 12.3 zeigt das auf einem Steckbrett aufgebaute Projekt.

*Abbildung 12.3: Auf einem Steckbrett aufgebautes Projekt*

**Programmlisting:** Abbildung 12.4 zeigt das Programmlisting (Programm: **LEDLDR.py**). Ein Stück dunkles Papier blockiert das Licht der LED auf dem Weg zum LDR. Das Programm schaltet die LED ein, so dass der LDR einen konstanten Spannungswert liefert. Wird das Papier rasch entfernt, kann die Regelantwort des Systems aufgezeichnet werden. Normalerweise ist die Eingabe für das System die Helligkeit der LED, die in Lux gemessen werden kann. In diesem Projekt wird als Eingabe der vom ADC gelesene Messwert, der von 0 bis 1023 reicht, verwendet

```
#-----------------------------------------------------------
#
#                      LED BRIGHTNES STEP RESPONSE
#                      ===========================
#
# This program is used to determine the step time response
#
# Author: Dogan Ibrahim
# File  : LEDLDR.py
# Date  : July, 2022
#-----------------------------------------------------------
import matplotlib
matplotlib.use('TkAgg')
import matplotlib.pyplot as plt
import numpy as np
import RPi.GPIO as GPIO
import time
import spidev
import math

GPIO.setwarnings(False)
GPIO.setmode(GPIO.BCM)

spi = spidev.SpiDev()                              # Init SPI
spi.open(0, 0)                                     # Using CE0
spi.max_speed_hz=4000                              # SPI speed

LED = 21
GPIO.setup(LED, GPIO.OUT)
GPIO.output(LED, 1)

#
# Setup real time plot
#
def SetupPlot():
    plt.axis([0,60, 0,600])                        # Axes limits
    plt.title('LED BRIGHTNESS')                    # Title
    plt.xlabel('Time (x0.1 seconds)')              # X label
    plt.ylabel('BRIGHTNESS')                       # Y label
    plt.ion()
    return

#
# This function returns the ADC result in variable
#
def Get_ADC_Data(channel_no):
```

```
    ADC = spi.xfer2([1, (2 + channel_no) << 6, 0])
    rcv = ((ADC[1] & 15) << 6) + (ADC[2] >> 2)
    return rcv

SetupPlot()                                  # Setup plot
i = 0

while i < 400:                               # Do Forever
    LDR = Get_ADC_Data(0)
    i = i + 1
    plt.scatter(i, LDR,color='red')
    plt.pause(0.00001)
    EndTime = time.time() + 0.1
    while time.time() - EndTime < 0:
      pass
```

*Abbildung 12.4 Programm:* **RPPIDLED.py**

Abbildung 12.5 zeigt das Zeitverhalten des Systems. In diesem Diagramm ist die horizontale Achse in 0,1 Sekunden Abschnitte eingeteilt. Beachten Sie, dass die Zeitverzögerung (ca. 10 – 20 ms) ignoriert wird. Außerdem ist das Timing und die grafische Darstellung des Raspberry Pi nicht sehr genau. Wenn das dunkle Papier entfernt wird, entspricht dies dem Einstellen der vollen Helligkeit am Eingang. In Abbildung 12.5 entspricht dies einem Wert von 575.

Unter der Annahme, dass der ADC-Wert als Systemeingang verwendet wird, ergibt sich für die Übertragungsfunktion des Open-Loop-Systems ungefähr (siehe Abbildung 12.6):

Gain = 1
Zeitkonstante = 80 ms

Damit also:

$$G(s) = \frac{1}{1 + 0.08s}$$

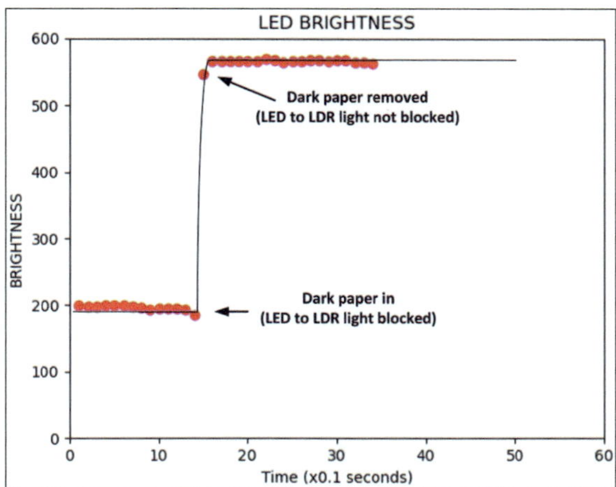


*Abbildung 12.5: Sprungantwort*

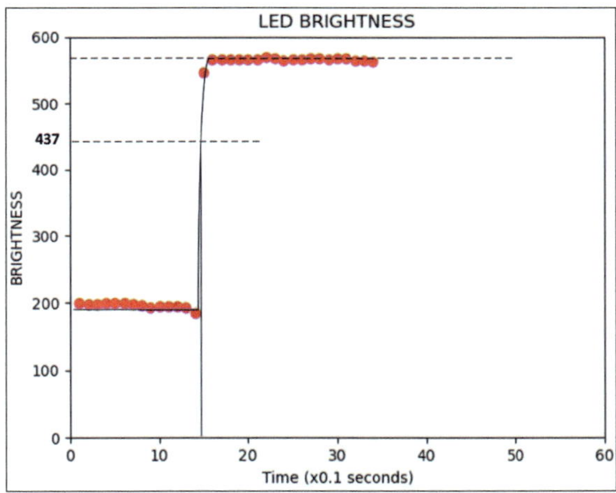


*Abbildung 12.6: Vermessung der Sprungantwort*

## 12.3 Projekt 2: PID-basierte LED-Helligkeitsregelung mit dem Raspberry Pi

**Beschreibung:** LED-Helligkeits-PID-Regler für den Raspberry Pi 4.

Blockdiagramm und Schaltplan sind in Abbildung 12.1 bzw. Abbildung 12.2. dargestellt.

**PID-Parameter:** Das bereits bekannte PID-Loop-Simulator-Programm wurde hier wieder verwendet, um die Start-Einstellungen für die PID-Parameter zu bestimmen. Wie in Abbildung 12.7 gezeigt, liefern die folgenden Parameter ein brauchbares Resultat:

$$C = 0.01, I = 1, T_d = 0$$

Die Konvertierung dieser Werte in ein PID-Modell liefert $K_p$ = 0,01, $K_p$ / $T_i$ = 1 / I und $T_i$ = 0,01.

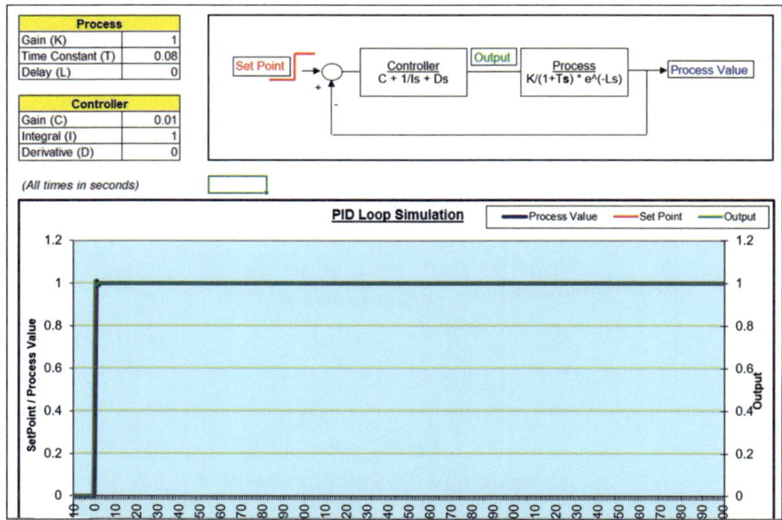


*Abbildung 12.7: Regelverhalten des PID-Regelkreissimulators*

**Programmlisting:** Abbildung 12.8 zeigt das Programmlisting (Programm: **RPLED.py**). Die LED-Helligkeit wird über ein PWM-Signal vom Raspberry Pi gesteuert. Das Tastverhältnis dieses Signals legt die durchschnittliche Spannung fest, die an die LED angelegt wird, und steuert so die wahrgenommene Helligkeit. Der gewünschte LED-Helligkeitswert wurde auf 600 eingestellt. Wie in Abbildung 12.9 gezeigt, pendelt sich die LED-Helligkeit ohne Überschwingen auf den gewünschten Wert ein.

Es wird empfohlen, das LED-LDR-Paar mit einem Karton abzudecken, damit das Umgebungslicht den LDR-Ausgang nicht beeinflusst. Dies ist notwendig, denn wenn Sie die Helligkeit beispielsweise auf 800 einstellen möchten. Dann muss der LDR dunkler sein, was vom System nicht umgesetzt werden kann. Das System kann die LDR-Messwerte nur erhöhen, indem es ein entsprechendes PWM-Signal an die LED anlegt. Eine Abdunkelung unter das Umgebungslichtniveau ist nicht möglich.

```
#------------------------------------------------------------
#
#                         LED BRIGHTNES PID CONTROL
#                         =========================
#
# This program is the LED brightness PID controller
#
# Author: Dogan Ibrahim
# File  : RPLED.py
# Date  : July, 2022
#------------------------------------------------------------
import matplotlib
matplotlib.use('TkAgg')
import matplotlib.pyplot as plt
```

```
import numpy as np
import RPi.GPIO as GPIO
import time
import spidev
import math

GPIO.setwarnings(False)
GPIO.setmode(GPIO.BCM)

spi = spidev.SpiDev()                              # Init SPI
spi.open(0, 0)                                     # Using CE0
spi.max_speed_hz=4000                              # SPI speed
pwm = 21                                           # PWM pin

global sk, Kp, Ti, pk, pk_1, ek_1, a, b, yk
GPIO.setup(pwm, GPIO.OUT)

#
# Generate PWM waveform at PWM pin with frequency of 1000 Hz
#
p = GPIO.PWM(pwm, 1000)
p.start(0)                                         # Start PWM

#
# Setup real time plot
#
def SetupPlot():
    plt.axis([0,60, 0,1000])                       # Axes limits
    plt.title('LED BRIGHTNESS')                    # Title
    plt.xlabel('Time (x0.1 seconds)')              # X label
    plt.ylabel('BRIGHTNESS')                       # Y label
    plt.ion()
    return

#
# Initialize
#
def Init():
    global sk, a, b, Kp, Ti, pk, pk_1, ek_1
    sk = 600                                       # SetTemp
    Kp = 0.01
    T = 0.1
    Ti = 0.01
    Td = 0.0
    a = Kp*T/Ti
    b = Kp*Td/T
```

```
    pk = 0.0
    pk_1 = 0.0
    ek_1 = 0.0
    return
#
# This is the Proportional+Integral+Derivative algorithm function
#
def PID():
    global yk, pk_1, ek_1
    ek = sk - yk
    pk = a*ek + pk_1
    wk = Kp*ek
    qk = b*(ek-ek_1)
    uk = wk + pk + qk                              # PID output
    if uk > 100.0:                                 # Limit uk for PWM
        uk = 100.0
    if uk < 0.0:                                   # Limit uk for PWM
        uk = 0.0
    p.ChangeDutyCycle(uk)                          # To PWM
    pk_1 = pk                                      # Update pk_1
    ek_1 = ek                                      # Update ek_1
    return


#
# This function returns the ADC result in variable
#
def Get_ADC_Data(channel_no):
    ADC = spi.xfer2([1, (2 + channel_no) << 6, 0])
    rcv = ((ADC[1] & 15) << 6) + (ADC[2] >> 2)
    return rcv

Init()
SetupPlot()                                        # Setup plot
i = 0

try:
 while i < 400:                                    # Do Forever
    yk = Get_ADC_Data(0)
    PID()
    i = i + 1
    plt.scatter(i, yk,color='red')
    plt.pause(0.00001)
    EndTime = time.time() + 0.1
    while time.time() - EndTime < 0:
      pass
```

```
except KeyboardInterrupt:
    p.ChangeDutyCycle(0)
    p.stop()
```

*Abbildung 12.8 Programm:* **RPLED.py**

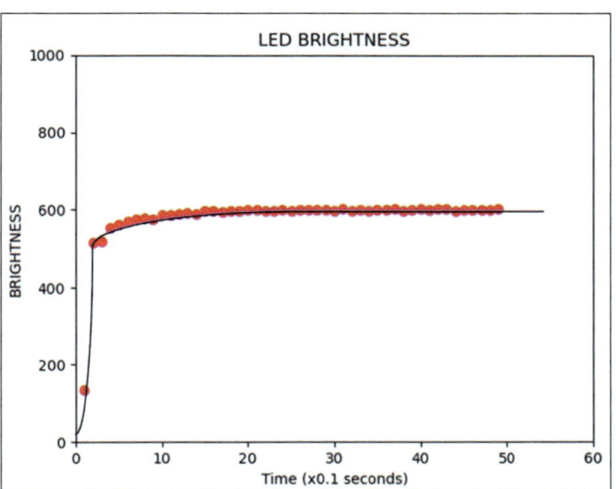


*Abbildung 12.9: Zeitverhalten des Regelkreises*

Abbildung 12.10 zeigt das Zeitverhalten des geschlossenen Regelkreises, wenn das System gestört wird, indem der LDR kurz beleuchtet wird (oder indem die Abdeckung oben auf dem LED-LDR-Paar entfernt wird).

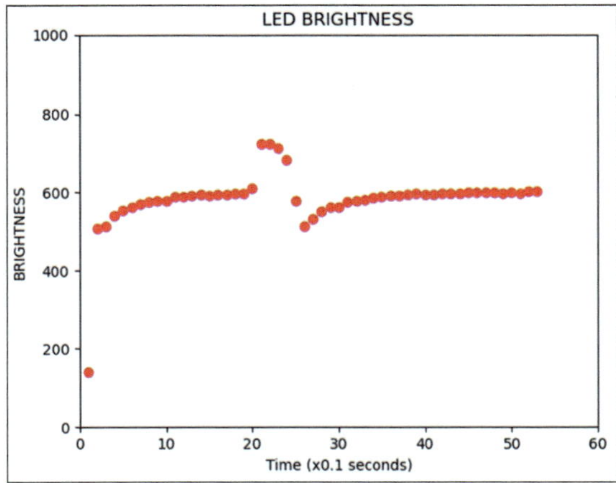


*Bild 12.10: Störverhalten des Systems*

Abbildung 12.11 zeigt LED und LDR nebeneinander auf dem Steckbrett montiert.

*Abbildung 12.11: Ausgerichtete Montage der LED und des LDR*

## 12.4 Projekt 3: PID-basierte LED-Helligkeitssteuerung mit dem Arduino Uno

**Beschreibung:** PID-Steuerung der LED-Helligkeit für den Arduino Uno. Die gewünschte LED-Helligkeit wurde auf 600 eingestellt.

**Blockdiagramm:** Abbildung 12.12 zeigt das Blockdiagramm des Projekts

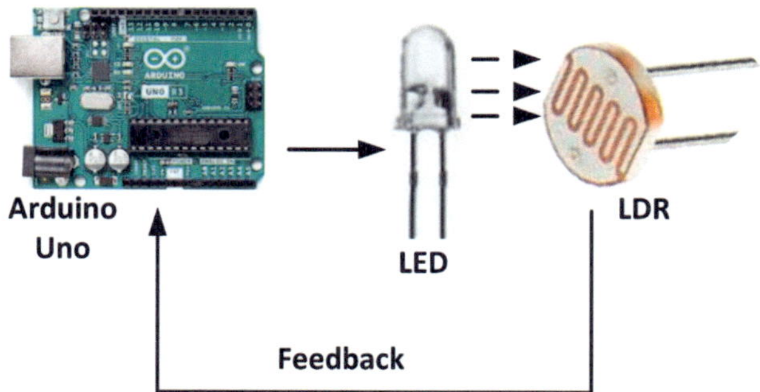


*Abbildung 12.12: Blockdiagramm des Projekts*

**Schaltplan:** Der Schaltplan des Projekts ist in Abbildung 12.13 dargestellt. Die LED ist mit Port 3, also einem PWM-Ausgang verbunden.

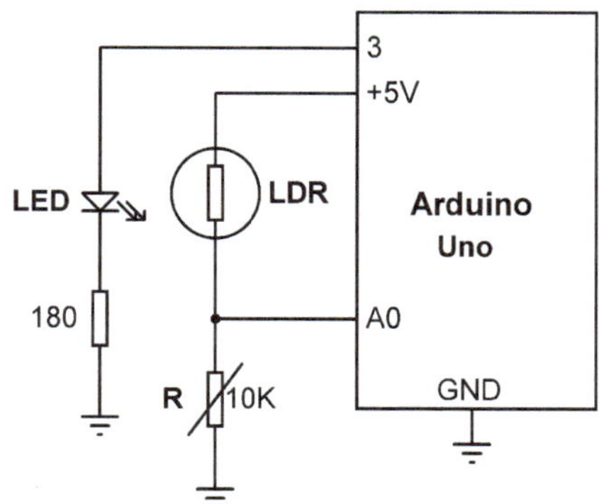


*Abbildung 12.13: Schaltplan des Projekts*

Abbildung 12.14 zeigt das auf einem Steckbrett aufgebaute Projekt.

*Abbildung 12.14: Auf einem Steckbrett aufgebautes Projekt*

**Programmlisting:** Abbildung 12.15 zeigt das Programmlisting (Programm: **ARDLED**). Die LED-Helligkeit wird durch ein PWM-Signal des Arduino Uno gesteuert. Die folgenden PID-Parameter haben sich als brauchbar erwiesen:

$$K_\mathrm{p} = 0.15, T_\mathrm{i} = 0.3, T_\mathrm{d} = 0.03$$

```
//-----------------------------------------------------------------------
//          LED BRIGHTNESS PID CONTROL
//          ==========================
//
// This is the PID controller to control the brightness of the LED
//
// Author: Dogan Ibrahim
// File  : ARDLED
// Date  : July, 2022
//------------------------------------------------------------------------
float sk, Kp, Ti, Td, pk, pk_1, ek, ek_1, a, b, yk, qk, wk, uk, T;
int LED = 3;
int LDR = A0;

//
// Configure PWM pin and Initialize variables
//
void setup()
{
  Serial.begin(19200);
  pinMode(LED, OUTPUT);
  sk = 600.0;
  Kp = 0.15;                                            // Proportional
```

```
  T = 0.1;                                              // Sample time
  Ti = 0.3;                                             // Integral
  Td = 0.03;                                            // Derivative
  a = Kp*T/Ti;
  b = Kp*Td/T;
  pk = 0.0;
  pk_1 = 0.0;
  ek_1 = 0.0;
}


//
// This is the PID function
//
void PID()
{
  ek = sk - yk;
  pk = a*ek + pk_1;
  wk = Kp*ek;
  qk = b*(ek - ek_1);
  uk = wk + pk + qk;
  if(uk > 255.0)
    uk = 255;
  if(uk < 0)
    uk = 0;
  analogWrite(LED, uk);
  pk_1 = pk;
  ek_1 = ek;
}

void loop()
{
  yk = analogRead(LDR);
  PID();                                            // Call PID
  Serial.println(yk);
  delay(100);                                       // Wait 100 ms
}
```

*Abbildung 12.15: Programm:* **ARDLED**

Abbildung 12.16 zeigt das Zeitverhalten des Systems bei geschlossenem Regelkreis. Das System stellt sich wie gewünscht, ohne Überschwingen auf 600 ein.

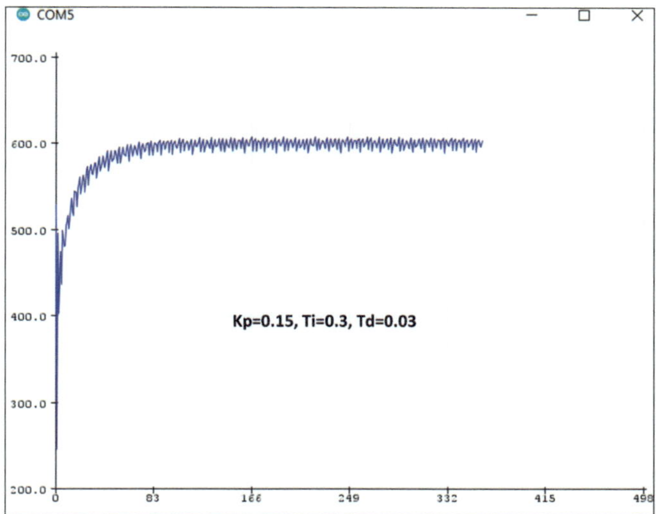


*Abbildung 12.16: Zeitverhalten des Regelkreises*

Abbildung 12.17 zeigt die Systemreaktion bei Einbringen einer Störung durch kurzzeitiges Entfernen der Abdeckung über dem LED-LDR-Paar. Das System erholt sich in kurzer Zeit von der Störung.

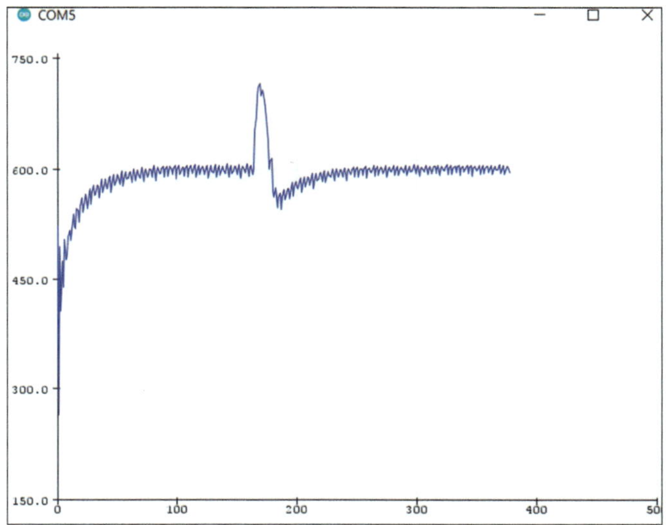


*Bild 12.17: Störverhalten des Systems*

## 12.5 Projekt 4: PID-basierte LED-Helligkeitssteuerung mit der Arduino Uno-Bibliothek

**Beschreibung:** Dieses Projekt ähnelt dem vorherigen, jedoch wird hier die PID-Bibliothek der Arduino-IDE verwendet. Diese Bibliothek wurde bereits in Abschnitt 9.5 vorgestellt. Die gewünschte LED-Helligkeit wurde wie im vorherigen Projekt auf 600 eingestellt.

Das Blockdiagramm und das Schaltbild des Projekts sind in Abbildung 12.12 bzw. Abbildung 12.13 dargestellt.

**Programmlisting:** Abbildung 12.18 zeigt das Programmlisting (Programm: **ARDLEDLIB**).

```
//--------------------------------------------------------------------------
//          LED BRIGHTNESS PID CONTROLLER - USING PID LIBRARY
//          =================================================
//
// This is the Arduino Uno PID LED brightness controller using the IDE library. #
// The desired brightness is set to 600
//
// Author: Dogan Ibrahim
// File  : ARDLEDLIB
// Date  : June, 2022
//---------------------------------------------------------------------------
#include <PID_v1.h>
int LDR = A0;
int LED = 3;

//
//Define Variables we will be connecting to
//
double Setpoint, Input, Output;

//
//Specify the PID tuning parameters
//
double Kp=0.02, Ki=0.2, Kd=0.0;
PID myPID(&Input, &Output, &Setpoint, Kp, Ki, Kd, DIRECT);

//
// Configure PWM pin and Initialize variables
//
void setup()
{
  Setpoint = 500.0;
  myPID.SetSampleTime(50);
  Serial.begin(19200);
  pinMode(LED, OUTPUT);
  myPID.SetMode(AUTOMATIC);
}

void loop()
{
  Input = analogRead(LDR);                                // Calculate temperature
```

```
    boolean flag = myPID.Compute();                  // Compute PID
    analogWrite(LED, Output);                        // Send to MOSFET switch
    if(flag)
    {
        Serial.println(Input);
    }
}
```

*Abbildung 12.18: Programm:* **ARDLEDLIB**

Abbildung 12.19 zeigt das Zeitverhalten des geschlossenen Regelkreises.

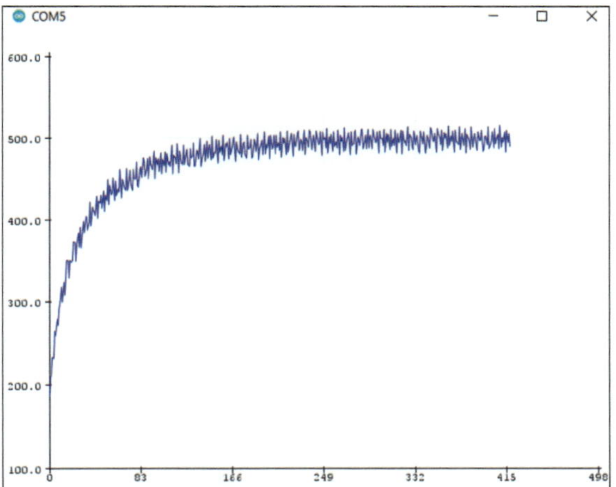


*Abbildung 12.19: Zeitverhalten im geschlossenen Regelkreis*

Abbildung 12.20 zeigt das Störungsverhalten.

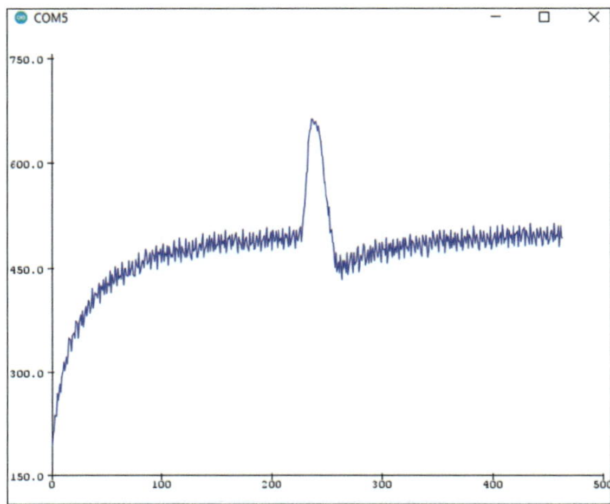


*Abbildung 12.20: Störungsverhalten*

# Index

**U**



**W**



**Y**



**Z**